21世纪高等教育计算机规划教材

Oracle 11g 数据库管理与开发基础教程

Applications of oracle

袁鹏飞 主编

袁鹏飞 杨艳华 编著

U0288452

人民邮电出版社

北京

图书在版编目（CIP）数据

Oracle 11g数据库管理与开发基础教程 / 袁鹏飞主编；杨艳华编著. -- 北京：人民邮电出版社，2013.2（2023.8重印）
21世纪高等教育计算机规划教材
ISBN 978-7-115-30403-2

Ⅰ. ①0… Ⅱ. ①袁… ②杨… Ⅲ. ①关系数据库系统－高等学校－教材 Ⅳ. ①TP311.138

中国版本图书馆CIP数据核字(2012)第304081号

内 容 提 要

Oracle DataBase 是目前最为流行的 RDBMS 产品之一，拥有众多的高端用户。它已成为大型数据库应用的首选平台，自然也成为大学"大型数据库技术"课程的首选内容。

本书较为全面地介绍 Oracle DataBase 11g 的基本管理操作和应用开发方法。全书共分 18 章，介绍 Oracle 数据库服务器环境的建立与日常管理操作、常见对象管理、游标和动态 SQL 技术，以及 Oracle DataBase 对面向对象技术的支持。

本书可作为大学本科有关课程的教材，也可供广大 Oracle 数据库管理员和数据库应用程序开发人员参考。

♦ 主　　编　袁鹏飞
　　编　　著　袁鹏飞　杨艳华
　　责任编辑　邹文波
♦ 人民邮电出版社出版发行　　北京市丰台区成寿寺路 11 号
　　邮编　100164　电子邮件　315@ptpress.com.cn
　　网址　http://www.ptpress.com.cn
　　北京七彩京通数码快印有限公司印刷
♦ 开本：787×1092　　1/16
　　印张：19.75　　　　　2013 年 2 月第 1 版
　　字数：532 千字　　　2023 年 8 月北京第 13 次印刷

ISBN 978-7-115-30403-2

定价：39.00 元

读者服务热线：(010)81055256　印装质量热线：(010)81055316
反盗版热线：(010)81055315

前言

当今社会，人类越来越依赖于各种信息系统，而信息系统的核心是数据库。事实上，大型数据库目前已成为当今社会信息系统的基础。

Oracle 数据库是目前最为流行的大型关系型数据库管理系统之一。它具有广泛的平台支持（如可运行于 Solaries、HP-UX、AIX 等 UNIX 操作系统，以及 Linux 操作系统和 Microsoft 的 32 位和 64 位 Windows 操作系统等）和应用（在银行、保险、证券、电信、航空等行业和政府部门得到广泛的应用）。鉴于此，目前大多数高校所开设的大型数据库技术课程均以 Oracle 数据库系统作为平台，而良好的大型数据库管理及应用开发能力也是计算机相关专业学生必备的专业素质。

Oracle Database 作为一个大型数据库管理系统，其内容繁多，不仅涉及 Oracle 数据库系统的体系结构、管理工具和日常管理操作、数据库服务器性能的监视和优化、数据库服务器的可用性，还包括 SQL 和 PL/SQL 语言、数据库应用后台程序设计，以及 SQL 语句的性能监视和优化等。对于从事 Oracle 数据库管理和开发工作的人员来说，这些内容都很重要。而作为大学计算机相关专业一门重要的专业课程，将大型数据库技术面面俱到地全部讲解显然不太现实。

大型数据库技术是在前导课程数据库系统原理之后开设的一门课程，其后续课程是很多应用开发类课程。所以，大型数据库技术在这些课程体系中处于承前启后的作用。在编写本书时，作者根据自己多年的教学经验和数据库管理与开发经验，参考了 Oracle 公司的 OCA 和 OCP 认证考试知识点，以及这门课程的课时安排和学生的学习特点，兼顾前导和后续课程之间的关系，对繁多的大型数据库知识点作出了取舍。在数据库管理方面，重点介绍两方面内容：Oracle 数据库服务器环境的建立，Oracle 数据库的日常管理操作。在开发方面，介绍了常用模式对象的管理、PL/SQL 语言、游标和动态 SQL 技术，以及 Oracle 数据库的面向对象开发技术。

全书共 18 章，内容上分为 Oracle 服务器管理与数据库应用开发两大部分。

第一部分：Oracle 服务器管理（第 1 章～第 7 章）。

这部分介绍了 Oracle 数据库服务器环境的建立以及日常管理操作。首先简要介绍 Oracle DataBase 产品版本、体系结构，之后详细介绍 Oracle DataBase 软件安装、数据库创建、网络配置以及常用工具的使用等。掌握这些内容就可以熟练建立 Oracle 数据库服务器环境。

接下来介绍 Oracle 数据库的数据字典和动态性能视图，初始化参数文件、控制文件、重做日志文件，表空间和数据文件的管理，以及 Oracle 数据库的用户、权限、角色设置。这些是 Oracle 数据库的日常管理操作，也是最基本的管理操作。

第二部分：Oracle 数据库应用开发（第 8 章～第 18 章）。

这部分重点介绍 Oracle 数据库应用后台开发和面向对象技术，内容涉及序列、同义词、表、视图、索引、存储过程、函数和触发器等模式对象的管理，PL/SQL 语言、游标、动态 SQL 方法，Oracle 数据库的对象、包，以及如何用 Java 开发 Oracle 数据库应用等。

本书由袁鹏飞主编，并编写第 1 章～第 7 章的内容，袁鹏飞、杨艳华共同编写了第 12 章和第 15 章，其余章节由杨艳华编写。

由于编者水平有限，书中难免存在错误和疏漏之处，恳请读者批评指正。

编　者

2012 年 12 月

目 录

第一部分 Oracle 服务器管理

第二部分　Oracle 数据库应用开发

第一部分
Oracle 服务器管理

- 建立 Oracle 数据库环境
- 常用 Oracle 管理工具
- 静态数据字典和动态性能视图
- 初始化参数文件与控制文件
- 重做日志管理
- 表空间与数据文件
- 安全管理

第一部分
Oracle 服务器管理

第 1 章
建立 Oracle 数据库环境

本章首先简要介绍 Oracle 数据库产品版本以及体系结构，然后介绍 Oracle 数据库服务器软件安装和客户端配置、数据库的创建和配置方法，初步建立起 Oracle 数据库环境。

1.1　Oracle Database 11g 数据库产品

Oracle 数据库是关系型数据库，并且支持面向对象和 XML（Extensible Markup Language，可扩展标识语言）功能。它是市面上最为流行的大型数据库产品之一，广泛支持目前流行的操作系统平台，如各种 UNIX、Linux 操作系统，以及 Microsoft Windows（32 位和 64 位版本）操作系统，并且在各种操作系统下的操作和界面基本一致。

在开发数据库应用程序时，如果需要支持不同的平台，Oracle 是一个很好的选择。除此之外，在实际开发阶段，能够用数据库实现的功能，要尽可能在数据库中实现，而不是自行实现。这样就可以把所开发的 Oracle 数据库应用部署或迁移到其他操作系统平台上。正如 Java 应用具有良好的可移植性得益于 Java 虚拟机的支持一样，Oracle 的这一特点，为我们跨操作系统平台和硬件平台部署或迁移数据库应用提供了可能，为数据互操作提供了支持。

为了满足不同层次、不同投资规模用户的需求，Oracle Database 11g 提供企业版、标准版、标准版 1 和个人版 4 种安装类型。

- 企业版：这种安装类型安装的是 Oracle 数据库产品的全部功能。它为企业级应用提供数据管理，适用于联机事务处理和数据仓库中高性能、高可用性和高安全性要求环境，能够满足关键任务应用程序需求。
- 标准版：这种安装类型适用于工作组和部门级应用，以及中小规模企业。它提供关系数据库管理核心服务和选项，以及构造关键业务应用所需的功能，其中包含针对企业级可用性的 RAC（Oracle Real Application Clusters，Oracle 真正应用集群），它提供了完整的集群件和存储管理功能。
- 标准版 1：这种安装类型适用于工作组、部门或 Web 应用。它为单服务器环境或高度分布的部门环境提供关系数据库管理核心服务。该安装类型包含构造关键业务应用所需的功能，是小型企业构造数据管理解决方案的理想选择。
- 个人版：这种安装类型只用于 Windows 操作系统，它安装的软件与企业版完全相同，但只支持单用户开发和部署环境。

1.2　Oracle 数据库体系结构

Oracle 数据库服务器主要包含以下元素。

- 安装在计算机上的 Oracle 数据库系统管理软件：用 Oracle 通用安装程序（Oracle Universal Installer，OUI）把光盘介质上的 Oracle 数据库软件安装到数据库服务器。Oracle 数据库软件的安装路径被称作 Oracle 主目录，它通常存储在环境变量 ORACLE_HOME 中。

- Oracle 实例（instance）：也称作数据库实例，它由安装在计算机上的 Oracle 数据库软件创建。实例由内存结构和后台进程组成。后台进程是操作系统进程或线程，它们执行对数据库的访问、存储、监视、备份、恢复等管理操作。内存结构主要用于缓存信息，以减少物理磁盘 I/O 次数，提高数据库系统的性能。Oracle 实例内存结构中的信息为所有后台进程和服务器进程所共享。该内存结构被称作系统全局区（System Global Area，SGA），由于它是一个共享区域，所以也被称作共享全局区（Shared Global Area）。

- 数据库：Oracle 实例创建的磁盘上一系列物理文件的集合，它们存储用户数据、元数据和控制结构。Oracle 利用元数据（描述数据的数据，如数据字典，它包含数据库的结构、配置和控制信息）管理用户数据。控制结构（如控制文件和联机重做日志文件）用于保证用户数据的完整性、可用性和可恢复性。

- 服务器进程：Oracle 数据库服务器上为连接用户创建的进程，用于实现用户进程和 Oracle 数据库实例之间的通信，它解释和执行连接用户或应用程序调用的 SQL 语句，并检索和返回结果。Oracle 创建服务器进程时要为其分配一个内存区域。这个区域是服务器进程的私有内存区域，被称作程序全局区（Program Global Area，PGA）。PGA 中存储的信息为单个服务器进程所专用，所以该区域又被称作进程全局区（Process Global Area）。

- Oracle Net：这是一个通信组件，它使客户端应用程序与 Oracle 数据库通过网络进行通信。

1.2.1　Oracle 数据库物理存储结构

Oracle 数据库文件的存储可以采取以下几种方式。

- 文件系统：这是最常用的文件存储方式，Oracle 数据库内容存储在一个个操作系统文件中。这种存储方式的优点是可以采用大家熟悉的操作系统的文件管理工具和命令来查看、复制数据库文件。

- 自动存储管理（Automatic Storage Management，ASM）：这是 Oracle 设计的一个磁盘卷管理器和文件系统，ASM 是 Oracle 推荐的存储管理解决方案，以替代传统的卷管理器、文件系统和裸设备。

- 集群文件系统（Oracle Cluster File System，OCFS）：这是 Oracle 为集群环境设计的一种共享文件系统，它类似于传统的操作系统文件系统，但可为多个节点所共享。目前 OCFS 只支持 Windows 和 Linux 操作系统。

- 原始分区（Raw Partition，也称作裸设备）：这是原始分区，而不是文件。Oracle 直接在原始分区上存取数据，而不通过操作系统的文件管理系统，所以裸设备不是缓冲设备。所有 I/O 操作都是直接输入/输出，数据没有经过操作系统的缓冲，因此性能会得到改善。

从物理存储来看，Oracle 数据库的存储结构由数据文件、控制文件和重做日志文件组成。

1. 数据文件

数据文件包括存储表和索引数据，以及排序和散列等操作的中间结果。一个数据文件只能属于一个数据库，而一个数据库可以包含一个或多个数据文件。

2. 控制文件

控制文件是 Oracle 为管理数据库的状态而维护的一个文件。这个文件很小，只有 64MB 左右，它记录数据库的物理存储结构和其他控制信息，如数据库名称、创建数据库的时间戳、组成数据库的各个数据文件和重做日志文件的存储路径及名称、系统的检查点信息等。

Oracle 打开数据库时，必须先打开控制文件，从中读取数据文件和重做日志文件信息。如果控制文件损坏，就会使数据库无法打开，导致用户无法访问存储在数据库中的信息。

控制文件对检查数据库的一致性和恢复数据库也很重要。在实例恢复过程中，控制文件中的检查点信息决定 Oracle 实例怎样使用重做日志文件恢复数据库。

控制文件对数据库来说至关重要，所以 Oracle 支持控制文件的多路存储，也就是它能够同时维护多个完全相同的控制文件拷贝，建立其镜像版本。

一个 Oracle 数据库的控制文件数量、存储位置和名称由数据库的参数文件记录。但当控制文件采用多路存储时，如果其中任一个控制文件损坏，Oracle 实例就无法运行。

3. 重做日志文件

Oracle 的重做日志文件记录了数据库所产生的所有变化信息。在实例或者介质失败时，可以用重做日志恢复数据库。

重做日志文件组存储数据库的重做日志信息，这组重做日志文件被称作联机重做日志文件。每个数据库必须至少拥有两组重做日志文件。Oracle 实例以循环写入方式使用数据库的重做日志文件组，当第一组联机重做日志文件填满后，开始使用下一组联机重做日志文件，当最后一组联机重做日志文件填满后，又开始使用第一组联机重做日志文件，如此循环下去。

如果数据库运行在归档模式下，在发生日志文件切换后，填满的重做日志文件被复制到其他地方保存。这些日志文件副本被称作归档日志文件。

4. 其他文件

以上 3 种文件属于 Oracle 数据库文件。除此之外，Oracle 数据库管理系统在管理数据库时还使用其他一些辅助文件。这些文件包括（但不限于）以下几种。

- 参数文件：初始化参数文件中的参数定义实例属性，如说明实例使用的内存量、控制文件的数量、存储路径和名称等。在 Oracle 数据库实例启动时首先打开该文件并读取其中的初始化参数值。
- 口令文件：这是一个可选文件，用于存储被授予 SYSDBA、SYSOPER 和 SYSASM 权限的数据库用户及口令，以便在数据库还未打开时用它验证这些具有特殊权限的数据库管理员的身份。
- 警告日志文件：这是一个文本文件，其名称是 alert*db_name*.log（*db_name* 是数据库名）。它相当于一个数据库的"编年体"日志，按照时间的先后顺序完整记录从数据库创建、运行到删除之前的重大事项，如可能出现的内部错误或警告、数据库的启动与关闭、表空间的创建、联机和脱机操作等信息。
- 跟踪文件：提供调试数据，其中包含大量的诊断信息。跟踪文件分为两种：一种是通过 DBMS_MONITOR（Oracle 预定义包）启用跟踪产生的用户请求跟踪文件，DBA 用它可以诊断系统性能；另一种是发生内部错误时自动产生的。我们在通过 Oracle Support 请求解决遇到的严重错误时，需要上传这种跟踪文件。跟踪文件的存储路径由 user_dump_dest、background_dump_dest 和 core_dump_dest 3 个初始化参数指定，它们分别存储专用服务器进程产生的跟踪文件，共享服务器进程和后台进程产生的跟踪文件，以及发生严重错误时产生的跟踪文件。

1.2.2　Oracle 数据库逻辑存储结构

Oracle 数据库使用一组逻辑存储结构，管理数据文件所组成的物理存储空间。这些逻辑存储结构包括表空间、段、区和数据块。Oracle 使用它们控制对物理存储空间的使用。

1. 表空间

每个 Oracle 数据库都由一个或多个表空间（tablespace）组成。表空间是一个逻辑存储容器，它位于逻辑存储结构的顶层，用于存储数据库中的所有数据。表空间内的数据被物理存放在数据文件中，一个表空间可以包含一个或多个数据文件。

在其他数据库系统（如 Microsoft SQL Server）中，一个数据库实例可以管理多个数据库，而每个 Oracle 实例则只能管理一个数据库，但其中可以建立多个表空间。使用表空间主要有以下优点。

- 能够隔离用户数据和数据字典，减少对 SYSTEM 表空间的 I/O 争用。
- 可以把不同表空间的数据文件存储在不同的硬盘上，把负载均衡分布到各个硬盘上，减少 I/O 争用。
- 隔离来自不同应用程序的数据，能够执行基于表空间的备份和恢复，同时可以避免一个应用程序的表空间脱机而影响其他应用程序的运行。
- 优化表空间的使用，如设置只读表空间、导入/导出指定表空间的数据等。
- 能够在各个表空间上设置用户可使用的存储空间限额。

Oracle Database 11g 创建数据库时，将默认创建以下表空间。

- SYSTEM：系统表空间，主要用于存储整个数据库的数据定义信息。
- SYSAUX：SYSTEM 表空间的辅助表空间，用于存储一些组件和产品的数据，以减轻 SYSTEM 表空间的负载，如 Automatic Workload Repository、Oracle Streams、Oracle Text 和 Database Control Repository 等组件，都是用 SYSAUX 作为它们的默认表空间。
- TEMP：临时表空间，用于存储 SQL 语句处理过程中产生的临时数据。
- UNDOTBS1：还原表空间，Oracle 数据库用它存储还原信息，实现回滚操作等。
- USERS：用于存储永久用户对象和数据。

2. 段

段（segment）就是占用存储空间的数据库对象。如果我们把表空间看做与应用程序相关，用它们来存储和隔离不同应用程序的数据，那么段就是与数据库对象相关，用于存储和隔离不同数据库对象的数据。Oracle 数据库中的段分为以下 4 种。

- 表段：又称数据段，每个非簇表的数据存储在一个或多个表段内，而簇内所有表的数据则存储在一个表段中。
- 索引段：Oracle 数据库中的每个非分区索引都用一个段来存储其所有数据，而对于分区索引来说，其每个分区的数据则存储在单个索引段中。
- 回滚段：用于存储数据库的还原信息。
- 临时段：用于存储 Oracle 在执行 SQL 语句期间所产生的中间状态数据。

3. 区

区（extent）是 Oracle 数据库内存储空间的最小分配单位。一个段需要存储空间时，Oracle 数据库就以区为单位将表空间内的空闲空间分配给段。每个区必须是一段连续的存储空间，它可以小到只有一个数据块，也可以大到 2GB 的空间。

4. 数据块

区由数据块（data block）构成，数据块是 Oracle 数据库的 I/O 单位，也就是说，在读写 Oracle 数据库中的数据时，每次读写的数据量必须至少为一个数据块大小。

不要把 Oracle 的数据块与操作系统的 I/O 块相混淆。I/O 块是操作系统执行标准 I/O 操作时的块大小，而数据块则是 Oracle 执行读写操作时一次所传递的数据量，Oracle 数据块大小必须是操作系统 I/O 块大小的整数倍。

Oracle 数据块的结构如图 1-1 所示，它由以下几部分组成。

图 1-1　Oracle 数据块结构

- 块头：包含一般块信息，如块的磁盘地址及其所属段的类型（如表段或索引段）等。
- 表目录：说明块中数据所属的表信息。
- 行目录：说明块中数据对应的行信息。
- 空闲空间：数据块内还没有被分配使用的空闲空间。
- 行数据：包含表或索引数据，行数据可以跨越多个数据块。

Oracle 数据库支持的数据块大小包括 2KB、4KB、8KB、16KB 和 32KB 五种。在创建数据库时，初始化参数 DB_BLOCK_SIZE 指定数据块大小。该尺寸的数据块被称作数据库的标准块或默认块。数据库标准块大小一旦确定就无法改变，除非重新创建数据库。

在创建表空间时，如果不指定数据块的大小，所创建表空间的块大小将与标准块大小相同。但也可以使用 BLOCKSIZE 子句指定表空间的块大小。

数据库管理员（DBA，DataBase Administrator）在指定表空间的块大小时应考虑行数据的长度。虽然 Oracle 允许行数据的存储跨越多个数据块（称作行链接），但这样会降低检索性能，因为从多个数据块检索一行数据所需的 I/O 次数要比从一个数据块检索多，所以一个数据库内的行链接越多，查询的性能就会越低。因此，为了提高性能，DBA 应该根据应用中行数据的长度创建适当块大小的表空间。

5. Oracle 数据库物理存储结构和逻辑存储结构之间的关系

本小节的最后，让我们用一个图形总结一下 Oracle 数据库物理存储结构和逻辑存储结构之间的关系，如图 1-2 所示。

- 一个表空间可以包含一个或多个数据文件，在一个表空间内可以存储一个或多个段，所以段数据可以存储在一个数据文件上，也可以存储在一个表空间内的多个数据文件上。
- 每个段中包含一个或多个区，每个区由一个或多个数据块组成。
- 向段分配数据文件内的空闲空间是以区为单位。
- Oracle 数据块是操作系统 I/O 块的整数倍。一个表空间内的所有数据文件只能使用同样的块尺寸。

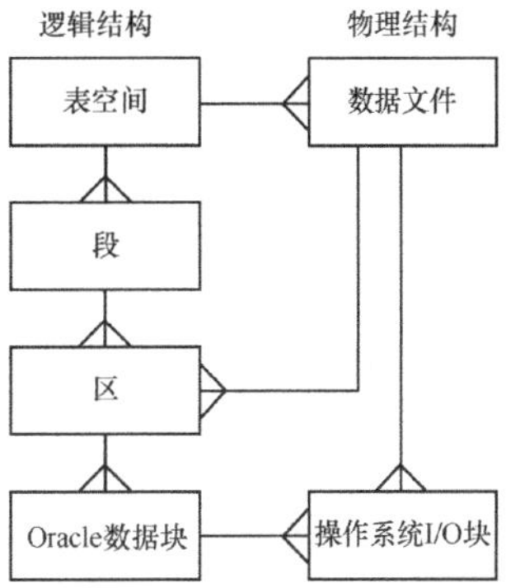

图 1-2　Oracle 数据库物理存储结构和逻辑存储结构之间的关系

1.2.3　Oracle 数据库实例

Oracle 实例由内存结构和后台进程组成。实例启动时会向操作系统申请内存，并启动其后台进程。每个实例只能管理一个 Oracle 数据库，但一个 Oracle 数据库可以由一个实例或多个实例（集群环境下）管理。

1. 实例内存结构

每个 Oracle 实例都用一个很大的内存结构来缓存数据，这样可以减少磁盘物理 I/O 次数，提高系统性能。Oracle 又把 SGA 分为更多的内存区域，以缓存不同种类的数据。SGA 中的主要区域包括以下几部分。

（1）固定 SGA

可以把它看做 SGA 的一个"自启"区域，Oracle 用这个区域来查找 SGA 中的其他区域。

（2）数据缓冲区缓存（data buffer cache）

为了减少数据库的物理 I/O 次数，提高性能，Oracle 在从磁盘数据文件检索数据之后或将数据块写入磁盘之前，都要将数据块缓存到数据缓冲区中。由于 Oracle 数据库除标准块（如 8KB）之外，还允许使用其他 4 种非标准块（2KB、4KB、16KB 和 32KB），所以数据缓冲区缓存也分为标准块缓冲区缓存和非标准块缓冲区缓存。

• 标准块缓冲区缓存：通常，一个默认的数据缓冲区缓存足以满足大多数系统的需要。但正如大家所熟知的，数据库应用程序中不同表的数据使用频度是不同的，有些表的数据使用频率极高，需要长久缓存；有些表的数据使用频率非常低，使用之后即可从缓存中清除；其余数据的使用频度则介于二者之间，它们中的数据在缓存空间允许的情况下应尽可能长时间地缓存于缓冲区中。如果 Oracle 需要缓存新的数据，则按照其内部算法把使用频度较低的数据从缓冲区缓存清除，为其他数据块提供缓存空间。

针对这种情况，Oracle 将标准块缓冲区缓存划分为 3 种：保持池、循环池和默认池，分别用于缓存上述 3 种表的数据。这 3 种缓存的大小分别用初始化参数 db_keep_cache_size、db_recycle_cache_size、db_cache_size 设置。

配置多个缓存区可以更充分地发挥缓冲区缓存的效率。在创建表时，使用 STORAGE 子句指定表中数据要使用哪种缓冲区缓存。例如，下面语句创建的 tkeep、trecycle 和 tdefault 表将分别使用保持池、循环池和默认池。

```
CREATE TABLE tkeep (
  col1 char )
  storage( Buffer_pool keep );

CREATE TABLE trecycle (
  col1 char )
  storage( Buffer_pool recycle );

CREATE TABLE tdefault (
  col1 char )
  storage( Buffer_pool default );
```

如果在创建表时，未明确指出使用哪种缓冲区缓存，Oracle 则把它放在默认池中。

• 非标准块缓冲区缓存：非标准块缓冲区缓存的大小由初始化参数 db_n_cache_size 指定，其中 n 是标准块大小之外的其他 4 种尺寸。

在数据库内创建非标准块表空间时，必须先为这种尺寸的数据块分配缓冲区。例如，下面的 SQL 语句为 16KB 数据块分配 50MB 的缓存空间。

```
ALTER SYSTEM SET db_16k_cache_size = 50M SCOPE=BOTH;
```

（3）重做日志缓冲区（redo log buffer）

服务器进程把执行数据修改（如插入、修改和删除等操作）过程中产生的重做日志写入重做日志缓冲区，然后由日志写入进程把日志缓冲区内的重做日志写入磁盘中的联机重做日志文件。

重做日志缓冲区的大小由初始化参数 log_buffer 指定。Oracle 内部把日志缓冲区看作一个环形区域。当日志写入进程把部分重做日志写入日志文件后，服务器进程即可循环使用它，用新的重做日志覆盖旧日志。

（4）共享池（shared pool）

共享池是 SGA 中一个非常重要的区域，它对 SQL 语句的执行性能有很大影响。共享池的大小由 shared_pool_size 参数指定，它又分为以下几个主要子区域。

• 数据字典缓存：在首次执行 SQL、PL/SQL 代码时，服务器进程首先要解析其代码，生成执行计划。在解析过程中需要检索 SQL 语句操作的数据库对象及其定义、用户和权限等信息，这些信息存储在数据库的数据字典内。数据字典缓存用于缓存这部分信息，以减少解析代码时的磁盘 I/O 次数。

• 库缓存：用于缓存解析过的 SQL、PL/SQL 语句的执行计划。服务器进程在执行 SQL、PL/SQL 代码时，首先从库缓存中查找其执行计划，如果找到，则重用该代码，这称作软解析或库缓存命中。否则，Oracle 必须生成该代码的执行计划，这被称作硬解析。

- 服务器结果缓存：用于缓存 SQL 语句的查询结果集合和 PL/SQL 函数的结果集。这与数据库缓冲区缓存不同，后者用于缓存数据块。

（5）大型池（large pool）、Java 池（Java pool）

大型池是一个可选内存区域，它由 large_pool_size 参数设置，用于分配不适用于在共享池内分配的大块内存，如 RMAN 备份所需的缓冲区、语句并行执行所使用的缓冲区等。

Java 池用于存储与所有会话相关的 Java 代码和 Java 虚拟机（JVM）内的数据。它由 java_pool_size 参数设置。

（6）流池（stream pool）

Oracle Streams 是 Oracle 提供的一个组件，它允许在不同数据库和应用程序之间共享数据。流池专门为 Oracle Streams 组件所使用，用于缓存流进程在数据库间共享数据所使用的队列消息，它由 streams_pool_size 参数设置。

缓存是影响 Oracle 性能的主要因素之一。在服务器内存一定的情况下，合理分配缓存可以大大提高数据库的性能。对于有经验的 DBA 来说，可以采用手工分配方式自己分配各部分的内存量。而对于经验不足的 DBA 来说，则可以利用 Oracle 的自动内存管理方式让其代为管理各部分之间的内存分配。影响 Oracle 数据库内存自动分配的初始化参数如表 1-1 所示。

表 1-1　　　　　　　　　　　　　　影响内存自动分配的初始化参数

初始化参数	作　　　用
memory_target	设置 Oracle 系统可用的最大内存量。其值不为零时，Oracle 在运行过程中将根据需要增大或减小 SGA 和 PGA 的值，实现内存的自动管理
memory_max_target	可以指定给 memory_target 的最大值，如果该参数未设置，实例启动时将把它设置为与 memory_target 相同的值
sga_target	其值不为零时，Oracle 将实行 SGA 内存的自动管理，实现对以下内存区域的自动分配，而其他数据库缓冲区缓存、日志缓冲区、固定 SGA 和其他内部区域则不能实现内存的自动分配 标准块的默认池（DB_CACHE_SIZE） 共享池（SHARED_POOL_SIZE） 大型池（LARGE_POOL_SIZE） Java 池（JAVA_POOL_SIZE） 流池（STREAMS_POOL_SIZE） 如果这些被自动调整内存池的初始化参数被设置为非零值，Oracle 将把它们用作可调整到的最小值
sga_max_size	指出实例中 SGA 可用的最大内存量。如果该参数未设置，而 memory_target 或 memory_max_target 参数已设置，实例将把 sga_max_size 设置为二者中较大的值
pga_aggregate_target	指出一个实例下所有服务器进程可用的 PGA 内存总量
workarea_size_policy	其值为 AUTO 时，进程所使用的各工作区的内存量将由系统根据 PGA 的总内存量自动调整；　其值为 MANU AL 时，各工作区的内存量由*_AREA_SIZE 参数指定

2. 后台进程

Oracle 数据库实例的后台进程是操作系统进程或线程，它们共同实现对 Oracle 数据库的管理功能。每个后台进程只完成一项单独的任务，这使 Oracle 实例具有较高的效率。Oracle 后台进程数量繁多，一些后台进程在每个实例中都会启动，而另一些后台进程则根据条件和配置启动。从动态性能视图 v$bgprocess 可以查询有关后台进程信息，以及实例当前已经启动的后台进程。

一些常见的基本后台进程如下。

（1）数据库写入进程（database writer，DBWR）

数据库写入进程负责将 SGA 内数据库缓冲区缓存中修改过的数据块写入数据文件。如果需要，可以创建多个 DBWR 进程，让它们共同分担数据写入负载。实例启动的 DBWR 数量由初始化参数 DB_WRITER_PROCESSES 指定。在 Oracle Database 11g 中，一个实例最多可以启动 36 个 DBWR（依次编号为 DBW0，…，DBW9 和 DBWa，…，DBWz，因此，数据库写入进程又被统称为 DBWn）。由于 Windows 操作系统采用异步 I/O 方式，所以常常只配置一个数据库写入进程即可满足数据写入需要。

数据库写入进程在以下条件下将把脏数据块写入数据文件。

- 服务器进程找不到足够数量的可用干净缓冲区。
- 数据库系统执行检查点时。

但在写入脏数据块之前，如果 DBWR 发现与数据缓冲区内脏数据块相关的重做日志还没有写入磁盘，它将通知 LGWR，先把重做日志缓冲区内的重做日志写入联机重做日志文件，并一直等到 LGWR 写完之后才开始把脏数据块写入磁盘，这称作前写协议（Write-ahead protocol）。

（2）日志写入进程（log writer，LGWR）和归档进程（archiver，ARCH）

LGWR 负责把日志缓冲区内的重做日志写入重做日志文件。发生日志文件切换时，如果数据库运行在归档模式下，将启动日志归档进程，把填写过的联机重做日志文件复制到指定位置进行归档。

（3）检查点进程（checkpoint process，CKPT）

在 Oracle 数据库内，检查点进程会定期启动，它把检查点信息写入控制文件和数据文件头部，并通知 DBWn 进程把脏数据块写入数据文件。DBWn 进程的运行又会启动 LGWR 进程将重做日志缓冲区内的内容写入重做日志文件，这样就完全同步了数据文件、日志文件和控制文件的内容。

要理解检查点，首先应该了解 Oracle 数据库的事务提交方式。用户提交事务时，Oracle 分配一个系统修改号（System Change Number，SCN）用于标识该事务，LGWR 在重做日志缓冲区内添加一项提交记录，之后立即把重做日志缓冲区内的数据写入联机重做日志文件。日志写入成功之后，通知用户或应用程序事务提交完成。这时候与该事务相关的数据可能还在数据缓冲区缓存内没有写入数据文件。这种提交方式被称作事务的快速提交。Oracle 之所以采用这种方式，是因为数据的写入是随机的，而日志的写入是顺序方式，所以日志的写入速度会比数据的写入速度快。

如果用户所提交事务的数据还未写入数据文件就遇到实例故障，在下次实例启动打开数据库过程中，它会发现数据库处于不一致状态，需要做实例恢复。此时，Oracle 会读出重做日志文件中的重做日志，再执行一遍（这就是重做日志名称的由来），即可恢复用户已经提交的所有事务的数据。所以，采用快速提交方式能够满足事务持久性的要求。

Oracle 数据库的检查点机制保证数据库文件在每个检查点处于同步状态，把所有已提交事务的数据写入数据文件（这些事务对应的日志在提交事务时已经写入了重做日志文件），因此实例恢复时只需恢复最后一个检查点后提交的事务，从而缩短实例恢复所需的时间，使数据库能够快速启动。但是，如果检查点进程启动过于频繁，它会大量增加系统的 I/O 次数，从而影响系统的运行性能。

与检查点频率设置相关的初始化参数包括 LOG_CHECKPOINT_TIMEOUT、LOG_CHECKPOINT_INTERVAL 和 FAST_START_MTTR_TARGET。初始化参数 LOG_CHECKPOINTS_TO_ALERT 的值决定是否把检查点启动事件写入数据库的警告日志文件。有关这些初始化参数的详细介绍，请参阅 Oracle 文档。

（4）进程监视进程（process monitor，PMON）

PMON 进程的主要作用如下。

* 监视其他后台进程、服务器进程和调度进程的运行情况。当它们异常中断时，重启这些进程或者终止实例的运行。

* 在用户进程异常中断后，负责清理数据库缓冲区缓存，释放用户进程锁定的资源。

* 向正在运行的监听注册数据库实例。如果监听没有运行，PMON 则定期查询监听是否启动以注册实例。

（5）系统监视进程（system monitor，SMON）

SMON 负责大量系统级的清理工作，其中包括：

* 实例启动时，如果需要，SMON 执行实例恢复。
* 清理不再使用的临时段。
* 合并字典管理表空间内相邻的空闲区。

1.2.4　连接模式与服务器进程

服务器进程在处理连接到实例的用户进程的请求时，负责解释和运行客户端应用程序调用的 SQL 语句、PL/SQL 块，必要时将数据从数据文件读入到 SGA 的数据库缓冲区缓存。Oracle 数据库中的服务器进程包括专用服务器进程、共享服务器进程和池中服务器进程三种。

1. 专用服务器进程

采用专用服务器连接类型时，Oracle 服务器上为每个用户连接启动一个专用服务器进程，该服务器进程专门为其提供服务。当用户进程结束后，该服务器进程也随之退出。因此，专用服务器进程又被称作用户进程的影子进程。

专用服务器模式下用户请求的处理过程如图 1-3 所示。用户进程通过一定的程序调用接口把请求传递给服务器进程，服务器进程执行后再把结果返回给用户进程。由于每个专用服务器进程只服务于一个用户连接，所以它适合执行长时间运行的查询、批作业和管理任务等。此外，管理员在执行关闭数据库操作时，只能以专用服务器连接模式连接。

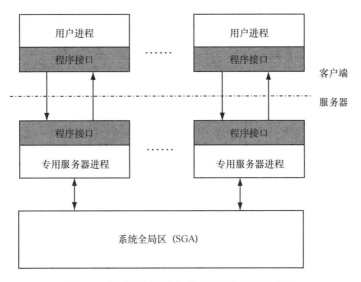

图 1-3　专用服务器模式下用户请求的处理过程

专用服务器连接模式的缺点是对数据库连接资源的利用效率低，对具有大量并发访问用户的环境而言，不适合采用这种模式。

2. 共享服务器进程

采用专用服务器模式连接时，如果用户较多，需要启动大量的服务器进程，在某个用户进程空闲期间，这些进程也不能为其他用户进程提供服务，从而造成资源的浪费。为了提高资源利用效率，可以采用共享服务器连接模式。

在共享服务器模式下，实例启动时会根据初始化参数 shared_servers 和 dispatchers 的设置启动一定数量的共享服务器进程和调度进程。这时，调度进程为每个用户请求的处理建立一个虚拟环路（见图 1-4）。对用户请求的处理步骤如下。

（1）用户进程通过 Oracle 网络监听连接到调度进程。

（2）调度进程把接收到的用户请求排入位于大型池内的请求队列中。

（3）调度进程依序将请求队列中的用户请求传递给共享服务器进程池中的空闲进程。

（4）指定的共享服务器进程处理用户请求。

（5）共享服务器进程将处理结果排入响应队列。

（6）调度进程从响应队列读取结果，并把它返回给用户进程。

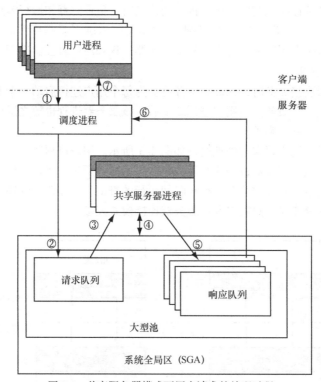

图 1-4　共享服务器模式下用户请求的处理过程

每个共享服务器进程在不同时间可以服务于不同的用户进程，所以共享模式适合于事务短而频繁的联机事务处理（OLTP）系统。此外，在共享服务器模式下，还可以通过初始化参数 SHARED_SERVER_SESSIONS 限制同时建立的并发用户会话数量。

3. 数据库驻留连接池（Database Resident Connection Pooling，DRCP）

对于电子商务这类应用来说，它们的并发访问用户数量可能远远超出大多数数据库服务器的处理能力，即使采用共享服务器模式，也无法满足它们的需要。这种情况在 Oracle Database 11g

之前，大多采用服务器群和在中间层建立连接池的方法加以解决。但现在，Oracle Database 11g 自身提供的 DRCP（见图 1-5）方法可以在很大程度上解决这一问题。

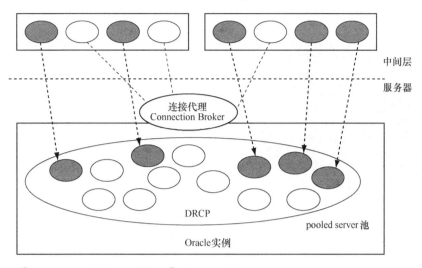

　代表正忙于执行数据库操作　　　表示处于空闲状态

图 1-5　DRCP 连接模式

　　DRCP 建立服务器进程和会话池（其组合被称作 pooled server），它们可以为来自相同或不同主机的多个应用进程的连接所共享，并由 Connection Broker（连接代理）进程管理。当用户需要执行数据库操作时，请求 Connection Broker 提供 pooled server，使用之后释放，它们又返回到池中，供其他用户使用。pooled server 在使用期间相当于专用服务器进程，接收到来自持久连接通道的用户请求后，连接代理选择合适的 pooled server，并将用户请求交给该 pooled server 处理。用户在整个数据库操作期间直接与这个 pooled server 进程通信，操作完成后，pooled server 被释放回连接代理。

1.3　Oracle 数据库服务器软件安装

　　本节介绍 Oracle Database 11g 服务器软件的安装。得到 Oracle 软件并不困难，可以从 Oracle 网站下载试用，高校也可以加入 Oracle 的 OAI 计划，免费得到用于教学的 Oracle 数据库和中间件软件。

　　无论是安装 Oracle 数据库服务器端软件还是客户端软件，均要用 Oracle 通用安装程序(Oracle Universal Installer，OUI，也就是光盘上的 setup.exe 文件）进行安装。建立 Oracle 数据库服务器包括安装软件、创建数据库、配置网络等几个步骤，可以选择在安装软件时创建数据库，这时 OUI 会自动启动 Oracle 数据库创建工具——Oracle 数据库配置助手（Oracle Database Configuration Assistant，DBCA）来创建和配置数据库；也可以只安装软件，然后再启动 DBCA 或者采用手工方式自行创建数据库。这里采用后一种方法，逐步建立 Oracle 服务器。因为我们发现在现实中很多学生把安装数据库软件和创建数据库混为一谈，在操作数据库过程中，往往因为数据库的一点问题，就卸载整个 Oracle 数据库软件，而不是重新配置或者删除和重建数据库。

　　安装 Oracle Database 11g 软件过程非常简单，启动 OUI 之后，它首先检查计算机的软、硬件环境是否符合安装 Oracle Database 11g 的最低条件，如物理内存至少 1GB，显示器至少能够显示

256 种颜色，并且要安装相应的操作系统补丁程序，如图 1-6 所示。检查通过后，要求输入接收安全问题通知的电子邮件地址，以及接收安全更新的 My Oracle Support 口令，如图 1-7 所示。如果不希望接收这些信息，则可以直接单击下一步按钮。

图 1-6　OUI 检查安装环境

图 1-7　设置接收安全问题通知的帐户

接下来选择在安装软件时是否创建数据库或升级现有的数据库，这里选择仅安装数据库软件，如图 1-8 所示。单击下一步按钮，进入图 1-9 所示的界面，从中选择单实例数据库软件安装，还是实时应用集群（Real Application Clusters，RAC，Oracle 提供的数据库集群管理软件）数据库软件安装。这里选择第一项，然后单击下一步按钮。在单实例下，每个数据库由一个实例管理；而在 RAC 下，每个数据库由两个或多个实例管理。

图 1-8　选择安装软件时是否创建数据库

图 1-9　选择安装单实例还是 RAC

进入图 1-10 所示界面，选择运行数据库产品所使用的语言后再选择安装软件的版本：企业版、标准版、标准版 1 或个人版，如图 1-11 所示。在选择软件版本后，单击选择选项按钮可以进一步选择安装所选版本中的组件，这里采用默认设置。然后单击下一步按钮。

在图 1-12 所示的界面中设置软件的安装路径，将涉及两个环境变量设置：ORACLE_BASE 和 ORACLE_HOME。前者指出 Oracle 软件安装的基目录，不同版本的 Oracle 软件及其文档均安装在该目录下；后者指出当前安装的 Oracle Database 11g 软件的安装位置，这一路径称作 Oracle 主目录。主目录位于基目录下。

完成以上选择和设置后，单击下一步按钮，OUI 再次检查系统是否符合本次安装的先决条件要求。通过检查后，将显示本次安装的概要信息，如图 1-13 所示。检查确认无误后，单击完成按钮开始安装（见图 1-14）。安装完成后，单击图 1-15 中的关闭按钮退出 OUI。

图 1-10　选择产品语言

图 1-11　选择安装的软件版本

图 1-12　选择软件运行语言

图 1-13　选择安装的软件版本

图 1-14　安装产品

图 1-15　安装完成提示

至此，Oracle 数据库软件安装完成。OUI 在安装过程中，除了把软件安装到指定目录外，还对系统做了以下修改。

- 修改注册表。在 HKEY_LOCAL_MACHINE\SOFTWARE\ORACLE 下注册 Oracle 软件，其中的 KEY_OraDb11g_home1 键值下记录了 Oracle 基目录、主目录的路径、主目录的名称（ORACLE_HOME_NAME）等信息。由于 Windows 注册表下注册了 Oracle 的基目录和主目录，所以在 Windows 操作系统下安装 Oracle Database 时，可以不设置环境变量 Oracle_Base、Oracle_Home。

- 修改 path 环境变量。向其中添加了 Oracle 软件可执行文件所在路径，如 D:\oracle\product\11.2.0\dbhome_1\bin。

1.4 数据库创建

我们在上一节安装软件过程中没有选择同时创建数据库，目的是为了进一步熟悉 Oracle 数据库服务器的建立过程。创建 Oracle 数据库可以使用其提供的 GUI 工具 DBCA 创建，也可以完全采用手工方式执行一条条命令来创建。前者简单快捷，后者繁琐但灵活，从中可以了解创建数据库中所涉及的每个步骤。本节采用一种折中的办法，使用 DBCA，但只让它生成创建数据库的脚本，而不实际创建数据库，然后我们分析其脚本，执行其中的每条命令，以手工方式创建出数据库。这样我们既了解了 DBCA 的功能，又掌握了 Oracle 数据库创建的详细步骤，以及各个命令的具体使用方法和输出结果。

1.4.1 用 DBCA 创建数据库

DBCA 是一个向导式 GUI 应用程序，它位于 Oracle 程序组内的配置和移植工具下。启动之后显示出 DBCA 的欢迎界面，直接单击 下一步 按钮。

进入第 1 步选择用 DBCA 所执行的操作（见图 1-16）：

- 创建数据库。
- 配置数据库选件。
- 删除数据库。
- 管理数据库模板。

由于这是第一次创建数据库，所以第二项、第三项功能都为灰色。这里选择创建数据库。

第 2 步选择创建数据库文件的方式（见图 1-17）：使用数据库模板，还是完全从零开始创建。DBCA 提供两个模板：一般用途和事务处理、数据仓库。选用模板后，DBCA 创建数据库文件时直接复制预先针对不同应用创建的数据库文件，这样不用从零开始创建各个数据库文件，所以运行速度快。由于我们为了体验手工创建数据库方法，所以这里选择定制数据库，然后进入下一步。

图 1-16 DBCA 操作选择

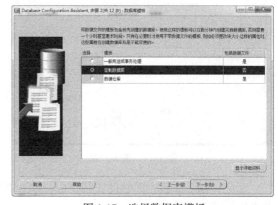

图 1-17 选择数据库模板

第 3 步要求输入所创建数据库的全局名称，及其系统标识符（SID），如图 1-18 所示。数据库全局名包含数据库名（对应的初始化参数为 DB_NAME）和数据库域名（DB_DOMAIN）两部分，它唯一地标识各个数据库。我们这里把它指定为 orcl.jmu.edu.cn，用户可以根据自己的需要进行设置。

在每个系统上可以创建多个数据库，但为了标识各个数据库，它们的标识符一定不能相同。默认情况下，DBCA 取数据库名作为数据库的 SID。数据库的 SID 通常由环境变量 ORACLE_SID 指定。

第 4 步配置 Oracle 数据库 Web 管理工具 Oracle Enterprise Manager（见图 1-19）。配置该工具之后，客户端可以使用 Web 访问 Oracle Enterprise Manager，实现对 Oracle 数据库的管理和操作。我们这里不配置该工具，留待第 2 章中详细介绍。

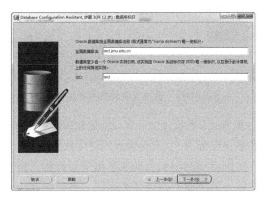 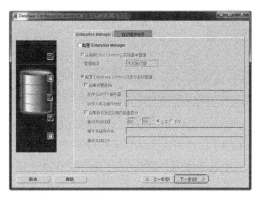

图 1-18　输入全局数据库名及其 SID　　　　　图 1-19　配置 Oracle Enterprise Manager

第 5 步设置 Oracle 数据库内两个预置用户 SYS 和 SYSTEM 的口令。可以把它们设置为相同或不同的口令（见图 1-20）。SYS 用户是具有最高权限的 Oracle 数据库管理员，他拥有数据字典的所有基表和用户可访问的视图。SYSTEM 用户用于创建显示管理信息的其他表和视图，以及各种 Oracle 文件和工具使用的内部表和视图。

第 6 步选择数据库文件存储类型和存储位置（见图 1-21），这里选择文件系统，存储位置使用 Oracle 内部模板规定的位置，即位于%ORACLE_HOME%\oradata 目录内。

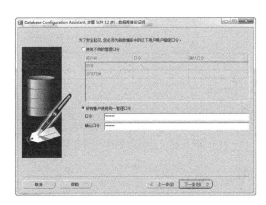 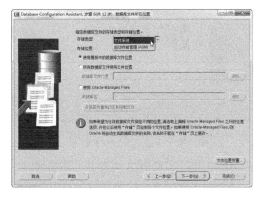

图 1-20　输入管理员口令　　　　　　图 1-21　选择数据库文件存储类型和位置

第 7 步指定快速恢复区的位置，以及是否启用归档（见图 1-22）。快速恢复区用于恢复数据，以免系统发生故障时丢失数据。启用归档后，每当发生日志文件切换时，以前的重做日志会被归档保存。由于这里在建立实验环境，为了避免快速恢复和归档日志占用过多的磁盘空间，所以关闭这两项功能。

第 8 步选择安装的数据库组件（见图 1-23），它们决定 Oracle 数据库中可以使用的数据库功能。有关这些组件的详细说明，请单击帮助按钮查看，这里不再一一介绍。由于本书介绍的是基本数据库操作，无需这些功能（包括标准数据库组件内列出的组件），所以这里全部取消选择。

图 1-22　设置数据库快速恢复区和归档模式

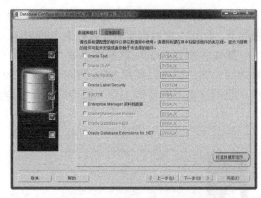

图 1-23　选择安装的数据库组件

第 9 步设置 Oracle 可以使用的内存大小及其内存分配方式、数据块大小、字符集和连接模式（见图 1-24）。这里选择共享服务器模式，共享服务器进程数量设置为 5，其他设置均使用默认设置。

当数据库服务器配置为专用服务器连接类型后，实例启动时不会启动共享服务器进程，所以用户只能建立专用服务器连接。而当数据库服务器配置为共享服务器连接类型时，客户端在连接时可以根据所执行的操作情况选择专用或共享服务器连接。

第 10 步显示数据库的存储设置，其中包括控制文件、数据文件和重做日志文件的存储路径、名称等（见图 1-25）。如果此时需添加数据库文件、改变其存储路径或大小等，则可以单击想要修改的数据库文件进行修改。

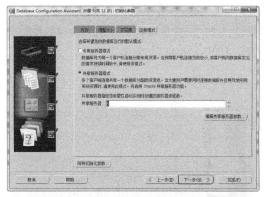

图 1-24　设置内存、数据块、字符集和连接模式

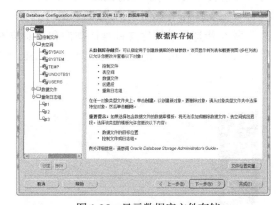

图 1-25　显示数据库文件存储

第 11 步选择 DBCA 将要执行的操作（见图 1-26）。

- 创建数据库：按照前面步骤中的设置创建数据库。
- 另存为数据库模板：把前面设置的数据库选项存储为模板，以后打开 DBCA 时，这个模板将与 DBCA 预定义模板一起显示在第 2 步所示的界面中。
- 生成数据库创建脚本：DBCA 创建数据库也是通过调用实用程序和执行 SQL 语句来实现的。选择此选项后，它基于前面各步骤中的设置生成数据库创建脚本文件，并把它们存储在指定的目录中，稍后我们在手工创建数据库时将分析这些脚本文件，并执行它们。

这里只选择第三项：生成数据库创建脚本。如果需要创建数据库，还可以再选择第一项。然后单击完成按钮，DBCA 开始创建数据库创建脚本。创建完成后，它询问是否执行其他操作（见图 1-27），这里选择否，退出 DBCA。

图 1-26 选择 DBCA 后续操作

图 1-27 DBCA 任务完成

虽然这里未用 DBCA 真正创建数据库，但也只差临门一脚：在第 11 步中选择创建数据库即可。除此之外，现在直接运行 DBCA 生成的脚本文件 orcl.bat，也可以创建出数据库。

1.4.2 手工创建数据库

下面基于上一小节所生成的数据库创建脚本文件（见表 1-2）以手工方式创建数据库，以了解 Oracle 数据库创建的详细操作。需要提醒的是，每台计算机上 Oracle 软件安装路径和数据库文件的存储路径可能不同，所以在执行以下这些命令时需要对路径做相应的修改。

表 1-2　　　　　　　　　　　DBCA 生成的数据库创建脚本文件

文件名	作　用
init.ora	初始化参数文件
orcl.bat	总控程序。它创建所需目录、设置环境变量、创建实例，并启动 SQL*Plus，执行 orcl.sql 脚本文件
orcl.sql	创建口令文件，并依次执行下面各个 SQL 脚本文件。它相当于 SQL 脚本文件总控程序
Create DB.Sql	启动实例，创建数据库
CreateDBFiles.sql	为数据库创建 USERS 表空间，并将它设置为数据库的默认表空间
CreateDBCatalog.sql	创建数据字典
lockAccount.sql	锁定 sys 和 system 之外的其他所有数据库账户
postDBCreation.sql	重新编译数据库中的所有无效对象，创建 spfile，并重新启动数据库

1. 建立初始化参数文件

初始化参数文件相当于实例的属性文件，实例启动时需要打开它。DBCA 创建的初始化参数文件 init.ora 是一个文本文件，其中设置的主要初始化参数如表 1-3 所示。

表 1-3　　　　　　　　　　　init.ora 中设置的主要初始化参数

参数名称	参数取值	说　明
db_name	orcl	设置数据库名
db_domain	jmu.edu.cn	设置数据库域名
db_block_size	8192	设置默认数据块大小
control_files	'D:\oracle\oradata\orcl\control01.ctl', 'D:\oracle\oradata\orcl\control02.ctl'	设置控制文件数量及其存储路径和文件名

参数名称	参数取值	说　　明
shared_servers	5	设置共享服务器进程数
dispatchers	' (protocol=TCP) '	设置调度进程
memory_target	1287651328	设置 Oracle 可用内存量
open_cursors	300	设置可打开的游标数
undo_tablespace	UNDOTBS1	设置还原表空间
processes	150	指出进程最大数量

2. 设置环境变量、创建相关目录和实例

这是 orcl.bat 文件的主要作用。请在 DOS 提示符下首先执行以下命令，为跟踪文件、配置工具日志文件、数据库文件、参数文件和口令文件创建存储目录：

```
mkdir D:\oracle\admin\orcl\adump
mkdir D:\oracle\admin\orcl\dpdump
mkdir D:\oracle\admin\orcl\pfile
mkdir D:\oracle\cfgtoollogs\dbca\orcl
mkdir D:\oracle\oradata\orcl
mkdir D:\oracle\product\11.2.0\dbhome_1\database
```

然后设置 ORACLE_SID 变量，使其值为所创建数据库的 SID：

```
set ORACLE_SID=orcl
```

最后，执行 Oracle 实用程序 oradim.exe 创建实例，并修改数据库服务和实例的启动方式。这将在操作系统的服务面板内添加一个 Oracle 数据库服务项，其名称为 OracleServiceOrcl：

```
oradim.exe -new -sid ORCL -startmode manual -spfile
oradim.exe -edit -sid ORCL -startmode auto -srvcstart system
```

oradim.exe 是 Oracle Database 提供的一个实用程序，专门用于创建和配置实例，其常用命令行参数及其作用如下：

● -new、-edit、-delete、-startup、-shutdown：指出 oradim.exe 所要执行的操作，它们分别为新建、编辑、删除、启动、关闭实例。

● -sid：其值指出 oradim.exe 所操作的实例名称。

● -srvcstart:操作系统启动时是否自动启动数据库服务。其值为 system 时启动，其值为 demand 时，必须由用户手工启动数据库服务。

● -startmode：指出 Oracle 数据库服务启动时是否启动实例，auto 为自动启动，manual 为手工启动。

● -spfile：实例默认时用 spfile 启动。

不要把服务面板内的数据库服务和 Oracle 实例相混淆。数据库服务只是一个小引导程序，也被称作自举实例，它控制真正 Oracle 实例的启动。所以我们有时在服务面板内看到该数据库服务已经启动，而用 SQL*Plus 连接时只能连接到空闲例程，说明数据库实例还没有启动就是这个原因。

在 Windows 平台下，为什么要创建 Oracle 数据库服务，而不以应用程序方式直接运行 Oracle 实例？这是因为在 Windows 平台下由某个用户启动的进程在该用户注销时会被停止。所以，为了解决这个问题，在 Windows 平台下为 Oracle 数据库创建实例服务。这样在用户退出系统时就不会中止 Oracle 实例的运行。

3. 创建口令文件

Oracle 数据库中有 3 种特殊管理权限：SYSDBA、SYSOPER 和 SYSASM，即数据库系统管

理员、系统操作员和 ASM 管理员。前两种管理权限的相同点是可以执行以下管理操作：启动和关闭数据库、创建 spfile、修改数据库的归档模式等，但不同之处在于，SYSDBA 的权限更大，用它可以创建和删除数据库，并能够在不需要任何授权的情况下查看用户数据。除此之外，使用 SYSDBA 和 SYSOPER 这两种权限连接之后，用户所处的模式也不相同，前者处于 sys 模式，而后者则处于 public 模式下。SYSASM 是 Oracle Database 11g 的新增特性，它是 ASM 实例所特有的，用于管理数据库存储。

具有 SYSDBA、SYSOPER 和 SYSASM 权限的用户常常需要在数据库还未打开的情况下，访问数据库实例，执行一些管理操作。所以，如果把具有这些种权限的用户的口令存储在数据库的数据字典内，在数据库还未打开的情况下就无法验证他们的身份。为了解决这个问题，Oracle 为具有管理权限的用户提供了口令文件认证这种方法。有关这方面内容将在第 7 章中详细介绍。这里只介绍口令文件的创建和使用。

Oracle 提供的实用程序 orapwd.exe 用于创建口令文件，该命令的语法格式为

```
ORAPWD FILE=文件名 [ENTRIES=最大用户数] [FORCE={Y|N}] [IGNORECASE={Y|N}]
```
其中各命令行参数的作用如下。

- FILE：指出口令文件的名称，这里必须提供完整的路径，否则将在当前路径下创建口令文件。Oracle 实例查找口令文件时，其默认查找路径是%Oracle_home%\database，默认查找的口令文件名是 PWD*sid*.ora。
- ENTRIES：可选项，指出所创建的口令文件内允许存储的用户账户最大数量。
- FORCE：可选项，说明是否允许覆盖现有口令文件。
- IGNORECASE：也是可选项，说明口令文件中的口令是否区分大小写。

执行以下命令创建口令文件，在执行过程中，它将要求输入 sys 的口令（如我们输入 oracle 作为其口令）：

orapwd file=D:\oracle\product\11.2.0\dbhome_1\database\PWDorcl.ora force=y

4．创建数据库

手工创建数据库需要 Oracle 实例执行 SQL 语句 CREATE DATABASE，因此，请在 DOS 提示符下，运行下面命令启动 SQL*Plus，之后以 SYSDBA 权限连接实例。

sqlplus /nolog
SQL> **CONNECT sys/oracle AS SYSDBA**

接下来启动 Oracle 数据库实例，这里用到前面创建的初始化参数文件 init.ora（以下操作主要来自 CreateDB.sql 文件）：

SQL> **startup nomount pfile="D:\oracle\admin\orcl\scripts\init.ora"**
ORACLE 例程已经启动。

```
Total System Global Area  778387456 bytes
Fixed Size                  1374808 bytes
Variable Size             234882472 bytes
Database Buffers          536870912 bytes
Redo Buffers                5259264 bytes
```
实例启动后，即可执行 CREATE DATABASE 语句创建数据库：

SQL> **CREATE DATABASE orcl**
MAXINSTANCES 8
MAXLOGHISTORY 1
MAXLOGFILES 16
MAXLOGMEMBERS 3
MAXDATAFILES 100
DATAFILE 'D:\oracle\oradata\orcl\system01.dbf' SIZE 700M REUSE

```
AUTOEXTEND ON NEXT  10240K MAXSIZE UNLIMITED
EXTENT MANAGEMENT LOCAL SYSAUX
    DATAFILE 'D:\oracle\oradata\orcl\sysaux01.dbf' SIZE 600M REUSE
    AUTOEXTEND ON NEXT  10240K MAXSIZE UNLIMITED
SMALLFILE DEFAULT TEMPORARY TABLESPACE TEMP
    TEMPFILE 'D:\oracle\oradata\orcl\temp01.dbf' SIZE 20M REUSE
    AUTOEXTEND ON NEXT  640K MAXSIZE UNLIMITED
SMALLFILE UNDO TABLESPACE "UNDOTBS1"
    DATAFILE 'D:\oracle\oradata\orcl\undotbs01.dbf' SIZE 200M REUSE
    AUTOEXTEND ON NEXT  5120K MAXSIZE UNLIMITED
CHARACTER SET ZHS16GBK
NATIONAL CHARACTER SET AL16UTF16
LOGFILE GROUP 1 ('D:\oracle\oradata\orcl\redo01.log') SIZE 51200K,
    GROUP 2 ('D:\oracle\oradata\orcl\redo02.log') SIZE 51200K,
    GROUP 3 ('D:\oracle\oradata\orcl\redo03.log') SIZE 51200K
USER SYS IDENTIFIED BY "oracle"
USER SYSTEM IDENTIFIED BY "oracle";
```

数据库已创建。

CREATE DATABASE 语句很长。在这条语句内指出要创建 SYSTEM、SYSAUX、TEMP、UNDO 4 个表空间，并指定各个表空间的数据文件；指出该数据库使用的字符集；为数据库创建 3 组联机重做日志，并指出每组重做日志的成员文件；最后设置数据字典内存储的 sys 和 system 用户的口令。如果没有设置 sys 和 system 的口令，这两个用户的默认口令分别是 change_on_install 和 manager。

5. 创建 USERS 表空间，并将它设置为数据库的默认表空间

这一步是选项，如果不创建 USERS 表空间，Oracle 将使用前面创建的 SYSAUX 表空间作为系统的默认表空间（这一步是 CreateDBFiles.sql 文件执行的操作）。

```
SQL> CREATE TABLESPACE USERS
        DATAFILE 'D:\oracle\oradata\orcl\users01.dbf'
        SIZE 5M REUSE
        AUTOEXTEND ON NEXT  1280K MAXSIZE UNLIMITED;
```

表空间已创建。

```
SQL> ALTER DATABASE DEFAULT TABLESPACE USERS;
```

数据库已更改。

6. 创建数据字典

数据库创建完成后，需要创建数据字典、Oracle 锁视图、PL/SQL 包和过程，这些工作由 Oracle Database 提供的脚本文件完成。OUI 在安装 Oracle Database 软件时已把这些脚本文件拷贝到 Oracle 主目录下的 rdbms\admin 目录中。在 SQL*Plus 内直接执行这些脚本即可完成该操作（以下几步是脚本文件 CreateDBCatalog.sql 执行的操作）：

```
SQL> @D:\oracle\product\11.2.0\dbhome_1\rdbms\admin\catalog.sql
SQL> @D:\oracle\product\11.2.0\dbhome_1\rdbms\admin\catblock.sql
SQL> @D:\oracle\product\11.2.0\dbhome_1\rdbms\admin\catproc.sql
```

7. 完善 SQL*Plus 执行环境

如果用户以后需要使用 SQL*Plus 连接该 Oracle 数据库，则还需要以 system 用户登录，执行以下两个脚本文件，以创建生成用户概要文件的表和相关过程，并构建 SQL*Plus 的帮助系统。如果不运行第一个脚本，用户在连接 SQL*Plus 时会显示警告信息。这两个脚本只对用 SQL*Plus 连接的用户产生影响，如果不使用 SQL*Plus 操作数据库，则可以忽略这步：

```
SQL> connect SYSTEM/oracle
```

已连接。

```
SQL> @D:\oracle\product\11.2.0\dbhome_1\sqlplus\admin\pupbld.sql
SQL> @D:\oracle\product\11.2.0\dbhome_1\sqlplus\admin\help\hlpbld.sql helpus.sql
```

8．创建 spfile，重新启动数据库

如果在以上操作中没有产生错误，数据库就创建完成了。最后，我们从刚才启动数据库所使用的文本格式初始化参数文件 init.ora，创建二进制格式初始化参数文件 spfile，关闭数据库后用 spfile 启动数据库实例，验证创建情况：

```
SQL> CREATE SPFILE FROM PFILE='D:\oracle\admin\orcl\scripts\init.ora';
```

文件已创建。

```
SQL> SHUTDOWN IMMEDIATE
```

数据库已经关闭。

已经卸载数据库。

ORACLE 例程已经关闭。

```
SQL> STARTUP
```

ORACLE 例程已经启动。

```
Total System Global Area  778387456 bytes
Fixed Size                  1374808 bytes
Variable Size             234882472 bytes
Database Buffers          536870912 bytes
Redo Buffers                5259264 bytes
```

数据库装载完毕。

数据库已经打开。

能够顺利打开数据库，说明数据库创建成功。

1.4.3　打开数据库

打开和关闭数据库需要具有 SYSDBA 或 SYSOPER 管理权限，可使用的工具包括 SQL*Plus、Recovery Manager、Oracle Enterprise Manager 等。如果数据库由 Oracle Database 11g 新提供的 Oracle Restart 管理，则建议使用 SRVCTL 启动和关闭数据库。下面以常用的 SQL*Plus 为例，执行打开和关闭数据库操作。首先请启动 SQL*Plus，并以一种管理权限连接：

```
SQLPLUS /NOLOG
SQL> connect SYS/oracle AS SYSDBA
```

已连接。

Oracle 数据库实例启动过程如图 1-28 所示，启动过程中要依次经历以下 4 种状态：

- 关闭（CLOSE）。
- 已启动（NOMOUNT）。
- 已装载（MOUNT）。
- 打开（OPEN）。

在 SQL*Plus 中使用 STARTUP 命令启动实例，它可以把数据库从 CLOSE 状态直接启动到其他 3 种任意状态。例如，STARTUP NOMOUNT、STARTUP MOUNT、STARTUP OPEN（或者 STARTUP）将分别把数据库从 CLOSE 状态启动到 NOMOUNT、MOUNT 和 OPEN 状态。但在数据库实例已启动之后，就不能再使用 STARTUP 命令改变数据库的状态，而只能使用 ALTER DATABASE 命令把数据库改变到下一个状态。例如，用 STARTUP NOMOUNT 命令启动实例之后，只能使用以下命令装载和打开数据库：

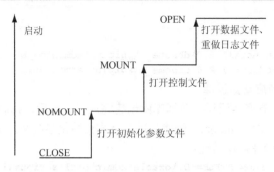

图 1-28　启动数据库

```
ALTER DATABASE MOUNT;
ALTER DATABASE OPEN;
```

Oracle 提供不同的数据库启动状态，目的是为了让 DBA 可以执行相应的管理工作。

- CLOSE：编辑和修改初始化参数文件。
- NOMOUNT：创建新的数据库，或者重新创建控制文件。
- MOUNT：重命名或移动数据文件、恢复数据库、改变数据库归档模式。
- OPEN：OPEN 状态分为受限访问和不受限访问两种。只有在不受限模式下，普通用户才能访问数据库。而在受限模式下，只有同时具有 CREATE SESSION 和 RESTRICTED SESSION 权限的用户才能访问。在受限模式下，数据库管理员也只能从本地访问实例，而不能远程访问。受限模式主要用于执行数据的导入和导出操作、数据的装载、数据库的迁移和升级等操作。

在用 STARTUP 命令启动数据库时，RESTRICT 选项与 NOMOUNT、MOUNT 或 OPEN 选项组合使用，即可将数据库启动到受限访问模式。在执行 STARTUP 命令正常启动数据库之后，也可用下面命令进入受限访问模式：

```
ALTER SYSTEM ENABLE RESTRICTED SESSION;
```

受限访问操作执行之后，系统管理员用下面命令把系统修改为非受限访问模式：

```
ALTER SYSTEM DISABLE RESTRICTED SESSION;
```

1.4.4　关闭数据库

在 SQL*Plus 中，使用 SHUTDOWN 命令关闭数据库。该命令有以下 4 个选项，它们分别对应于 4 种关闭方式。

- NORMAL：正常关闭。
- TRANSACTIONAL：事务关闭。
- IMMEDIATE：立即关闭。
- ABORT：异常关闭。

1. 正常关闭

正常关闭命令语法如下：

```
SHUTDOWN NORMAL
```

其中的 NORMAL 选项可以省略，因为这是 SHUTDOWN 命令的默认方法。

正常关闭命令执行后将禁止新建连接，并等待当前所有连接用户主动断开之后再关闭数据库。如果当前用户不主动断开连接，会导致该命令的执行因超时而失败。

2. 事务关闭

事务关闭命令语法如下：

```
SHUTDOWN TRANSACTIONAL
```

该命令将禁止新建连接，禁止已连接用户启动新的事务，但会等待已启动事务执行完成，然后断开用户连接，关闭数据库。所以，只要所有连接用户结束他们的当前事务，该命令即可成功关闭数据库。

3. 立即关闭

立即关闭命令语法如下：

```
SHUTDOWN IMMDIATE
```

该命令发出后将禁止新建连接，禁止已连接用户启动新的事务，但未提交的事务被立即回滚，然后断开用户连接，关闭数据库。所以，该命令关闭数据库的速度比前两种更快。

在以上 3 种关闭方式中，用户事务都能完成（要么提交，要么回滚），在关闭数据库之前还会执行检查点，所以可以确保所关闭的数据库处于一致状态，下次启动时不需要做实例恢复。因此，这 3 种关闭方式也被称作一致性关闭。

4. 异常关闭

异常关闭命令如下：

```
SHUTDOWN ABORT
```

该命令通过立即中止数据库实例的方式关闭数据库。它将禁止新建连接，禁止已连接用户启动新的事务，Oracle 数据库当前正在执行的 SQL 语句被立即中止，不回滚未提交的事务，也不执行检查点，而直接关闭数据库实例。这就像系统停电一样，立即中止 Oracle 数据库的运行。因此，这种方式关闭的数据库处于不一致状态，下次启动时需要做实例恢复。

正常情况下应禁止使用这种关闭方式，只有在其他关闭方式无效时才使用这种方法。

1.5　Oracle Net 配置

Oracle 数据库是一个网络数据库，为了方便配置和管理网络连接，它提供了 Oracle Net Services 组件，为分布式、异构计算环境提供企业级的连通性解决方案，从而简化网络配置和管理、提高性能、改善网络诊断能力。

这一节介绍怎样配置 Oracle Net。它是 Oracle Net Services 的一个组件，是驻留在客户端和 Oracle 数据库服务器上的软件层，负责建立客户端应用程序与 Oracle 数据库服务器之间的连接，实现二者之间的信息交换。

1.5.1　服务器端监听配置

Oracle Net 配置分为服务器端配置和客户端配置。在服务器端，Oracle Net 需要配置监听（Listener），它作为客户端和 Oracle 数据库服务器之间的中介，在指定的网络协议地址上接收客户端最初的连接请求，再把连接请求转发给指定的数据库实例处理程序（专用服务器进程或者调度进程）。当客户端和服务器之间建立起连接之后，二者直接通信，不再需要监听做中介。所以，监听的作用就像是在数据库实例处理程序和客户端之间建立桥梁，桥梁建立起来之后，其作用就完成了，再去等待其他新的客户端连接请求。

无论是配置 Oracle Net 客户端还是配置 Oracle Net 服务器端，使用的配置工具完全相同，即网络管理器（Net Manager）或网络配置助手（Net Configuration Assistant，NetCA）。后者为向导式配置工具，它在配置服务器端监听后能够自动在 Windows 中添加或删除相应的监听服务，而 Net Manager 则无此功能。所以在用 Net Manager 配置监听之后，需要使用监听控制程序（lsnrctl.exe）向 Windows 添加监听服务。本节将以 Net Manager 为例介绍 Oracle Net 的配置，限于篇幅，不再介绍 NetCA 的使用。

1. 监听配置

监听配置主要包含两方面内容。

- 监听位置：指出监听程序在指定的网络地址上为某个（些）数据库监听传入的连接请求。此配置为必配项。

- 数据库服务：指定监听程序必须为其接收连接请求的数据库服务。

下面开始配置监听。请单击 Windows 开始菜单下的程序\Oracle - OraDb11g_home1\配置和移植工具\Net Manager，打开 Net Manager，如图 1-29 所示。Net Manager 作为客户端和服务器共同使用的配置工具，其中的概要文件和服务命名是客户端所使用的功能，将在 1.5.2 小节介绍，这里只介绍监听配置。

要添加监听，首先请单击"Oracle Net 配置"下的"监听程序"，再单击左侧按钮栏中的加号按钮（⊞），在打开的选择监听程序名称对话框内输入所创建的监听名称，如图 1-30 所示。然后，从右侧窗格顶部的下拉列表内选择"网络位置"，再单击靠近该窗口底部的 添加地址 按钮，添加监听的网络地址。在 Windows 平台下，Oracle Net 支持的网络协议包括 TCP/IP、使用 SSL 的 TCP/IP（加密的 TCP/IP 协议）、IPC（进程间通信协议）和 NMP（命名管道）。我们选择 TCP/IP，再输入监听主机的名称或 IP 地址，以及监听的 TCP 端口号。Oracle Net 使用的默认端口是 1521，如图 1-31 所示。使用 TCP/IP 协议和 1521 端口号的 Listener 监听被称作默认监听，其他监听则是非默认监听。

图 1-29　Net Manager

图 1-30　设置监听名称

接下来为监听指定数据库服务。请从右侧窗格顶部的下拉列表内选择"数据库服务"，再单击右窗口底部的 添加数据库 按钮。在打开的"数据库 1"选项卡的各字段内分别输入全局数据库名：orcl.jmu.edu.cn，Oracle 主目录：D:\oracle\product\11.2.0\dbhome_1，以及数据库的 SID：ORCL，如图 1-32 所示。

至此，Oracle Net 的监听配置已经完成了。请从"文件"菜单下选择"保存网络配置"，把以上配置保存到监听配置文件 listener.ora 中，该文件存储在 ORACLE 主目录下的 network\admin 子目录内。打开监听配置文件，可以看到以下内容：

```
SID_LIST_LISTENER =
(SID_LIST =
  (SID_DESC =
    (GLOBAL_DBNAME = orcl.jmu.edu.cn)
    (ORACLE_HOME = D:\oracle\product\11.2.0\dbhome_1)
    (SID_NAME = ORCL)
  )
)
```

```
LISTENER =
  (DESCRIPTION =
    (ADDRESS = (PROTOCOL = TCP)(HOST = DBS)(PORT = 1521))
  )
```

图 1-31　设置监听网络地址

图 1-32　为监听指定数据库服务

其中的 SID_LIST 部分列出数据库服务静态注册参数，每个监听名称下的 DESCRIPTION 列出为该监听配置的网络地址。

2．用监听控制程序管理监听

用 Net Manager 配置和保存监听之后，可以用监听控制（Listener Control）程序 lsnrctl.exe 管理监听。监听控制程序第一次启动监听时，如果发现该监听服务没有添加到 Windows 的服务中，则将添加它。所添加的默认监听服务名为 OracleOraDb11g_home1TNSListener，非默认监听服务名则为 OracleOraDb11g_home1TNSListener *监听名*。

执行监听控制程序的方法有两种，其中一种是

Lsnrctl 命令 [监听名称]

另一种是先执行 lsnrctl，然后在其命令行下输入各种命令，如

LSNRCTL> **start listener**

在以上两种执行方式中，如果是默认监听，则可省去监听名。而对于非默认监听，则不能省略监听名称。监听控制程序的常用命令如表 1-4 所示。

表 1-4　　　　　　　　　　　　　　　监听控制程序常用命令

命　　令	说　　明
start	启动监听
stop	停止监听
reload	重新读取监听配置文件 listener.ora，这样不必停止监听就能够添加或改变静态注册的服务
status	查询监听状态
services	获取关于数据库服务、实例，以及监听把客户端连接请求转发到的服务处理程序（调度进程和专用服务器进程）方面的详细信息
exit 或 quit	退出监听控制程序，回到操作系统提示符

下面是执行 status 命令查看到的监听运行状态。从中可以看到该监听的网络地址、名称、软件版本、启动时间、跟踪文件和日志文件，以及在该监听上所注册的数据库服务和实例信息。

```
LSNRCTL> status
正在连接到 (DESCRIPTION=(ADDRESS=(PROTOCOL=TCP)(HOST=DBS)(PORT=1521)))
LISTENER 的 STATUS
------------------------
```

别名	LISTENER
版本	TNSLSNR for 32-bit Windows: Version 11.2.0.1.0 - Production
启动日期	14-5月 -2012 09:04:04
正常运行时间	0 天 0 小时 20 分 59 秒
跟踪级别	off
安全性	ON: Local OS Authentication
SNMP	OFF

```
监听程序参数文件
D:\oracle\product\11.2.0\dbhome_1\network\admin\listener.ora
监听程序日志文件
d:\oracle\product\11.2.0\dbhome_1\log\diag\tnslsnr\DBS\listener\alert\log.xml
监听端点概要...
  (DESCRIPTION=(ADDRESS=(PROTOCOL=tcp)(HOST=DBS)(PORT=1521)))
服务摘要..
服务 "orcl.jmu.edu.cn" 包含 2 个实例。
  实例 "ORCL"，状态 UNKNOWN，包含此服务的 1 个处理程序...
  实例 "orcl"，状态 READY，包含此服务的 2 个处理程序...
命令执行成功
```

3. 动态服务注册

一个监听需要为哪些数据库服务接收连接请求？这就需要在监听上注册。只有注册了的数据库服务，监听才会为其接收客户端的连接请求。如果监听上没有注册任何数据库服务信息，它就一直空转，因为它不知道把客户端的连接请求转发到何处。

有两种方法注册数据库服务。第一种是前面监听配置中介绍的，指定数据库服务。这种方法把数据库服务信息写入监听配置文件，在监听启动时直接注册，这称作静态注册。

另一种方法是动态服务注册，它不在监听配置时指定数据库服务，而是在实例启动或运行过程中，由 PMON 进程自动查找监听进程，进行服务注册。如果未查找到监听进程，PMON 还会定期（每隔 1min）查询，进行注册。

默认时，PMON 进程在默认监听地址上查找监听进程。如果使用的不是默认监听，则要修改初始化参数文件，用 LOCAL_LISTENER 或 REMOTE_LISTENER 参数分别指出本地监听或远程监听的网络地址信息，这样 PMON 就知道到哪里查找监听进程。例如，如果在 Oracle 数据库服务器本机的 TCP 端口 1525 上建立监听 listener1，则可用下面语句把监听地址告诉 PMON 进程：

```
ALTER SYSTEM SET
    LOCAL_LISTENER='(ADDRESS=(PROTOCOL=TCP)(HOST=DBS)(PORT=1525))';
```

在修改以上参数后，PMON 进程在下次查询到该监听进程后会动态注册，但 DBA 也可以执行下面语句要求 PMON 立即进行服务注册：

```
ALTER SYSTEM REGISTER;
```

动态服务注册时，PMON 进程向监听进程提供以下信息：数据库服务名、与该服务相关的数据库实例名及其当前负载和最大负载、数据库实例可以使用的服务处理程序(专用服务器进程或者调度进程,包括它们的负载信息)。与静态注册相比,动态服务注册的优点是监听程序能够准确掌握实例及其处理程序的状态。除此之外,动态注册还具有简化监听配置,可以在处理程序之间实现负载均衡等优点。

下面是执行 services 命令得到的输出结果。从中看到 orcl.jmu.edu.cn 服务下包含两个实例,其中一个是静态注册产生的(状态为 UNKNOWN,监听程序不了解该实例和处理程序的状况,所以状态为未知);另一个是动态注册产生的,状态为 READY(监听进程了解该实例及其处理程序当前状态,所以状态为 READY)。从"处理程序"部分还可以看出从该监听启动到目前为止一共成功建立了 11 个共享服务器连接,5 个专用服务器连接。

```
LSNRCTL> services listener1
正在连接到 (DESCRIPTION=(ADDRESS=(PROTOCOL=TCP)(HOST=DBS)(PORT=1525)))
服务摘要..
服务 "orcl.jmu.edu.cn" 包含 2 个实例。
  实例 "ORCL", 状态 UNKNOWN, 包含此服务的 1 个处理程序...
    处理程序:
      "DEDICATED" 已建立:0 已被拒绝:0
        LOCAL SERVER
  实例 "orcl", 状态 READY, 包含此服务的 2 个处理程序...
    处理程序:
      "DEDICATED" 已建立:5 已拒绝:0 状态:ready
        LOCAL SERVER
      "D000" 已建立:11 已被拒绝:0 当前: 11 最大: 1022 状态: ready
        DISPATCHER <machine: DBS, pid: 924>
        (ADDRESS=(PROTOCOL=tcp)(HOST=DBS)(PORT=50184))
命令执行成功
```

1.5.2　客户端配置与数据库连接测试

本小节介绍 Oracle Net 的客户端配置。在执行该配置之前需要先安装 Oracle 数据库客户端软件。该软件的安装设置比较简单,加之篇幅限制,这里不再介绍其具体安装操作。

无论用什么语言开发 Oracle 数据库应用程序,它们要与服务器建立连接,在连接字符串内均需要提供以下几方面信息。

- 所要连接的 Oracle 数据库服务器的监听网络地址。
- 连接的数据库服务,因为一台数据库服务器上可能有多个数据库,所以需要指定。
- 用户名和口令等连接认证信息。

在连接字符串内以怎样的语法格式书写这些信息?这由连接字符串的命名方法决定。不同的命名方法要求的语法格式不同,Oracle Net 支持的客户端命名方法包括简易连接命名(EZCONNECT)、本地命名(TNSNAMES)、主机命名(HOSTNAME)、目录命名(LDAP)、网络信息服务(NIS)等。下面介绍前两种命名方法的配置及使用方法。

1. 选择命名方法

Oracle Net 客户端配置首先要选择命名方法。请打开 Net Manager,单击"概要文件",从右窗格上方的下拉列表内选择"命名",单击"方法"选项卡,把所需的命名方法添加到"所选方法"列表内,如图 1-33 所示。

从右窗格顶部的下拉列表内选择"Oracle 高级安全性",打开"验证"选项卡,从中可以看到 NTS 已添加在"所选方法"内(见图 1-34)。该设置与命名方法无关,它说明允许 Windows 下的客户机和 Oracle 数据库服务器之间采用操作系统认证方法验证用户口令。

然后选择"文件"菜单的"保存网络配置"命令，将该配置保存到命名方法配置文件 sqlnet.ora 中（位于客户端 Oracle 主目录下的 NETWORK\ADMIN 子目录内）。该文件中只有以下两行信息，第一行说明允许采用操作系统认证用户，第二行说明选择的命名方法：

```
SQLNET.AUTHENTICATION_SERVICES= (NTS)
NAMES.DIRECTORY_PATH= (EZCONNECT, TNSNAMES)
```

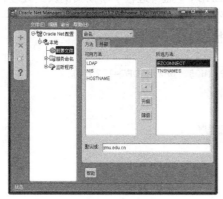 

图 1-33　选择命名方法　　　　　　　　图 1-34　设置认证方法

客户端选择简易连接命名方法之后，不需要再做进一步设置即可连接 Oracle 数据库，这就是"简易"的来历。在 SQL*Plus 内，简易连接命名连接字符串的语法格式为

```
connect 用户名/口令@主机名[:端口号]/服务名:连接模式
```

其中端口号部分为选项，如果是 Oracle Net 的默认端口 1521，则可以省略。连接模式部分指出以 dedicated（专用服务器）还是 shared（共享服务器）方式连接。例如，下面两条语句通过上面创建的 listener1 监听，分别以共享服务器和专用服务器连接方式连接数据库：

```
SQL> connect system/oracle@dbs:1525/orcl.jmu.edu.cn:shared
已连接。
SQL> connect system/oracle@dbs:1525/orcl.jmu.edu.cn:dedicated
已连接。
```

2. 本地命名配置

在简易命名连接字符串中，需要把连接数据库所需的信息全写在字符串内，所以连接字符串很复杂，本地命名可以简化连接字符串的书写，但使用它连接之前需要先做一些配置。

首先，请打开 Net Manager 配置本地命名文件。单击"服务命名"，然后单击左侧按钮栏内的加号按钮，打开网络服务名配置向导。

第 1 步，在其"网络服务名"文本框内输入要建立的网络服务名，如 orcl_dbs，如图 1-35 所示。

第 2 步，选择客户端与 Oracle 数据库服务器通信所使用的网络协议，如图 1-36 所示。这里所选择的网络协议以及下一步中所输入的网络地址，应与监听配置中的相同，否则，二者之间无法通信。

第 3 步，输入监听主机的名称（或其 IP 地址）和端口号，如图 1-37 所示。

第 4 步，输入要连接的数据库服务名（默认时与全局数据库名相同），并指定连接类型，如图 1-38 所示。在不了解数据库服务器连接类型设置的情况下，请选择数据库默认设置。

最后一步没有实际操作，可以直接单击 完成 按钮关闭该向导，返回到 Net Manager，如图 1-39 和图 1-41 所示。也可以单击其中的 测试 按钮，做连接测试，以了解以上配置能否成功连接 Oracle 数据库服务器。默认时，连接测试所使用的账号为 Scott，口令是 tiger。如果系统中没有此账户，或者口令与此不符，同样会导致连接测试失败。这时可单击 更改登录 按钮，修改账户，如图 1-40 所示。

图 1-35　指定网络服务名

图 1-36　选择通信协议

图 1-37　输入监听主机的网络地址

图 1-38　选择连接类型

图 1-39　连接测试

图 1-40　更改连接测试认证信息

回到 Net Manager 之后，其右边窗格内将显示出为本地命名所做配置，如图 1-41 所示。请执行"文件菜单"下的"保存网络配置"命令，把建立的网络服务名及其连接描述信息写入 Oracle Net 客户端的本地配置文件（tnsnames.ora，它存储在客户端 Oracle_Home 下的 Network\admin 子目录内）。该文件的内容如下，其中 DESCRIPTION 部分为连接标识符：

```
ORCL_DBS =
  (DESCRIPTION =
    (ADDRESS_LIST =
      (ADDRESS = (PROTOCOL = TCP)(HOST = DBS)(PORT
= 1525))
    )
    (CONNECT_DATA =
      (SERVER = SHARED)
      (SERVICE_NAME = orcl.jmu.edu.cn)
    )
  )
```

网络服务名建立之后，可以使用 Oracle 提供的

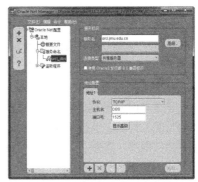

图 1-41　查看和保存本地命名设置

tnsping.exe 程序，测试客户端与 Oracle 数据库服务器之间的连通性。这个程序与 TCP/IP 中的 ping.exe 程序功能类似。下面是执行 tnsping orcl_dbs 之后的显示结果。它首先显示该程序的版本，然后显示解析网络服务名过程中用到的 Oracle Net 配置文件，最后显示客户端与服务器间的连通性状况。

```
TNS Ping Utility for 32-bit Windows: Version 11.2.0.1.0 - Production on 14-5月 -2012
22:23:50
Copyright (c) 1997, 2010, Oracle.  All rights reserved.
```

已使用的参数文件：

```
D:\oracle\product\11.2.0\dbhome_1\network\admin\sqlnet.ora
```

已使用 TNSNAMES 适配器来解析别名

尝试连接 (DESCRIPTION = (ADDRESS_LIST = (ADDRESS = (PROTOCOL = TCP)(HOST = DBS)(PORT = 1525)))
(CONNECT_DATA = (SERVER = SHARED) (SERVICE_NAME = orcl.jmu.edu.cn)))

OK (30 **毫秒**)

客户端和 Oracle 数据库服务器之间的网络保持连通之后，就可以使用本地命名连接字符串建立连接。该连接的语法格式为

connect **用户名/口令@网络服务名**

在 SQL*Plus 内执行下面语句即可建立与 Oracle 数据库服务器的连接：

```
SQL> connect system/oracle@orcl_dbs
```

已连接。

当然，从理论上来说，也可以在连接字符串内使用完整的连接标识符（其语法与 TNSNAMES.ORA 配置文件中的相同）建立连接。例如，下面的语句使用完整的连接标识符建立连接，前 3 行结束处的连字符表示命令字符串没有结束，而是换行。

```
SQL> connect system/oracle@(DESCRIPTION = -
> (ADDRESS = (PROTOCOL = TCP)(HOST = DBS)(PORT = 1525))-
> (CONNECT_DATA =(SERVER = SHARED)-
>      (SERVICE_NAME = orcl.jmu.edu.cn)))
```

已连接。

本章小结

本章简要介绍了 Oracle 数据库的体系结构，重点介绍了 Oracle 数据库服务器环境的建立和配置方法。

Oracle 数据库服务器可分为 Oracle 实例、数据库文件和 Oracle Net 3 个部分。Oracle 实例实现 DBMS 功能。在安装 Oracle Database 软件后，调用 Oradim.exe 可以创建和配置 Oracle 实例。Oracle 实例由 SGA 和后台进程构成。SGA 进一步划分为数据缓冲区、重做日志缓冲区、共享池、Java 池、大型池、流池等。一个个后台进程实际上是对 DBMS 系统的专业分工，主要包括数据写入进程、日志写入进程、系统监视进程、进程监视进程、检查点进程等。

Oracle 数据库文件用于存储用户数据和系统数据。从物理结构上看，Oracle 数据库文件主要分为数据文件、控制文件和重做日志文件 3 种，它们均由 CREATE DATABASE 语句在创建数据库时创建。从逻辑结构方面来看，Oracle 数据库分为表空间、段、区和块 4 个层次。

创建 Oracle 数据库可以调用 DBCA 工具创建，也可以完全采用手工方式创建。DBCA 实际上是一个封装工具，它也是通过调用 Oracle Database 提供的实用程序，以及执行相应的 SQL 语句和脚本来创建数据库。熟悉手工创建 Oracle 数据库的详细步骤和方法有助于加深对 Oracle 数据库的理解。

本章最后介绍了打开和关闭 Oracle 数据库的方法，以及 Oracle Net 服务器端和客户端的配置。

习　题

一、选择题

1. Oracle 数据库服务器包含的两个主要组件是（　　　）。

　　A. Oracle 实例　　　　　　　B. Oracle 数据库

　　C. 内存结构　　　　　　　　D. 后台进程

2. CREATE DATABASE 创建 Oracle 数据库时创建的文件包括（　　　）。

　　A. 数据文件　　　　　　　　B. 控制文件

　　C. 日志文件　　　　　　　　D. 初始化参数文件

3. 创建 Oracle 数据库时，CREATE DATABASE 语句中指出了需要创建的数据文件、日志文件存储路径和名称，但没有指出需要创建的控制文件，因此创建数据库之前需要创建（　　　）个控制文件。

　　A. 0　　　　　　　　　　　　B. 1

　　C. 2　　　　　　　　　　　　D. 任意数量

4. 调用 SHUTDOWN 命令关闭 Oracle 数据库后，以下（　　　）命令关闭的数据库处于不一致状态。

　　A. SHUTDOWN NORMAL

　　B. SHUTDOWN TRANSACTIONAL

　　C. SHUTDOWN IMMEDIATE

　　D. SHUTDOWN ABORT

5. 作为普通用户，只有当数据库处于以下（　　　）状态下才可连接访问。

　　A. NOMOUNT　　　　　　　　B. MOUNT

　　C. OPEN　　　　　　　　　　D. CLOSE

二、填空题

1. SGA 可分为以下几种主要区域：＿＿＿＿＿＿＿＿、＿＿＿＿＿＿＿＿、＿＿＿＿＿＿＿＿＿、＿＿＿＿＿＿＿＿＿、＿＿＿＿＿＿＿＿等。

2. Oracle 实例有多种后台进程，其中每个数据库实例上必须启动的后台进程包括＿＿＿＿＿＿、＿＿＿＿＿＿＿、＿＿＿＿＿＿＿、＿＿＿＿＿＿＿、＿＿＿＿＿＿等。

3. Oracle 数据库的逻辑存储结构是＿＿＿＿＿＿、＿＿＿＿＿＿＿、＿＿＿＿＿＿、＿＿＿＿＿＿等。

4. Oracle 数据库逻辑上的表空间结构与磁盘上的物理＿＿＿＿＿＿文件相关联。

5. 下面连接字符串采用的是＿＿＿＿＿＿命名方式。

CONNECT Scott/tiger@dbs:1525@orcl.jmu.edu.cn

三、简答题

1. 请说明在客户端和服务器端配置 Oracle Net 所使用的配置工具、配置内容，以及产生的配置文件。

2. 请简述 Oracle 数据库的逻辑存储结构。

3. 请简述 Oracle 数据库的专用和共享连接模式。

四、实训题

1. 用 DBCA 创建、配置和删除数据库，并生成相应的数据库创建脚本文件。之后分析并执行该脚本文件，以手工方式创建数据库。

2. 请在 SQL*Plus 中练习 Oracle 数据库的启动与关闭操作。

3. 在服务器端配置 Oracle Net，使用不同的网络地址（如不同的 IP 地址或 TCP 端口号）为数据库创建两个监听。

4. 在客户端配置 Oracle Net，以简易连接命名和本地命名方式分别通过上面创建的两个监听连接 Oracle 实例。

第2章
常用 Oracle 管理工具

Oracle Database 11g 提供大量的管理工具，除了我们前面用过的 OUI、DBCA、NetCA、Net Manager 等之外，常用工具还包括 Oracle Enterprise Manager Database Control（Oracle 企业管理器 数据库控制台）、SQL*Plus、SQL Developer 等。本章简要介绍这些常用管理工具的使用。

2.1 SQL*Plus

SQL*Plus 是最常用的 Oracle 数据库管理和操作工具，Oracle 数据库服务器和客户端软件均提供该实用程序。这是一个命令行界面的查询工具，并且有其自己的命令和环境，用它可执行以下操作：

- 执行 SQL*Plus 命令；
- 执行 SQL 语句和 PL/SQL 语句块；
- 格式化和保存查询结果；
- 检查表和对象定义；
- 开发和运行批脚本；
- 管理数据库；
- 执行操作系统命令。

本节主要介绍 SQL*Plus 的启动与关闭、环境配置、常用 SQL*Plus 命令、SQL 语句和 PL/SQL 语句块的编辑执行等。

2.1.1 SQL*Plus 的启动和关闭

1. 启动 SQL*Plus

要启动 SQL*Plus，可以在命令行上直接输入 sqlplus，也可以从 Oracle 程序组的"应用程序开发"中选择 SQL Plus。SQL*Plus 应用程序完整的启动语法格式为

```
sqlplus [ [<option>] [logon] [<start>] ]
```

- option 部分的主要选项为

-Help：显示 SQL*Plus 程序的使用帮助信息；

-Version：显示 SQL*Plus 版本号；

-Silent：要求以哑模式启动和运行 SQL*Plus。在这种模式下，SQL*Plus 在启动和运行过程中不显示提示信息和说明性内容，其中包括 SQL*Plus 的提示符(SQL>)，只显示用户输入和命令执行结果。哑模式适合在其他应用程序中调用 SQL*Plus，这使用户感觉不到 SQL*Plus 多余的显示信息。

- logon 参数指出登录相关信息，其格式为

{ [用户名[/口令] | /][@连接标识符] }　[AS {SYSOPER |SYSDBA}] | /NOLOG

这部分说明在启动 SQL*Plus 时是否连接数据库，/nolog 指出只启动 SQL*Plus，不连接数据库。如果需要连接，身份认证可以采用数据库认证（提供用户名和口令）或操作系统认证（/，不需要提供用户名和口令。这部分内容将在第 7 章介绍）两种方法。AS 子句指出是以普通用户身份连接，还是特殊管理身份连接。

例如，下面命令在启动 SQL*Plus 时，直接连接 Oracle 数据库，并以 sysdba 身份登录：

`C:\>sqlplus sys/oracle@orcl_dbs as sysdba`

- start 参数指出 SQL*Plus 启动后立即执行的脚本文件名称及其参数，其语法格式为

@{url地址|脚本文件名[.扩展名]}　[参数 ...]

SQL*Plus 可以执行本地文件系统或远程 Web 服务器上的脚本文件，脚本文件扩展名可以任意指定，默认时是.SQL。

例如，在图 2-1 中，启动 SQL*Plus 时以 system 用户登录，然后执行 Oracle 数据库所提供的脚本文件 scott.sql。该脚本文件为 scott 用户创建表，并插入数据。然后我们查询到它所插入的数据。

图 2-1　启动 SQL*Plus 时执行脚本文件

2. 关闭 SQL*Plus

关闭 SQL*Plus 可以采用以下两种方法。

- 异常关闭：直接关闭 SQL*Plus 窗口，或者由于其他原因导致 SQL*Plus 与 Oracle 数据库服务器之间的连接异常中断。异常关闭时，未完成的事务默认会被 Oracle 实例回滚。

- 正常关闭：执行 SQL*Plus 命令 exit 关闭。正常关闭时，未完成事务的结束方式（被提交还是回滚）由 SQL*Plus 环境参数 EXITCOMMIT 的值决定，其值为 ON 时，SQL*Plus 正常关闭时将提交事务，这是默认设置；而当其值为 OFF 时，则回滚未提交的事务。SQL*Plus 环境参数由 SET 命令设置。

2.1.2　SQL*Plus 变量与参数配置

在 SQL*Plus 下可以定义变量、设置参数，参数改变当前会话的环境设置等，而变量则分为 SQL*Plus 预定义变量（记录 SQL*Plus 所调用的编辑器、当前连接用户、连接标识符等）和用户变量，用它们保存一个数值。

1. 定义 SQL*Plus 变量

SQL*Plus 预定义了一些变量，这些变量记录特殊的信息，在 SQL*Plus 提示符下输入 define 命令即可查看。

- _DATE：系统当前日期；

- _CONNECT_IDENTIFIER：当前会话所使用的连接标识符；
- _USER：当前连接用户名；
- _PRIVILEGE：当前连接的权限级别，如 AS SYSDBA 等；
- _EDITOR：执行 EDIT 命令时打开的外部编辑器，默认时为 Windows 记事本（"Notepad"），定义该变量可以改变打开的外部编辑器；
- _SQLPLUS_RELEASE：安装的 SQL*Plus 版本号；
- _O_VERSION：安装的 Oracle 数据库当前版本；
- _O_RELEASE：安装的 Oracle 数据库发行版本号。

除了预定义变量之外，还可以使用 SQL*Plus 的 define 命令定义用户变量，或者使用 undefine 命令释放变量。例如：

```
SQL> define dept_no = 10                 定义变量
SQL> define dept_no                      查看变量
DEFINE DEPT_NO        = "10" (CHAR)
SQL> undefine dept_no                    释放变量
SQL> define dept_no                      再次查看，显示未定义
SP2-0135: 符号 dept_no 未定义
```

2. 设置 SQL*Plus 环境参数

SQL*Plus 参数也称作系统变量，它由 set 命令设置，用于改变 SQL*Plus 当前会话的环境设置。SQL*Plus 参数很多，这里只给出几个最为常用的参数。

- SQLPROMPT：设置 SQL*Plus 命令提示符的格式，其默认值为 "SQL> "；
- LINESIZE：设置输出中一行上可以显示的字符总数；
- PAGESIZE：设置输出中每页显示的行数；
- TIME：是否显示当前时间，取值为 ON 或 OFF；
- TIMING：是否显示每条 SQL 语句或 PL/SQL 块运行时间统计信息，取值为 ON 或 OFF；
- AUTOCOMMIT：设置 SQL 或 PL/SQL 语句执行后是否自动提交，其值为 ON、OFF 或 n，分别表示为执行每条语句后自动提交、不自动提交、执行 n 条语句后自动提交一次；
- EXITCOMMIT：指出 SQL*Plus 下执行 EXIT 命令时对未提交事务的默认操作是 COMMIT 还是 ROLLBACK，对应的取值分别为 ON 和 OFF；
- SERVEROUTPUT：指出在 SQL*Plus 内是否显示存储过程或 PL/SQL 块的输出信息，这些输出信息由 DBMS_OUTPUT.PUT_LINE 产生。

例如，下面 SET 命令使用 SQL*Plus 预定义变量，将 SQL*Plus 的默认提示符从 "SQL> " 修改为显示当前用户名和连接标识符。

```
SQL> SET SQLPROMPT "_USER'@'_CONNECT_IDENTIFIER > "
SCOTT@orcl_dbs >
```

这让操作者随时可以看到当前连接用户名和连接标识符。如果我们使用不同的连接字符串重新连接，SQL*Plus 命令提示符会随之更改：

```
SCOTT@orcl_dbs > conn scott/tiger@dbs:1525/orcl.jmu.edu.cn
已连接。
SCOTT@dbs:1525/orcl.jmu.edu.cn >
```

3. 设置 SQL*Plus 配置文件

SET 命令配置的参数在重新启动 SQL*Plus 后失效，它们又恢复到其默认值。DBA 或用户可以使用配置文件设置 SQL*Plus 环境，这样每次建立连接后自动运行配置文件，即可得到相同的环境设置。SQL*Plus 配置文件包括以下两类。

- 站点配置文件：由 DBA 在 Oracle 数据库服务器上建立，文件名为 glogin.sql，存储在 ORACLE_HOME 下的 sqlplus\admin\子目录内。用户在启动 SQL*Plus 会话，并成功建立与该 Oracle 数据库的连接之后自动运行，所以它影响连接该数据库（站点）的所有用户。

- 用户配置文件：由用户在客户端创建，文件名为 login.sql，它存储于当前目录或者 SQLPATH 注册项所指定的目录（Windows 下为%ORACLE_HOME%\dbs）内。在用户成功连接并执行站点配置文件后执行用户配置文件，其设置只影响当前用户。如果站点配置文件和用户配置文件对同一个参数进行设置，由于用户配置文件执行在后，所以其设置将覆盖站点配置文件中的设置。

例如，我们在 glogin.sql 内添加以下设置，使每个用户在连接后修改 SQL 提示符和输出的行、页数据长度。

```
SET SQLPROMPT "_USER'@'_CONNECT_IDENTIFIER _DATE> "
SET LINESIZE 120
SET PAGESIZE 24
```

实际上，在配置文件中，不但可以添加 SQL*Plus 命令，还可以添加 SQL 语句和 PL/SQL 块。

2.1.3 编辑执行命令

在 SQL*Plus 中可以编辑执行的内容分为以下 3 类：
- SQL*Plus 命令；
- SQL 语句；
- PL/SQL 语句块。

SQL*Plus 在运行时会开辟一个缓冲区（被称作 SQL 缓冲区），用于缓存最近输入的 SQL 语句和 PL/SQL 语句块。在编辑下一条 SQL 语句和 PL/SQL 语句块时会刷新 SQL 缓冲区中的内容。但 SQL 缓冲区不缓存 SQL*Plus 命令，所以编辑 SQL*Plus 命令不会刷新 SQL 缓冲区中的内容。

SQL*Plus 的 LIST 命令可以列出当前 SQL 缓冲区中的内容，调用 RUN 命令或者斜线（/）可以再次执行它。RUN 在执行前会先列出语句，再给出执行结果。而/则不列出语句内容，直接执行。

1. 编辑执行 SQL 语句

在输入 SQL 语句时可以任意换行，只要换行不拆分到语句内的各个关键字或者标识符即可。换行时，SQL*Plus 自动在行首显示行号。

在输入编辑一条语句时，用以下任意一种方法结束编辑状态。
- 在新行的开始直接输入句点(.)：只结束编辑状态，而不执行 SQL 语句。
- 在空行上直接按回车键：结束编辑，但不执行 SQL 语句。
- 输入分号(;)：结束编辑状态并执行已输入的 SQL 语句。
- 在一行上输入斜杠(/)：结束编辑并执行已输入的 SQL 语句。

例如，下面的语句用第 3 种方法结束编辑，并直接执行所输入的 SQL 语句。

```
SCOTT@orcl_dbs > SELECT * FROM dept
  2               WHERE deptno=10;

    DEPTNO DNAME         LOC
---------- ------------- -------------
        10 ACCOUNTING    NEW YORK
```

2. 编辑执行 PL/SQL 语句块

本书"PL/SQL 语言基础"一章中将介绍 PL/SQL 语句块结构及其过程控制语句，这里只介绍怎样编辑和执行 PL/SQL 语句块。在 SQL*Plus 内编辑 PL/SQL 语句块时，只能用以下两种方法结束 PL/SQL 块的编辑状态：

- 在新行的开始直接输入句点(.)：只结束编辑状态，但不执行编辑的 PL/SQL 语句块；
- 在新行上输入斜杠(/)：结束编辑并执行已输入的 PL/SQL 语句块。

例如，下面语句首先打开 SQL*Plus 的输出，然后编辑一个 PL/SQL 块并执行。该 PL/SQL 块调用 sysdate 函数，以默认格式显示系统当前日期。

```
SCOTT@orcl_dbs > set serveroutput on
SCOTT@orcl_dbs > BEGIN
  2     DBMS_OUTPUT.PUT_LINE(sysdate);
  3   END;
  4   /
19-5月 -12
```

PL/SQL 过程已成功完成。

3. 编辑执行 SQL*Plus 命令

与编辑 SQL 语句和 PL/SQL 语句块不同，输入 SQL*Plus 命令后按回车键，即可结束编辑状态，并立即执行。除此之外，二者还有一点不同的地方，在编辑 SQL 语句和 PL/SQL 语句块时，必须完整输入每个命令，不能缩写，而在输入 SQL*Plus 命令时，可以使用缩写。例如，执行 List、Run 命令时，可以只输入这两条命令的缩写形式 L、R。

SQL*Plus 命令非常多，表 2-1 只列出常用命令，有关 SQL*Plus 所有命令及其语法格式，可在 SQL*Plus 提示符下输入"HELP 命令"进行查询。

表 2-1   常用 SQL*Plus 命令

命　　令	说　　明
/、RUN	执行 SQL 语句或 PL/SQL 块，RUN 在执行前先列出语句内容
LIST	列出 SQL 缓冲区内的全部或指定内容。例如，list 1 5 列出缓冲区内的前 5 行，list 2 10 列出缓冲区中的第 2 行到第 10 行内容
APPEND	在 SQL 缓冲区的当前行尾追加文本。结束编辑后，所输入的最后一行为当前行。要改变当前行，可以直接输入行号后按回车键，这时 SQL*Plus 将显示指定行的内容，并把它设置为当前行
CHANGE	修改 SQL 缓冲区内当前行上的文本
DEL	删除 SQL 缓冲区内的一行或多行。例如，del 3 将删除 SQL 缓冲区内第 3 行的内容，del 3 6 将删除第 3 行到第 6 行
INPUT	在 SQL 缓冲区内当前行后插入一行或多行
EDIT	调用操作系统文本编辑器（编辑器由 SQL*Plus 环境变量 _EDITOR 指定）编辑 SQL 缓冲区中的内容，结束编辑并保存后，会把编辑器中编辑的内容返回到 SQL 缓冲区
GET	把操作系统文件载入 SQL 缓冲区。例如，get %oracle_home%\rdbms\admin\scott.sql 将把 scott.sql 中的内容载入 SQL 缓冲区，但不执行
SAVE	把 SQL 缓冲区内容保存到操作系统文件。例如，save c:\scott.sql 将把 SQL 缓冲区当前内容写入指定的文件
START、@、@@	执行指定的脚本文件，但@@的另一功能是在与调用脚本文件相同的目录下查找被执行的脚本，所以它常用于执行嵌套的脚本文件
SPOOL	把查询结果保存到操作系统文件
HOST	在 SQL*Plus 内执行外部操作系统命令

命　　令	说　　明
COLUMN	指定或列出某列的显示样式。例如，column table_name format a20 将把 table_name 列的显示限制为 20 个字符宽。如果列数据的长度超过指定的宽度，则将换行显示
EXIT、QUIT	结束 SQL*Plus 的运行，将控制权返回到操作系统
DISCRIBE	列出表、视图或同义词的定义，或过程和函数的规格说明
ACCEPT	读取一行输入，并把它存储在指定的替换变量内
PROMPT	在用户屏幕上显示指定的信息
DEFINE	定义或列出替换变量
UNDEFINE	删除已定义的替换变量
VARIABLE	声明 PL/SQL 内可以引用的绑定变量
SET	设置环境参数
STORE	把 SQL*Plus 当前环境参数设置保存到操作系统脚本文件内
SHOW	显示 SQL*Plus 环境参数或当前 SQL*Plus 环境的值
CONNECT	用指定的用户连接 Oracle 数据库
DISCONNECT	断开与 Oracle 数据库的连接，但不退出 SQL*Plus
STARTUP	启动 Oracle 实例，并可装载或打开数据库
SHUTDOWN	关闭当前运行的 Oracle 实例
ARCHIVE LOG LIST	显示重做日志文件信息

4. 执行操作系统命令

在 SQL*Plus 命令行上调用 HOST 命令可以执行外部操作系统命令，这使得我们不必退出 SQL*Plus 就可以执行操作系统下的可执行文件。例如，下面两条语句分别查看监听状态和列出当前路径下的.sql 文件。

```
SCOTT@orcl_dbs > host lsnrctl status listerner
SCOTT@orcl_dbs > host dir *.sql
```

2.2　SQL Developer

Oracle Database 11g 首次附带了 SQL Developer 软件，但该软件的运行需要 Java 工具包的支持。如果计算机中没有安装 JDK，则需要下载包含 JDK 的 SQL Developer。SQL Developer 是一款免费软件，在 Oracle 网站注册一个账户后即可免费下载，下载的 URL 地址是：http://www. oracle. com/technetwork/developer-tools/sql-developer/downloads/index.html。该软件不需要安装，下载解压后，单击其中的 sqldeveloper.exe 即可运行。

SQL Developer 是图形界面查询工具（见图 2-2），它为数据库开发人员执行基本操作提供一个方便的环境。使用它可以执行以下操作：

- 浏览、创建、编辑和删除数据库对象；
- 运行 SQL 语句和脚本文件；
- 编辑和调试 PL/SQL 代码；
- 处理和导出数据。

图 2-2　SQL Developer

与 SQL*Plus 不同，SQL Developer 不但可以使用标准的 Oracle 数据库认证方法连接 Oracle 数据库，而且还可以连接非 Oracle 数据库，如 MySQL、Microsoft SQL Server、Sybase Adaptive Server、Microsoft Access 等，所以用它可以把这些数据库的数据迁移到 Oracle。

2.2.1　建立数据库连接

使用 SQL Developer 时，首先必须建立与数据库的连接。要建立与数据库的连接，请右击左侧导航窗口内的"连接"节点，从弹出菜单中选择"新建连接"。这将打开"新建/选择数据库连接"对话框，如图 2-3 所示。请在其中请输入新建连接名（如 orcl_scott）、用户账户信息（如 scott），单击下方的 Oracle 选项卡，输入所要连接的 Oracle 数据库的相关信息。然后单击测试按钮进行连接测试。测试成功后，单击保存按钮，保存以上连接配置。

接下来再以同样的方法创建保存一个连接 orcl_DBA，要求它连接到 sys 模式，所以这次输入 sys 用户账户信息，并从角色下拉列表内选择 SYSDBA。

配置连接后，关闭"新建/选择数据库连接"对话框。回到 SQL Developer 左侧的连接导航窗口，右击刚建立的连接名，从弹出菜单中选择"连接"，即可建立与数据库的连接。连接之后，左侧导航窗口内将显示出所连接数据库内的各个对象，如图 2-4 所示。

图 2-3　新建数据库连接

图 2-4　多会话共享连接

默认时，SQL Developer 在可能的情况下将共享其内的每个连接。例如，在图 2-4 中单击左侧导航窗口内的 dept 表，打开 dept 表操作窗口（右窗格内的第一个选项卡），这将在 orcl_scott 连接上建立与 Oracle 数据库的第一个会话。然后可以多次右击左侧导航窗口内的 orcl_scott 连接，从弹出菜单中选择"打开 SQL 工作表"，在 orcl_scott 连接下建立多个会话。这里，前面创建的 3 个会话共享一个连接。

在多会话共享一个连接情况下，一个会话提交或回滚事务会影响到该连接下的所有会话。要想建立专用会话，使其事务不受其他会话的影响，则必须使用不同名称的连接。因为会话共享连接时是按连接名称而不是按连接的配置信息。因此，使用不同连接名建立的会话将相互独立。

2.2.2 管理数据库对象

连接数据库后，SQL Developer 在左边连接导航窗格内的连接节点下分类列出模式内的多种数据库对象，其中包括表、视图、索引、包、过程、函数、触发器等。下面我们以表为例介绍对数据库对象的具体操作。

1. 浏览数据库对象

单击 SQL Developer 中指定连接下的数据库对象节点，它将列出具体的数据库对象名称。单击数据库对象名称，右边窗格内将显示出指定数据库对象的具体定义，我们在该窗格内即可执行与该对象相关的操作。

例如，在图 2-5 中，在 orcl_Scott 连接下可以看到 Scott 模式下的各种数据库对象。打开"表"节点，将显示出 Scott 用户目前拥有的 4 张表。单击其中的一个表（如 DEPT），SQL Developer 在右边窗格内显示出该表的定义、数据、约束条件、授权、统计信息、触发器、相关性、详细资料、索引等信息，这些定义信息主要取自 Oracle 数据库的数据字典。单击各个选项卡即可查看相应方面的信息，单击其中的 SQL 选项卡，还可以生成创建该表的 SQL 语句。

图 2-5 浏览对象

2. 编辑数据库对象

在 SQL Developer 中创建和编辑数据库对象有两种方法：第一，在 SQL 工作表内执行 SQL 语句；第二，使用 SQL Developer 的上下文菜单。下一小节将介绍 SQL 工作表的操作，这里介绍第二种方法。

在右窗格内打开现有表之后，单击操作按钮，从弹出菜单中即可选择要执行的编辑操作类型（见图 2-6），如编辑表数据、修改列定义、修改约束条件、管理索引、设置权限等。

对于不同的数据库对象，单击操作按钮后可执行的编辑操作类型也不同，这里不再一一介绍。

3. 创建数据库对象

要创建数据库对象（例如表），请右击左侧连接导航窗口内的表节点，从弹出菜单中选择"新建表"菜单项。这将打开创建表对话框（见图 2-7），在该对话框内可以指定列名和数据类型、设置主外键和各种约束等，表定义完成之后单击确定按钮即可创建表。

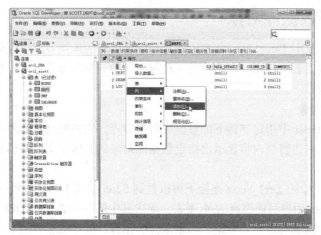

图 2-6　编辑 DEPT 表

图 2-7　创建表

2.2.3　使用 SQL 工作表

使用 SQL 工作表可以执行 SQL 语句、PL/SQL 块和 SQL*Plus 命令。但 SQL 工作表对 SQL*Plus 命令的支持很有限，它遇到不支持的 SQL*Plus 命令时会忽略它们，而不再把它们传递到数据库。

1. 打开 SQL 工作表

SQL Developer 建立与数据库的连接后，会自动打开 SQL 工作表窗口。除此之外，还可以采用以下两种方法打开 SQL 工作表：

* 从"工具"菜单中选择"SQL 工作表"命令；
* 单击工具图标栏最右边的"SQL 工作表"图标。

2. 使用 SQL 工作表

SQL 工作表窗口分为上下两个窗格（见图 2-8）：上面窗格为查询构建器，用于输入 SQL 语句、PL/SQL 块和 SQL*Plus 命令，下面窗格显示命令的执行结果、脚本输出、自动跟踪、解释计划等信息。除此之外，上、下窗格都还具有一个工具图标栏。从左至右，查询构建器工具栏中各个图标的作用如下。

图 2-8　SQL 工作表

• 运行语句：执行查询构建器内光标所在位置处的语句，其执行结果显示在下方窗格中的查询结果选项卡内。

• 运行脚本：运行脚本文件（使用@符号，后跟脚本文件的路径和文件名）中的命令或者是当前查询构建器中的所有命令（未选中任何命令时）或被选中的命令。脚本文件的运行结果显示在下方窗格内的脚本输出选项卡中。单击脚本输出选项卡中的磁盘图标，可以将脚本文件的输出结果保存的指定的文件中。

• 自动跟踪：产生语句的跟踪信息，跟踪信息显示在下方窗格中的自动跟踪选项卡内。

• 解释计划：生成语句的执行计划，它显示在下方窗格中的解释计划选项卡内。

• SQL 优化指导：生成 SQL 优化指导意见，所产生的信息显示在下方窗格中的 SQL 优化指导选项卡内。要执行该功能，用户需要具有 ADVISOR、ADMINISTER SQL TUNING SET 和 SELECT ANY DICTIONARY 系统权限。

• 提交：把所做的修改写入数据库，并结束事务。

• 回退：丢弃所做的修改，并结束事务。无论是提交，还是回退，它们将提交或回滚当前连接下所有共享 SQL 工作表内的修改，而不只是当前 SQL 工作表内的修改。所谓共享 SQL 工作表是指用同样的连接名建立数据库连接后所打开的所有工作表。

• 非共享 SQL 工作表：使用相同连接名称打开的不同 SQL 工作表，属于共享同一个连接的不同会话。所以，其中一个会话内事务的提交或回滚也会结束其他会话中的事务。单击"非共享 SQL 工作表"图标可以使用与当前 SQL 工作表相同的连接配置，但不同的连接名称（为当前连接名称后加"__n"，其中 n 为序号）建立独立的会话。这样其中的事务就不会受其他会话中的事务结束语句的影响。

• 大写/小写/首字母大写：格式化 SQL 构建器内当前被选中的文本，把它们转换为全部大写、全部小写，或者只是首字母大写。

• 清除：清空查询构建器中的所有语句。

• SQL 历史记录：打开 SQL 历史记录选项卡，显示执行过的所有语句。双击其中的任意语句将把该语句插入到查询构建器中光标所在位置处，以便于再次执行。

例如，在图 2-8 中，orcl_scott 选项卡内的是 SQL 工作表，而 orcl_scott__1 选项卡内的是非共享 SQL 工作表。我们要求 SQL 工作表执行一条 SQL 语句、一个脚本文件和一条 SQL*Plus 命令。单击"运行脚本"图标后，这些命令的输出显示在下方窗格内的脚本输出选项卡中。

2.3 Oracle 企业管理器

OEM（Oracle Enterprise Manager，Oracle 企业管理器）是 Oracle 数据库的主要管理工具，它以一个 HTTP 服务器方式为用户提供基于 Web 界面的管理工具。使用 OEM 不必编写任何语句和脚本即可执行管理任务，如创建模式对象、管理用户安全、管理数据库内存和存储、备份和恢复数据库、导入和导出数据等，还可以查看数据库的性能和状态。

OEM 有两个版本，一个是管理单实例数据库的 Database Control（数据库控制）版本，另一个是 Grid Control（网格控制）版本。使用 Grid Control 可以管理整个企业范围内的多个数据库、应用服务器等。所以，Database Control 的功能只是 Grid Control 的一个子集。安装 Oracle 数据库服务器软件时已经安装了 OEM Database Control，只要加以配置即可使用它。而安装 Grid Control 则需要额外的软件。

2.3.1 配置 Database Control

OEM Database Control 的配置有两种方法：自动配置和手工配置。在使用 DBCA 创建数据库时，可选择"配置 Enterprise Manager"自动配置 OEM Database Control（见图 2-9）。

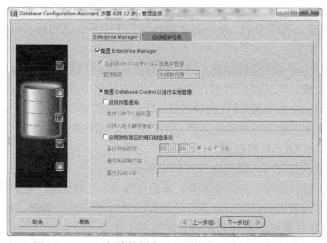

图 2-9 DBCA 创建数据库时自动配置 Database Control

但是，如果采用命令方式手工创建数据库，则必须在创建数据库并配置 Oracle Net 后，用 EMCA（Enterprise Manager Configuration Assistant，企业管理器配置助手）配置 Database Control。用 EMCA 配置 Database Control 之前，应先设置环境变量 ORACLE_SID：

    set ORACLE_SID=orcl

EMCA 配置 Database Control 分为两个步骤：创建 EM 资料档案库，配置 Database Control。

1. 创建 EM 资料档案库

执行下面命令创建 EM 资料档案库：

    emca -repos create

该命令在执行过程中要求输入数据库的 SID、监听端口号、sys 和 sysman 用户的口令。sysman 用户与 sys 和 system 用户一样，是 Oracle 预定义的管理账户，使用这 3 个预定义账户可以登录 Database Control，sysman 主要用于登录 Grid Control。以上命令执行过程中的输出如下（其中粗体部分是交互过程中输入的内容。这些内容要与建立 Oracle 数据库服务器时的设置保持一致）：

```
EMCA 开始于 2012-5-15 12:29:49
EM Configuration Assistant, 11.2.0.0.2 正式版
版权所有 (c) 2003, 2005, Oracle。保留所有权利。

输入以下信息:
数据库 SID: orcl
监听程序端口号: 1525
SYS 用户的口令:
SYSMAN 用户的口令:

是否继续? [是(Y)/否(N)]: y
2012-5-15 12:30:03 oracle.sysman.emcp.EMConfig perform
信息: 正在将此操作记录到
D:\oracle\cfgtoollogs\emca\orcl\emca_2012_05_15_12_29_49.log。
2012-5-15 12:30:03 oracle.sysman.emcp.EMReposConfig createRepository
信息: 正在创建 EM 资料档案库 (此操作可能需要一段时间)...
2012-5-15 12:33:48 oracle.sysman.emcp.EMReposConfig invoke
信息: 已成功创建资料档案库
已成功完成 Enterprise Manager 的配置
EMCA 结束于 2012-5-15 12:33:48
```

2. 配置 Database Control

创建 EM 资料档案库之后，执行下面的命令配置 Database Control：

```
emca -config dbcontrol db
```

该命令执行时，除要求输入数据库 SID、监听端口、SYS 和 SYSMAN 用户口令之外，还要求输入 DBSNMP 用户的口令。该用户也是 Oracle 的预定义用户，Database Control 的管理代理使用 DBSNMP 用户监视和管理数据库。由于该命令执行过程中产生的输出较长，这里不再列出。

2.3.2　启动和停止 Database Control

Database Control 配置之后，会在操作系统控制面板的服务下添加一项服务：OracleDBConsole*SID*。所以，使用控制面板可以启动和停止 Database Control。除此之外，还可以使用 Oracle 实用程序 emctl 控制 Database Control 的运行，或检查其当前状态。

1. 查看 Database Control 状态

下面的命令查看 Database Control 的当前状态：

```
emctl status dbconsole
```

其输出结果如下，从中可以看出 Database Control 运行正常。

```
Oracle Enterprise Manager 11g Database Control Release 11.2.0.1.0
Copyright (c) 1996, 2010 Oracle Corporation.  All rights reserved.
https://dbs:1158/em/console/aboutApplication
Oracle Enterprise Manager 11g is running.
----------------------------------------------------------------
Logs are generated in directory
D:\oracle\product\11.2.0\dbhome_1\dbs_orcl\sysman\log
```

以上输出还显示出访问 Database Control 的 URL 地址。URL 地址中端口号（1158）是配置 OEM 过程中设置的默认端口号，该端口号记录在 ORACLE_HOME\install\portlist.ini 文件中供我

们查阅。如需修改该端口号，可以执行以下命令：

```
emca -reconfig ports -DBCONTROL_HTTP_PORT 新的端口号
```

2. 停止 Database Control

下面命令停止 Database Control 的运行，其作用与停止控制面板内相应的服务相同：

emctl stop dbconsole

其输出结果如下，随着 OracleDBConsoleorcl 服务的停止，Database Control 运行也被停止了。

```
Oracle Enterprise Manager 11g Database Control Release 11.2.0.1.0
Copyright (c) 1996, 2010 Oracle Corporation.  All rights reserved.
https://dbs:1158/em/console/aboutApplication
OracleDBConsoleorcl 服务正在停止.........
OracleDBConsoleorcl 服务已成功停止。
```

3. 启动 Database Control

下面的命令启动 Database Control，其作用与启动控制面板内相应的服务相同：

emctl start dbconsole

其输出结果如下，随着 OracleDBConsoleorcl 服务的启动 Database Control 又开始运行了。

```
Oracle Enterprise Manager 11g Database Control Release 11.2.0.1.0
Copyright (c) 1996, 2010 Oracle Corporation.  All rights reserved.
https://dbs:1158/em/console/aboutApplication
Starting Oracle Enterprise Manager 11g Database
Control ...OracleDBConsoleorcl 服务正在启动 .....
OracleDBConsoleorcl 服务已经启动成功。
```

4. 连接 Database Control

要连接 Database Control，不仅要保证 Database Control 配置正确并启动，还要确认目标数据库以及监听正在运行。确认之后，在浏览器地址栏内输入访问 OEM 的 URL 地址，如 https://dbs:1158/em/。如果能够打开 Database Control 的登录页面（见图 2-10），则说明 Database Control 配置成功。

图 2-10　登录 Database Control

在图 2-10 所示的登录页面中输入具有管理权限的登录账户（如具有 sysdba 权限的 sys 用户），成功登录后，将打开 Database Control 的主页（见图 2-11）。该页面以选项卡风格分类列出 Database Control 的主要功能。

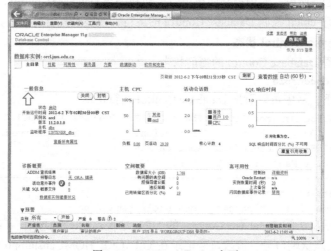

图 2-11　Database Control 主页

2.3.3　Database Control 功能概述

Database Control 的功能很多，限于篇幅，这里不一一详细介绍其具体操作，而只列出各个选项卡的主要功能。

- 主目录：启动和关闭数据库；显示主机 CPU 的利用、活动会话和 SQL 响应情况；提供数据库运行状况、空间利用和数据库实例恢复时间、上次备份情况等方面的信息。
- 性能：显示主机 CPU、内存、I/O 的利用情况；基于会话采样数据生成性能诊断报告。运行 ADDM 进行性能分析。这些信息有助于确定所有瓶颈产生的原因。
- 可用性：管理备份和恢复设置、调度和实施备份、执行恢复操作等。
- 服务器：管理数据库存储结构，查看和管理内存参数、初始化参数和数据库功能使用情况，管理 Oracle Scheduler，查看工作量统计信息，管理优化程序统计信息，管理用户、角色、权限等。
- 方案：查看和管理数据库模式对象（如表、索引和视图等），管理程序包、过程、函数、触发器等，创建和管理实体化视图和用户定义类型（如数组类型、对象类型和表类型）。
- 数据移动：数据的导入/导出操作、传输表空间、克隆数据库、管理复制和高级队列等。
- 数据库软件和支持：管理软件补丁，克隆 Oracle 主目录，管理主机配置。

本章小结

本章简要介绍了 Oracle 数据库常用工具 SQL*Plus、SQL*Plus 和 OEM 的配置和使用方法。

SQL*Plus 是常用的 Oracle 数据库管理和操作工具，也是较为简单的工具。它提供大量的命令，使用它可以执行 SQL 语句、PL/SQL 语句块和 SQL*Plus 命令。

SQL*Plus 是一个图形界面的管理工具，其界面更为友好，操作更加方便。使用它可以管理各种数据库对象。

使用 SQL*Plus 时需要安装 Oracle Database 客户端软件，使用 SQL Developer 需要客户端安装 Jaba 工具包。而 OEM 则与此不同，它不仅是一个全功能的管理工具，而且不需要客户端额外安装任何支持软件，用户通过 Web 浏览器即可实现对 Oracle 数据库服务器的管理。

本章简要介绍了以上工具，更为详细的使用和操作请参阅 Oracle Database 11g 提供的文档说明。

习　　题

一、选择题

1. SQL*Plus 下可以采用以下（　　）方法结束 SQL 语句的编辑状态，并执行它。
   - A. 在空行上输入句点（.）
   - B. 在语句结束直接输入分号（；）
   - C. 在空行上直接按回车键
   - D. 在空行上输入斜杠（/）

2. SQL*Plus 下可以采用以下（　　）方法结束 PL/SQL 语句块的编辑状态。
   - A. 在空行上输入句点（.）
   - B. 在语句结束直接输入分号（；）
   - C. 在空行上直接按回车键
   - D. 在空行上输入斜杠（/）

3. SQL*Plus 的 SQL 缓冲区可以缓存（　　　）。

    A. SQL 语句　　　　　　　　　　　　B. SQL*Plus 命令

    C. PL/SQL 语句块　　　　　　　　　　D. 外部操作系统命令

4. 在 SQL Developer 中，使用同一个连接名称建立多个会话，如果其中一个会话结束事务时，其他会话窗口内的事务将（　　　）。

    A. 随之结束　　　　　　　　　　　　B. 继续执行

    C. 全部回滚　　　　　　　　　　　　D. 全部提交

5. 控制 Database Control 运行所使用的工具是（　　　）。

    A. emca　　　　　　　　　　　　　　B. emctl

    C. dbca　　　　　　　　　　　　　　D. Netca

二、实训题

1. 请参阅 Oracle Database 11g 文档 SQL*Plus User's Guide and Reference，熟悉 SQL*Plus 常用命令的语法格式，及其操作。

2. 请参阅 Oracle Database 11g 文档 SQL Developer User's Guide，熟悉 SQL Developer 所提供的功能。

3. 在 Oracle Database 服务器上配置 Database Control，然后使用 emctl 启动 Database Control，并检查其运行状态。之后用浏览器连接 OEM，了解 OEM 的管理操作。

第3章
静态数据字典与动态性能视图

数据字典是 Oracle 数据库管理系统的核心，它存储整个 Oracle 数据库的所有数据定义信息，如数据库的物理存储结构和逻辑存储结构，存储空间的分配使用情况，数据库内的对象及其约束，以及用户、角色、权限设置等。掌握这些信息才能更好地了解和管理 Oracle 数据库。

除了数据字典之外，Oracle 还维护了一套重要的动态性能表，这些表记录数据库的运行状况，如实例的内存使用状况、I/O 状况，以及数据库的当前会话情况、每个会话的事务信息及锁定的资源等。了解这些信息有利于掌握 Oracle 实例的运行状况，查找 Oracle 数据库运行过程中的瓶颈所在，从而为改善数据库系统的性能提供依据。

在管理和监控 Oracle 数据库时，无论使用命令行的实用程序，还是图形界面的管理工具（如 OEM 等），均依赖于数据字典和性能视图所提供的源信息。所以，作为 DBA 应该熟练掌握常用的数据字典和性能视图。

数据字典存储数据定义信息，这些信息只有在数据定义发生改变时（用户执行 DDL 语句时，如创建对象、用户，向用户授权等）才发生改变，所以它们改变的频率不高，因此数据字典又被称作静态数字字典。而与此相反，动态性能表中所存储的信息随数据库内活动的变化而实时改变，其变化频率高，因此又被称作动态性能视图。

3.1 静态数据字典

创建数据库后，数据字典是最早创建的数据库对象。我们在第 1 章调用 CREATE DATABASE 语句创建数据库后随即运行 catalog.sql 脚本创建数据字典。如果使用 DBCA 创建数据库，它也会自动执行该脚本创建数据字典。Oracle 数据字典存储在 system 表空间内。

Oracle 数据字典由以下两种对象类型组成。

* 基表：数据字典基表存储有关数据库的信息，其中的大部分数据是以加密格式存储的。所以，只有 Oracle 数据库才可以读写这些基表，用户不应该直接访问基表。

* 用户访问视图：这些视图基于数据字典基表而创建，它们汇总数据字典基表内的信息，以可读的方式提供给用户使用。一些视图可以供所有数据库用户访问，而另一些视图则只允许 Oracle 数据库管理员访问。

Oracle 数据库用户 SYS 拥有所有数据字典基表和用户访问视图，为了便于用户访问，Oracle 为大部分视图创建了同名的 public 同义词。

3.1.1　3 组常用数据字典视图

大多数（但并非全部）数据字典视图被分为 3 组，每组视图所检索到的信息类似，但它们的名称前缀不同（见表 3-1）。

表 3-1 　　　　　　　　　　　　　　　数据字典视图分组

名称前级	用户访问	所检索内容
USER_	所有用户	用户视图。只能检索当前用户所拥有的对象
ALL_	所有用户	扩展用户视图，除检索当前用户所拥有的对象信息之外，还能够检索该用户有权（这些权限是通过 public、角色或者显式授权得到的）访问的对象信息
DBA_	数据库管理员	系统管理员视图，整个数据库的全局视图，它包含所有用户的所有模式对象信息

　　由于用户视图只能检索当前用户拥有的对象信息，这些对象的所有者已经明确，所以 USER 视图结构中没有其他两种视图所具有的 OWNER 列。该列在 ALL 和 DBA 视图中说明对象的拥有者。

　　从可检索到的内容来看，这 3 组视图的关系可用图 3-1 表示：用户视图所提供的信息最少，只是当前用户自己拥有的对象信息，它是用户扩展视图信息的子集；用户扩展视图所提供的信息包含用户视图的信息以及当前用户被授权访问的对象信息，它是系统管理员视图的子集；系统管理员视图所提供的信息最多，它等于系统上所有用户的用户视图信息的总和。

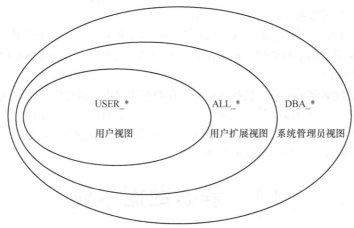

图 3-1 　3 组数据字典视图

　　例如，用 DBA_TABLES 视图可检索 Oracle 数据库系统内的所有表信息。

```
SYS@orcl_dbs > SELECT owner,table_name FROM dba_tables;

OWNER                          TABLE_NAME
------------------------------ ------------------------------
SYS                            ICOL$
SYS                            IND$
SYS                            COL$
......
SYSMAN                         MGMT_METRICS
SYSTEM                         LOGMNR_RESTART_CKPT_TXINFO$
```

已选择 1873 行。

　　用 ALL_TABLES 视图只能检索当前用户可以访问的表信息。

```
SCOTT@orcl_dbs > SELECT owner,table_name FROM all_tables;
```

```
OWNER                              TABLE_NAME
-------------------------------    -------------------------------
SCOTT                              DEPT
SCOTT                              EMP
SCOTT                              BONUS
SCOTT                              SALGRADE
......
SYS                               KU$_DATAPUMP_MASTER_10_1
```

已选择 34 行。

而用 USER_TABLES 视图则只能检索当前用户拥有的表信息（请注意：用户视图中没有 owner 列）。

```
SCOTT@orcl_dbs > SELECT table_name FROM user_tables;

TABLE_NAME
-------------------------------
SALGRADE
BONUS
EMP
DEPT
```

Oracle 数据库中的数据字典视图非常多，表 3-2 所示为与数据库存储、对象、安全、会话等相关的常用数据字典视图（以 DBA 视图为主），本书后续章节中会陆续用到这些数据字典视图。

表 3-2　　　　　　　　　　　　常用数据字典视图

类　　别	数据字典	说　　明
存储管理	DBA_TABLESPACES	描述数据库内的所有表空间
	DBA_FREE_SPACE	说明数据库内所有表空间中的空闲区
	DBA_SEGMENTS	说明已经为数据库内所有段分配的存储空间信息
	DBA_EXTENTS	说明数据库内所有表空间中为段分配的区
	DBA_DATA_FILES	列出数据库的数据文件
	DBA_TEMP_FILES	列出数据库的临时数据文件
	DBA_TS_QUOTAS	列出为数据库内所有用户在表空间上分配的存储空间限额
对象管理	DBA_OBJECTS	列出数据库内的所有对象
	DBA_SOURCE	列出数据库内所有存储对象的源代码文本
	DBA_ERRORS	列出数据库内所有存储对象上当前存在的错误
	DBA_TABLES	列出数据库内的所有关系表
	DBA_TAB_COLUMNS	列出数据库内所有表、视图和聚簇中的列
	DBA_EXTERNAL_TABLES	列出数据库内的所有外部表
	DBA_CONSTRAINTS	列出数据库内所有表上的约束定义
	DBA_VIEWS	列出数据库内的所有视图
	DBA_INDEXES	描述数据库内的所有索引
	INDEX_STATS	存储最近一次 ANALYZE INDEX ... VALIDATE STRUCTURE 语句所产生的信息

类　别	数据字典	说　　明
对象管理	DBA_TRIGGERS	列出数据库内的所有触发器
	DBA_TRIGGER_COLS	列出数据库内所有触发器中用到的列
	DBA_SEQUENCES	列出数据库内的所有序列
	DBA_SYNONYMS	列出数据库内的所有同义词
	DBA_CLUSTERS	列出数据库内的所有聚簇
	DBA_TYPES	列出数据库内的所有对象类型
安全管理	DBA_USERS	列出数据库内的所有用户
	DBA_ROLES	列出数据库内的所有角色
	DBA_SYS_PRIVS	列出授予用户或角色的系统权限信息
	DBA_TAB_PRIVS	列出对象权限的授权情况
	DBA_COL_PRIVS	列出所有列上的对象权限授权情况
	ROLE_SYS_PRIVS	列出授权给角色的系统权限
	ROLE_TAB_PRIVS	列出授权给角色的表权限
	ROLE_ROL_PRIVS	列出授权给其他角色的角色
	SESSION_PRIVS	列出用户当前可以使用的权限
	SESSION_ROLES	列出用户当前启用的角色
	AUDIT_ACTIONS	列出数据库内所有审计操作名称对应的类型代码
会　话	DBA_WAITERS	列出被阻塞的所有会话
	DBA_LOCK	列出数据库内保持的所有锁和闩，以及未得到锁或闩的请求

3.1.2　其他特殊数据字典视图

除表 3-2 列出的几类常用 Oracle 数据字典视图之外，还有一些常用的特殊数据字典视图。

1．dictionary 和 dict_columns

顾名思义，这两个视图相当于数据字典的字典。前者列出 Oracle 数据库所有数据字典视图的名称及其描述，后者列出每个数据字典视图中各列的名称及其描述。为了简化书写，Oracle 还为dictionary 视图建立了 public 同义词：dict，所以我们可以直接使用 dict 访问 dictionary 视图。

例如，下面两条语句分别列出数据字典中所有用户视图的名称及其描述，以及各用户视图中的列定义。

```
SCOTT@orcl_dbs > SELECT * FROM dict
     2           WHERE table_name LIKE 'USER%';
SCOTT@orcl_dbs > SELECT table_name,column_name
     2           FROM dict_columns;
```

2．global_name

global_name 视图给出数据库的全局名，该视图只有一列：global_name，指出当前数据库的全局名。例如，下面语句查询该视图之后，它返回我们前面创建的数据库全局名。

```
SYS@orcl_dbs > SELECT * FROM global_name;
```

```
GLOBAL_NAME
----------------------------------------
ORCL.JMU.EDU.CN
```

3. product_component_version

product_component_version 视图检索当前数据库组件产品的版本和状态信息。例如，下面的语句检索出当前 Oracle 数据库服务器上安装的各组件名称、版本和状态：

```
SCOTT@orcl_dbs > SELECT * FROM product_component_version;

PRODUCT                                 VERSION        STATUS
--------------------------------------- -------------- ----------
NLSRTL                                  11.2.0.1.0     Production
Oracle Database 11g Enterprise Edition  11.2.0.1.0     Production
PL/SQL                                  11.2.0.1.0     Production
TNS for 32-bit Windows:                 11.2.0.1.0     Production
```

4. dual 表

dual 是数据字典中的一个特殊表，它只有一列 DUMMY 和一行数据，该行的列值是 X。dual 表常用在没有目标表的 SELECT 语句，用于计算表达式的值，并返回单个计算结果。

例如，下面一组 SELECT 语句中使用 dual 表，分别返回当前用户名、系统当前日期时间，以及一个算术表达式的计算结果。

```
SELECT user FROM dual;
SELECT sysdate FROM dual;
SELECT  (2012 + 8) FROM dual;
```

3.2　动态性能视图

Oracle 数据库运行过程中维护了一套动态性能视图，用于记录数据库的当前活动，管理员在进行会话管理、备份操作和性能调优时必须要使用它们。这些视图之所以被称之为动态性能视图，这是因为在实例运行和数据库使用过程中，它们的内容不断地更新，而且其内容也主要与性能有关。

与动态性能视图相关的对象分为以下 3 种。

● 基表：这是动态性能视图的基表，名称前缀为 X$。这些表不像常规表一样存储在数据库中，而是构建在 Oracle 实例的内存结构内，所以它们又被称作虚拟表。Oracle 不允许普通用户直接访问 X$表。

● 视图：基于 X$表创建的动态性能视图，这些视图的名称前缀为 V_$，它们又被称作 V$视图。只有 sys 用户才能访问该视图。与常规视图不同，动态性能视图的结构定义及其基表中的数据都不能由用户修改，因此动态性能视图又被称作固定表。

● 同义词：Oracle 为 V$视图创建了 public 同义词，这些同义词的名称前缀为 V$。数据库管理员和其他用户应该通过这些同义词访问 V$视图，而不是直接访问 V_$对象。

几乎每一个 V$视图和同义词都有一个对应的 GV$（Global V$，全局 V$）视图和同义词。后者的名称前缀分别是 GV_$和 GV$。与对应的 V$视图相比，GV$视图增加一列：INST_ID，它指出实例号。在 Real Application Cluster（RAC）环境中，从 GV$视图可以检索各个 Oracle 实例的 V$视图信息。而单实例环境下只有一个实例，所以没必要使用 GV$视图和相应的同义词。

3.2.1　动态性能视图的创建和填充

catalog.sql 脚本文件包含 V$视图及其 public 同义词的定义。用 DBCA 创建 Oracle 数据库时，它会自动运行该脚本文件创建出动态性能视图及其同义词。在手工调用 CREATE DATABASE 语句创建数据库后，也应执行 catalog.sql 脚本。

由于动态性能视图不是真正的表，其中的数据依赖于实例和数据库的状态。当实例启动（而不一定等到数据库打开）后，那些从内存读取信息的 V$视图即得到填充和更新，这时用户就可以访问它们，如 V$INSTANCE、V$SGA 和 V$BGPROCESS 等。而需要从磁盘读取信息的 V$视图则需要等待数据库装载甚至打开之后才能访问，如 V$DATAFILE、V$TEMPFILE 等。

填充到动态性能视图的数据，在实例关闭时被清空。

与动态性能视图不同，数据字典存储在 SYSTEM 表空间内，所以必须等到数据库打开后才能访问，其中的数据也不会随着实例的关闭而清空。数据字典和动态性能视图的比较如表 3-3 所示。

表 3-3　　　　　　　　　　　　　　　　数据字典与动态性能视图比较

比较项目	数据字典	动态性能视图
创建方法	数据库创建后运行 catalog.sql 脚本创建	
所有者	SYS 用户	
存储位置	SYSTEM 表空间内	实例内存结构中
内容更新及频率	执行 DDL 语句时更新，更新频率相对较低。但其数据永久存储	实例运行和数据库使用过程中动态实时更新，数据更新频率高。实例关闭时被清空
可访问时间	数据库打开之后	实例启动之后
名称	名称多以 DBA_、ALL_、USER_做前缀	视图及同义词的名称前缀分别为 V_$、GV_$和 V$、GV$

3.2.2　常用动态性能视图

从动态性能视图 v$fixed_table 中可以查询到 Oracle 所有的动态性能视图以及 X$基表的名称。例如，下面语句执行结果显示 Oracle Database 11g 中共有 1968 个动态性能视图基表和 X$基表：

```
SYS@orcl > select count(*) from v$fixed_table;

  COUNT(*)
----------
      1968
```

从上面语句的执行结果可以看出，Oracle 的动态性能视图非常多，表 3-4 所示为几类常用的动态性能视图。

表 3-4　　　　　　　　　　　　　　　　常用动态性能视图

类　别	动态性能视图	说　　明
实例、数据库一般信息	V$VERSION	显示 Oracle 数据库中核心库组件的名称及其版本号
	V$OPTION	列出各 Oracle 数据库选项和功能是否可用
	V$DATABASE	列出关于数据库的信息
	V$INSTANCE	显示当前实例的状态信息
	V$PROCESS	显示当前活动进程信息

续表

类　别	动态性能视图	说　　明
实例、数据库一般信息	V$BGPROCESS	显示后台进程信息
	V$FAST_START_TRANSACTIONS	显示 Oracle 实例恢复的进度
实例内存信息	V$SGA	显示 SGA 的汇总信息，用于查询分配给 SGA 各组件的内存总量
	V$SGAINFO	显示 SGA 中不同组件的内存大小、粒度尺寸和空闲内存量
	V$SGASTAT	显示 SGA 各组件内存分配的详细信息，列出共享池、Java 池、大型池、流池内各子组件的内存分配情况
	V$SGA_DYNAMIC_COMPONENTS	显示动态分配的各 SGA 组件的内存信息，以及自实例启动以来各 SGA 组件内存调整的汇总信息
	V$SGA_DYNAMIC_FREE_MEMORY	显示将来可用于动态调整 SGA 的空闲内存量
	V$BUFFER_POOL	显示实例所有可用缓冲池（包括默认池、循环池和保持池）的信息
	V$BUFFER_POOL_STATISTICS	显示实例所有可用缓冲池（包括默认池、循环池和保持池）的统计信息
	V$LIBRARY_CACHE_MEMORY	显示为库缓存中各内存对象分配的内存量
	V$ROWCACHE	显示数据字典缓存活动的统计信息
存储信息	V$PARAMETER	显示会话中当前生效的初始化参数信息
	V$PARAMETER2	显示会话中当前生效的初始化参数信息，每个列表参数值在视图中显示为一行
	V$SYSTEM_PARAMETER	显示实例中当前生效的初始化参数信息
	V$SYSTEM_PARAMETER2	显示实例中当前生效的初始化参数信息，每个列表参数值在视图中显示为一行
	V$SPPARAMETER	显示服务器参数文件中的参数及其取值
	V$CONTROLFILE	显示控制文件名称
	V$CONTROLFILE_RECORD_SECTION	显示控制文件记录段部分信息
	V$DATAFILE	显示数据库的数据文件信息
	V$TEMPFILE	显示数据库的临时数据文件信息
	V$LOG	显示重做日志文件组信息
	V$LOGFILE	显示重做日志文件成员信息

续表

类　别	动态性能视图	说　明
存储信息	V$LOG_HISTORY	显示日志历史信息
	V$ARCHIVED_LOG	显示归档日志信息，包括归档日志的名称。在一个联机重做日志文件成功归档之后，会插入一条归档日志记录
	V$TABLESPACE	显示数据库的表空间信息
	V$SEGMENT_STATISTICS V$SEGSTAT	显示段级统计信息
	V$SEGSTAT_NAME	显示段级统计属性信息
用户、会话与 事务信息	V$PWFILE_USERS	列出口令文件中的所有用户，指出他们是否具有 SYSDBA、SYSOPER 和 SYSASM 权限
	V$SESSION	显示当前每个会话的会话信息
	V$SESSION_CONNECT_INFO	显示当前会话的网络连接信息
	V$TRANSACT	列出系统内的活动事务
	V$SYSSTAT V$SESSTAT V$MYSTAT	分别显示系统统计信息、用户会话统计信息和当前会话的统计信息。每个统计项相应的名称由 V$STATNAME 提供
	V$STATNAME	显示 V$SESSTAT、V$SYSSTAT、V$MYSTAT 视图中所显示的各统计号对应的名称
	V$SESSION_EVENT	显示会话中的等待事件信息
	V$SYSTEM_EVENT	显示系统中的等待事件信息

本章小结

本章介绍了 Oracle 数据库内的数据字典和动态性能视图。

数据字典集中存储 Oracle 数据库内的数据定义信息，这些信息存储在 system 表空间内，所有数据字典均属于 sys 用户。Oracle 数据库内常用的 3 类数据字典视图分别为用户视图、用户扩展视图和系统管理员视图，这 3 类数据字典视图的名称前缀分别为 USER_、ALL_和 DBA_。

动态性能视图记录数据库的当前活动状态，管理员在进行会话管理、性能调优和备份操作时常常离不开这些性能视图。

与数据字典不同，动态性能视图在数据库运行期间生成，在实例关闭后被清空。

习　题

一、选择题

1. 要访问数据字典，数据库必须启动到（　　）状态。

 A. CLOSE   B. NOMOUNT

 C. MOUNT   D. OPEN

2. 数据库管理员需要找出问题瓶颈所在，以优化 Oracle 数据库服务器的性能，这时需要访问的对象是（　　）。

 A. 数据字典   B. 动态性能视图

 C. 用户表   D. 以上均可

二、填空题

1. 查询＿＿＿＿＿＿可以了解 Oracle 数据库内所有数据字典的名称。

2. 查询＿＿＿＿＿＿可以了解 Oracle 数据库内与动态性能视图相关的对象名称。

3. 数据字典存储在＿＿＿＿＿＿表空间内，但属于＿＿＿＿＿＿用户。

三、实训题

1. 请参阅 Oracle Database 11g 文档 Oracle Database Reference，熟悉 Oracle 常用数据字典和动态性能视图的作用及结构。

2. 查询 Oracle 数据字典，了解当前用户创建的表、视图、索引、存储过程等数据库对象。

3. 利用动态性能视图，查询数据库实例的当前状态，以及系统中当前有哪些用户已经建立了会话连接。

第 4 章
初始化参数文件与控制文件

打开 Oracle 数据库要"过三关"。

第一关：启动实例。只有初始化参数文件存在并且内容正确，Oracle 实例才能启动。

第二关：装载数据库。这一阶段要打开控制文件，以了解 Oracle 数据库是由哪些数据文件和重做日志文件组成的。如果任一个控制文件损坏或不存在，都将导致装载失败。

第三关：打开数据库的数据文件和重做日志文件。只有所有联机数据文件和重做日志文件均正常打开，数据库才能进入打开状态，之后方可接收普通用户的访问请求。

本章集中介绍打开数据库所过前两关中用到的初始化参数文件和控制文件，以及对它们的管理操作。

4.1　初始化参数文件

初始化参数文件相当于 Oracle 实例的属性文件，它集中存放初始化参数及其设置。

4.1.1　初始化参数

数据库管理员对初始化参数特别感兴趣，因为配置初始化参数可以达到改善和优化数据库性能的目的。Oracle 数据库初始化参数是 Oracle 实例的配置参数，它们影响实例的基本操作。

Oracle 数据库初始化参数设置实际上是一个个"键=值"对，键即参数名称，值即参数的取值。在初始化参数文件中，每个初始化参数的设置占一行。我们在第 1 章创建数据库时已经使用了初始化参数文件，其中设置了 dn_name（数据库名称）、db_domain（数据库域名）、shared_servers（共享服务器进程数量）等初始化参数，即

```
db_domain='jmu.edu.cn'
db_name='orcl'
shared_servers=5
```

而对于有多个取值的初始化参数，在每个取值之间用逗号分隔。例如，下面参数设置 Oracle 数据库有 2 个控制文件，控制文件之间用逗号分隔：

```
control_files='D:\oracle\oradata\orcl\control01.ctl','D:\oracle\oradata\orcl\control
02.ctl'
```

参数化参数分为两组：基本参数和高级参数。在大多数情况下，我们只需设置基本参数即可获得合理的性能。要想获得最佳性能，则需设置高级参数。基本初始化参数设置数据库的名称、控制文件的位置、数据块的大小、还原表空间、SGA 内存大小、共享服务器进程数量等。查询 V$PARAMETER 视图可以了解哪些参数是基本参数，如果其中的 ISBASIC 列值为 TRUE，则对应的参数是基本参数，否则为高级参数。Oracle Database 11.2 版本中的基本参数有 30 个。

　　Oracle 数据库的初始化参数非常多，并且每个新的版本中都有可能增加或淘汰一些参数，Oracle 数据库各个版本所支持的初始化参数情况请查阅相应版本的 Oracle 文档《Oracle Database Reference》。

4.1.2　初始化参数文件

　　Oracle 数据库的初始化参数文件是初始化参数的资料库，用于设置初始化参数，Oracle 实例启动时读取 Oracle 数据库初始化参数文件内的初始化参数设置。如果初始化参数文件不存在，或者其中的初始化参数设置错误，会导致 Oracle 实例无法启动。

　　Oracle 数据库初始化参数文件有两种：文本初始化参数文件（Initialization Parameter File，常被简称为 pfile）和服务器参数文件（Server Parameter File，spfile）。

1. 文本初始化参数文件

　　文本初始化参数文件的名称通常是 init.ora 或者 init*ORACLE_SID*.ora。这种参数文件具有以下特点。

- 内容是纯文本格式，可以使用文本编辑器编辑修改。
- 不一定位于数据库服务器上。数据库管理员在远程执行以下命令启动数据库时，初始化参数文件必须与连接数据库的客户端应用程序位于同一台计算机上：

```
SQL> startup pfile="C:\oracle\init.ora"
```

因此，每个数据库管理员要在各自的计算机上维护一个或多个初始化参数文件。这些文件内容的更新可能不同步，这会导致用不同的初始化参数文件启动 Oracle 实例时所使用的初始化参数值不一致。

- Oracle 数据库只能读取而不能修改文本初始化参数文件的内容。使用文本初始化参数文件启动实例后，执行 ALTER SYSTEM 语句时只能修改当前实例的初始化参数，而不能修改文本初始化参数文件中的内容，因为这些文件可能位于不同客户端的计算机上，Oracle 数据库无法访问它们。

　　所以，使用文本初始化参数文件有很多局限。为了更好地管理初始化参数，从 Oracle Database 9i 开始引入了服务器参数文件，Oracle 建议使用服务器参数文件。

2. 服务器参数文件

　　与文本初始化参数文件相比，服务器参数文件具有以下特点。

- 内容是二进制格式，所以无法用文本编辑器直接编辑，但数据库管理员可以执行 ALTER SYSTEM 语句，让 Oracle 实例修改 spfile 中的参数值。
- 一个数据库只有一个服务器参数文件，该文件位于 Oracle 数据库服务器上，其文件名称是 spfile*ORACLE_SID*.ora。

　　使用文本初始化参数文件启动 Oracle 实例时，需要使用 pfile 指定所使用的参数文件。而用服务器参数文件启动实例时，Oracle 实例会到默认路径下查找 spfile，所以不需要指定服务器参数文件。

3. 创建参数文件

　　文本初始化参数文件是纯文本格式，所以可以使用文本编辑器直接创建和编辑。除此之外，调用 SQL 语句 CREATE PFILE 也可以基于 spfile 或者实例当前使用的初始化参数设置创建文本初始化参数文件。CREATE PFILE 语句的语法格式为

```
CREATE PFILE [='pfile_name'] FROM {SPFILE [='spfile_name'] | MEMORY};
```

　　例如，下面两条语句分别基于 Oracle 实例当前使用的初始化参数设置和 spfile 创建文本初始化参数文件：

```
CREATE PFILE='c:\oracle\init.ora' FROM MEMORY;
CREATE PFILE FROM SPFILE;
```

由于服务器参数文件是二进制格式，所以我们无法直接创建，而只能调用 SQL 语句 CREATE SPFILE 创建。该语句可以从指定的 pfile 或实例当前使用的初始化参数设置创建 spfile，CREATE SPFILE 语句的语法格式如下：

```
CREATE SPFILE [='spfile_name'] FROM {PFILE [='pfile_name'] | MEMORY};
```

例如，下面两条语句分别从一个文本初始化参数文件和基于 Oracle 实例当前使用的初始化参数设置创建 spfile：

```
CREATE SPFILE FROM PFILE='c:\oracle\init.ora';
CREATE SPFILE FROM MEMORY;
```

在以上两条语句中，pfile_name 和 spfile_name 分别指出文本初始化参数文件和服务器参数文件的路径名及文件名，二者均为选项，如果未指定，pfile 和 spfile 的文件名和路径名使用其默认设置。在不同操作系统平台下，pfile 和 spfile 的文件名和路径的默认设置如表 4-1 所示。

表 4-1　　　　　　　　　　不同平台下 pfile 和 spfile 的默认路径和文件名

平台	pfile 和 spfile 的默认路径	pfile 默认文件名	spfile 默认文件名
Windows	*ORACLE_HOME*\database	init*ORACLE_SID*.ora	spfile*ORACLE_SID*.ora
Unix/Linux	*ORACLE_HOME*\dbs		

在 Oracle 实例启动时，如果未显式指定参数文件，它将优先查找和使用 spfile，即先在初始化参数文件的默认路径内查找 spfile*ORACLE_SID*.ora，如果未找到，再在该路径内查找 spfile.ora，如果这个文件也不存在，则接着在同样的默认路径内查找文本初始化参数文件 init*ORACLE_SID*.ora。

4.1.3　设置初始化参数

1. 静态参数和动态参数

根据在实例运行期间是否能够修改当前实例的初始化参数值这一标准，可以将 Oracle 的初始化参数分为静态参数和动态参数两类。

● 静态参数：这类参数的值在实例运行期间无法修改。静态参数又可分为两小类：一类只读参数，这类参数在数据库创建之后，其值就不能再修改，如 DB_NAME（数据库名）、DB_BLOCK_SIZE（数据块大小）等参数；另一类是虽然无法修改当前实例的参数值，但可以修改初始化参数文件中的值，这些修改在实例重新启动后生效，如 CONTROL_FILES（控制文件参数）、LOG_ARCHIVE_FORMAT（归档日志文件命名格式参数）等均属于这一类参数。对于后一类静态参数，如果实例用 pfile 启动，则只能用文本编辑器修改其中的参数值；如果实例使用 spfile 启动，则只能用 ALTER SYSTEM 语句的 SET 子句设置。

● 动态参数：动态参数在实例运行期间可以修改其值。动态参数又分为两类：一类是会话级动态参数，如 NLS_DATE_FORMAT（指出默认的日期格式）等，对它们的修改需要调用 ALTER SESSION 语句；另一类是系统级动态参数，它们影响数据库和所有会话，这类参数的值只能调用 ALTER SYSTEM 语句修改，如 SGA_TARGET（分配给 SGA 组件的内存总量）、OPEN_CURSORS（一个会话可打开的游标总数）等均为系统级动态参数。

2. 设置初始化参数值

对于 pfile，由于 Oracle 只能读取而不能修改其中的初始化参数，所以需要用文本编辑器添加、修改或者删除其中的初始化参数。

而 spfile 则不同,它是二进制格式文件,所以不能用文本编辑器进行编辑,而只能调用 ALTER SYSTEM 语句进行设置。

对于当前实例,只能修改动态参数的值,根据要修改的初始化参数属于系统级还是会话级,分别调用 ALTER SYSTEM 或者 ALTER SESSION 进行修改。

Oracle 数据库初始化参数的修改方法如表 4-2 所示。

表 4-2　　　　　　　　　　　　　初始化参数修改方法

参数位置		修改方法或语句	修改生效时间
文本初始化参数文件		文本编辑器	用该文件启动实例时
服务器参数文件		ALTER SYSTEM	用该文件启动实例时
实例	系统级	ALTER SYSTEM	修改后生效
	会话级	ALTER SESSION	

Oracle 数据库的初始化参数非常多,而 pfile 或 spfile 中设置的参数往往非常有限,对于未设置的初始化参数,Oracle 数据库将使用其默认值。

设置初始化参数时,ALTER SYSTEM 语句的语法格式为

```
ALTER SYSTEM SET 参数名=参数值[,参数值…]
        [SCOPE={SPFILE | MEMORY | BOTH}] [DEFERRED];
```

该语句中的 SCOPE 选项说明初始化参数修改何时生效,其取值有以下 3 种。

• MEMORY:修改只影响当前实例,当实例重新启动后,该语句所做修改不复存在。实例使用 pfile 启动时,该选项是默认设置。

• SPFILE:只有在当前实例使用服务器参数文件启动时才能使用该选项。对初始化参数的修改被写入服务器参数文件,但不影响当前实例,因此其修改只有在实例重新启动后才生效。

• BOTH:修改当前实例的初始化参数值,如果当前实例使用 spfile 启动,该选项是默认设置,它还会修改服务器参数文件中的参数值。

DEFERRED 选项说明 ALTER SYSTEM 语句对初始化参数所做修改只影响此后所建立的用户会话,修改之前已建立的会话则不受其影响。只有动态性能视图 v$parameter 的 issys_modifiable 列值是 DEFERRED 的参数,才可以在调用 ALTER SYSTEM 语句时使用 DEFERRED 选项推迟参数修改对会话的影响。

例如,下面语句把当前实例的 sga_target 参数值设置为 800MB。

```
ALTER SYSTEM SET sga_target=800M SCOPE=MEMORY;
```

下面语句把当前实例和 spfile 中的共享服务器进程数量设置为 10。

```
ALTER SYSTEM SET shared_servers=10 SCOPE=BOTH;
```

3. 会话级初始化参数设置

ALTER SESSION 语句设置会话级动态参数,其设置结果只影响当前用户会话,该语句的语法格式为

```
ALTER SESSION SET 参数名=参数值;
```

例如,下面语句修改 NLS_DATE_LANGUAGE 参数,改变拼写日期所使用的语言。从查询语句的输出结果可以看到修改 NLS_DATE_LANGUAGE 所产生的影响。

```
SCOTT@orcl > ALTER SESSION SET NLS_DATE_LANGUAGE='simplified chinese';
SCOTT@orcl > select sysdate from dual;
SYSDATE
--------------
```

```
03-7月 -12

SCOTT@orcl > ALTER SESSION SET NLS_DATE_LANGUAGE =ENGLISH;
SCOTT@orcl > select sysdate from dual;
SYSDATE
------------
03-JUL-12
```

4. 清除 spfile 中的初始化参数值

调用 ALTER SYSTEM RESET 语句可以删除当前实例所用 spfile 中的参数设置。在 Oracle 数据库下次启动时，未设置的初始化参数将使用它们的默认值。

ALTER SYSTEM RESET 语句的语法格式如下：

```
ALTER SYSTEM RESET 参数名 [SCOPE=SPFILE];
```

由于该语句只能清除 spfile 中的初始化参数，所以没必要再提供 SCOPE=SPFILE 选项。

4.1.4　查看初始化参数

可以使用以下几种方法查看初始化参数。

• 打开初始化参数文件：要查看初始化参数文件中的参数设置可以用文本编辑器直接打开参数文件。虽然 spfile 是二进制格式，但其中的参数部分仍以文本格式保存，所以可以查看。但在用文本编辑器打开 spfile 时一定要注意：不能存盘保存，否则会破坏文件格式。这种方法的缺点是只能查看到参数文件中设置的初始化参数，对于其他未设置的初始化参数，则无法看到它们的默认值。

• 查询动态性能视图：Oracle 数据库中有多个动态性能视图显示初始化参数信息，其中 v$parameter 显示当前用户会话中生效的初始化参数信息，v$spparameter 显示服务器参数文件中的初始化参数信息，v$system_parameter 显示实例中当前生效的初始化参数信息。例如，下面语句查询所有参数的值，isdefault 列值说明初始化参数的值是否是其默认值，ismodified 列值说明实例启动后是否修改过相应的初始化参数。

```
SELECT name, value, isdefault, ismodified FROM v$parameter;
```

• SQL*PLUS 命令：在 SQL*Plus 下执行命令 SHOW PARAMETER 将显示所有初始化参数的值。如果想要限制显示的参数数量，则可以在 SHOW PARAMETER 命令之后跟一个关键字。例如，下面命令显示初始化参数中包含 sga 关键字的所有参数及其数据类型和取值。

```
SYS@orcl > show parameter sga

NAME                          TYPE          VALUE
----------------------------  -----------   ----------------------------
lock_sga                      Boolean       FALSE
pre_page_sga                  Boolean       FALSE
sga_max_size                  big integer   744M
sga_target                    big integer   0
```

4.1.5　用 OEM 管理初始化参数

本章前面介绍了基于 SQL 语句的初始化参数操作。除此之外，还可用 Oracle 企业管理器（OEM）设置、检索初始化参数，管理初始化参数文件。成功登录 OEM 后，单击服务器选项卡下的数据库配置组内的初始化参数链接（见图 4-1），即可打开 OEM 的初始化参数管理页面，如图 4-2 所示。

图 4-1 OEM 的初始化参数管理链接

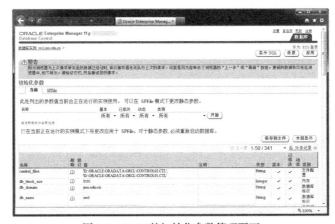

图 4-2 OEM 的初始化参数管理页面

图 4-2 所示的 OEM 初始化参数管理页面中有两个选项卡：当前和 spfile。

1. "当前"选项卡

当前选项卡页面显示 Oracle 实例所使用的所有初始化参数值，并可修改当前实例和 spfile 中的初始化参数设置。如果只需修改当前实例的初始化参数，请在"值"列内输入初始化参数的新值，取消选择"在当前正在运行的实例模式下将更改应用于 SPFile"复选框，之后单击页面右上角的 应用 按钮。

如果在修改当前实例初始化参数时，想把修改保存到 spfile，则请在单击 应用 按钮之前选取"在当前正在运行的实例模式下将更改应用于 spFile"复选框。

如果要在更改初始化参数后重新生成 pfile，则请单击 保存到文件 按钮。

2. "spfile"选项卡

spfile 选项卡显示服务器参数文件中的初始化参数设置，使用它可以只修改 spfile 中的初始化参数，而不影响当前实例的初始化参数设置。

4.2 控制文件

控制文件是一个二进制文件，它记录 Oracle 数据库的当前状态以及物理结构信息，其中包括（但不仅限于）：

- 数据库名称、数据库的唯一标识（DBID），以及数据库创建时间戳；
- 组成数据库的表空间信息和数据文件信息，它记录每个数据文件的存储路径和文件名；
- 联机重做日志文件的名称和位置；
- 归档日志文件的名称和位置；
- 当前日志序列号；
- 检查点信息等。

控制文件跟踪 Oracle 数据库物理结构的改变。每当管理员添加、删除或重命名数据文件或联机重做日志文件时，Oracle 都会对控制文件做相应的更新。

控制文件存储了如此众多的关键信息，它又是二进制格式文件，那么怎样才能查看其中的信息呢？答案是查询 Oracle 的动态性能视图。以下动态性能视图中的信息均来自 Oracle 数据库的控制文件：

- v$database：显示数据库的相关信息；
- v$tablespace：显示数据库的表空间信息；
- v$datafile、v$tempfile：显示数据库的数据文件和临时文件信息；
- v$log：显示数据库的重做日志文件组信息；
- v$logfile：显示数据库的重做日志文件信息；
- v$archived_log：显示归档日志文件信息。

4.2.1　控制文件结构

控制文件在不同部分存储与数据库某个方面相关的一套记录，这些记录可以从动态性能视图 V$CONTROLFILE_RECORD_SECTION 中查询。例如，下面语句查询控制文件内各部分的名称、可存储的记录总数、每条记录的字节长度以及当前记录数。

```
SYS@orcl > SELECT type,records_total,record_size,records_used
  2        FROM v$controlfile_record_section;
```

TYPE	RECORDS_TOTAL	RECORD_SIZE	RECORDS_USED
DATABASE	1	316	1
CKPT PROGRESS	11	8180	0
REDO THREAD	8	256	1
REDO LOG	16	72	3
DATAFILE	100	520	5
FILENAME	2298	524	9
TABLESPACE	100	68	6
TEMPORARY FILENAME	100	56	1
RMAN CONFIGURATION	50	1108	0
LOG HISTORY	292	56	165
OFFLINE RANGE	163	200	0
ARCHIVED LOG	28	584	0
BACKUP SET	409	40	0

......

控制文件中的这些记录分为以下两类。

- 不可循环使用记录：这些记录存储有关数据库的关键信息，它们不可被覆盖。例如，有关表空间（tablespace）、数据文件（datafile）、联机重做日志文件（redo log）等方面的记录，只有在管理员从数据库删除相应的对象时 Oracle 才会从控制文件中删除与之对应的记录。

- 可循环使用记录：这些记录在需要时可以被覆盖，如数据库的归档日志文件记录和 RMAN 备份记录等。当这部分记录槽被填满之后，在插入新记录时可覆盖最早的记录。Oracle 数据库中的初始化参数 CONTROL_FILE_RECORD_KEEP_TIME 指出可循环使用记录被覆盖之前必须保存的最少天数。如果插入新记录时，而现有记录又没有到期，Oracle 将扩展控制文件，为其提供存储空间。

4.2.2　查看控制文件

在 Oracle 数据库运行过程中，可以通过以下几种方式查看 Oracle 数据库的控制文件配置。

- 执行 SQL*Plus 命令显示初始化参数 control_files。例如：

```
SYS@orcl > show parameter control_files
NAME                TYPE         VALUE
----------------    ----------   ------------------------------------
control_files       string       D:\ORACLE\ORADATA\ORCL\CONTROL01.CTL,
                                  D:\ORACLE\ORADATA\ORCL\CONTROL02.CTL
```

- 检索动态性能视图 v$controlfile。例如：

```
SYS@orcl > SELECT name FROM v$controlfile;
```

- 检索动态性能视图 v$parameter。例如：

```
SYS@orcl > SELECT value FROM v$parameter WHERE name='control_files';
```

4.2.3　控制文件的多路存储

鉴于控制文件的重要性，Oracle 文档建议每个数据库至少应该有两个控制文件，并且应该将每个控制文件存储在不同的物理硬盘上。这样可以预防硬盘介质损坏而失去控制文件。

在多路存储控制文件时，Oracle 数据库运行期间会同时写入 CONTROL_FILES 参数指定的所有控制文件，而在读取控制文件时则只读取 CONTROL_FILES 参数列出的第一个控制文件。如果任何一个控制文件损坏，将导致实例异常中止运行。

要增加 Oracle 数据库的控制文件，请按以下步骤添加。

（1）查看数据库当前控制文件设置（具体方法见上一小节）。

（2）修改初始化参数 control_files。如果使用 pfile，请用文本编辑器直接编辑；如果使用 SPFile，则请执行 ALTER SYSTEM 语句，增加新的控制文件。例如，下面语句为当前数据库增加一路控制文件。

```
ALTER SYSTEM SET control_files='D:\ORACLE\ORADATA\ORCL\CONTROL01.CTL',
    'D:\ORACLE\ORADATA\ORCL\CONTROL02.CTL',
    'C:\ORACLE\ORADATA\ORCL\CONTROL03.CTL'
    SCOPE=SPFILE;
```

（3）关闭数据库，之后用文件系统命令把现有控制文件拷贝到指定位置：'C:\ORACLE\ORADATA\ORCL\CONTROL03.CTL'。

（4）启动数据库，让修改的初始化参数生效，这是因为 CONTROL_FILES 是静态参数，无法在实例运行期间直接修改。

如果以上操作正确，实例正常启动后，就增加了一路控制文件。

4.2.4　控制文件的备份、恢复与重新创建

1. 备份控制文件

在 Oracle 数据库运行期间，执行 ALTER DATABASE BACKUP CONTROLFILE 语句可以备份控制文件。该语句有两个选项，一个选项的语法如下：

```
ALTER DATABASE BACKUP CONTROLFILE TO 'C:\oracle\backup\control.bkp';
```

它把控制文件备份到指定的文件，该文件实际上是现有控制文件的副本，因此是二进制格式。

另一个选项的语法如下：

```
ALTER DATABASE BACKUP CONTROLFILE TO TRACE;
```

它把控制文件备份到一个跟踪文件，跟踪文件不是二进制格式的控制文件副本，而是用于重新创建控制文件的 SQL 语句，它是文本格式。跟踪文件的具体存储路径和名称记录在数据库的警告日志文件内。例如，我们在执行该语句后，在数据库警告日志文件的尾部可以看到以下一段文字，它说明该语句的执行时间，以及跟踪文件的存储路径和名称。打开该文件即可看到其中的注释和 SQL 语句，我们在本节"重新创建控制文件"部分会调用这些语句。

```
Thu Jul 12 18:07:11 2012
ALTER DATABASE BACKUP CONTROLFILE TO TRACE
Backup controlfile written to trace file
d:\oracle\diag\rdbms\orcl\orcl\trace\orcl_ora_6948.trc
Completed: ALTER DATABASE BACKUP CONTROLFILE TO TRACE
```

在管理员执行以下操作导致数据库物理结构发生改变后，应立即重新备份控制文件：

- 增加、删除或者重命名、移动数据文件；
- 增加或删除表空间，或者改变表空间的读/写状态；
- 添加或删除联机重做日志文件或组。

2. 恢复控制文件

当 Oracle 数据库的一个或所有控制文件不可访问时，实例会立即关闭。如要恢复控制文件，可分为以下两种情况。

- 如果只是多路存储控制文件的一个副本丢失或损坏，这时只需把多路存储控制文件的其他副本复制到丢失或损坏的控制文件处，或者修改初始化参数 CONTROL_FILES，使其不再指向损坏的控制文件，这样就可以重新启动实例。

- 如果所有控制文件均丢失或损坏，则必须使用控制文件备份恢复，或者重新创建新的控制文件。这里不再深入讨论怎样从备份恢复控制文件，有关这方面的内容请查阅 Oracle 文档，或者 Oracle 数据库备份和恢复方面的书籍。

3. 重新创建控制文件

执行 CREATE DATABASE 语句创建数据库时，它会根据初始化参数 CONTROL_FILES 的设置，在指定位置创建出最初的控制文件。如果数据库现有的控制文件全部损坏，或者是需要修改数据库名称时，则可以执行 CREATE CONTROLFILE 命令重新创建控制文件。在实际工作中需要重新创建控制文件时，为安全起见，在创建之前应该备份数据库的所有数据文件和日志文件。

我们下面结合本节前面备份控制文件时创建的跟踪文件内容，说明怎样重新创建控制文件。

打开前面创建的跟踪文件，会看到下面一组注释和语句（黑体部分），在 SQL*Plus 内可以直接执行它们。

```
--
-- The following commands will create a new control file and use it
-- to open the database.
-- Data used by Recovery Manager will be lost.
-- Additional logs may be required for media recovery of offline
-- Use this only if the current versions of all online logs are
-- available.
-- After mounting the created controlfile, the following SQL
-- statement will place the database in the appropriate
-- protection mode:
STARTUP NOMOUNT
CREATE CONTROLFILE REUSE DATABASE "ORCL" NORESETLOGS  NOARCHIVELOG
    MAXLOGFILES 16
    MAXLOGMEMBERS 3
    MAXDATAFILES 100
    MAXINSTANCES 8
```

```
    MAXLOGHISTORY 292
LOGFILE
  GROUP 1 'D:\ORACLE\ORADATA\ORCL\REDO01.LOG'  SIZE 50M BLOCKSIZE 512,
  GROUP 2 'D:\ORACLE\ORADATA\ORCL\REDO02.LOG'  SIZE 50M BLOCKSIZE 512,
  GROUP 3 'D:\ORACLE\ORADATA\ORCL\REDO03.LOG'  SIZE 50M BLOCKSIZE 512
DATAFILE
  'D:\ORACLE\ORADATA\ORCL\SYSTEM01.DBF',
  'D:\ORACLE\ORADATA\ORCL\SYSAUX01.DBF',
  'D:\ORACLE\ORADATA\ORCL\UNDOTBS01.DBF',
  'D:\ORACLE\ORADATA\ORCL\USERS01.DBF'
CHARACTER SET ZHS16GBK
;
-- Commands to re-create incarnation table
-- Below log names MUST be changed to existing filenames on
-- disk. Any one log file from each branch can be used to
-- re-create incarnation records.
-- ALTER DATABASE REGISTER LOGFILE
'D:\ORACLE\PRODUCT\11.2.0\DBHOME_1\RDBMS\ARC0000000001_0782907304.0001';
-- Recovery is required if any of the datafiles are restored backups,
-- or if the last shutdown was not normal or immediate.
RECOVER DATABASE
-- Database can now be opened normally.
ALTER DATABASE OPEN;
-- Commands to add tempfiles to temporary tablespaces.
-- Online tempfiles have complete space information.
-- Other tempfiles may require adjustment.
ALTER TABLESPACE TEMP ADD TEMPFILE 'D:\ORACLE\ORADATA\ORCL\TEMP01.DBF'
    SIZE 20971520  REUSE AUTOEXTEND ON NEXT 655360  MAXSIZE 32767M;
-- End of tempfile additions.
--
```

这组语句说明重新创建控制文件、打开数据库的实际操作步骤。

（1）把实例启动到 NOMOUNT 状态，准备创建控制文件。

（2）调用 CREATE CONTROLFILE 语句创建控制文件，并装载数据库。该语句中各选项的作用如下。

● REUSE：指出当存在同名控制文件时，覆盖它们，无此选项而又存在同名文件时将导致语句执行失败。

● DATABASE：指出数据库名称，它应与 CREATE DATABASE 语句中的数据库名称相同。需要对数据库改名时，则使用 SET DATABASE 指出新的名称。

● NORESETLOGS：如果数据库的所有联机重做日志文件完整无损，则可以使用 NORESETLOGS 选项，要求 Oracle 重复使用现有的重做日志。但是，如果重做日志受损或者丢失，则需要使用 RESETLOGS 选项，要求 Oracle 创建新的重做日志文件，或者重新初始化现已受损的重做日志文件。

● NOARCHIVELOG：指出数据库运行在非归档模式，如果需要使数据库运行在归档模式，则使用 ARCHIVELOG 选项。

● MAXLOGFILES：指出数据库内最多可创建多少个联机重做日志文件组。

● MAXLOGMEMBERS：指出数据库的每组联机重做日志中最多可创建多少个日志文件成员。

● MAXLOGHISTORY：数据库运行在归档模式时才需要设置该选项，它决定控制文件中为归档重做日志文件名称分配的空间。

● MAXDATAFILES：决定控制文件中的数据文件记录部分最初保留的空间大小。一个数据库最多可创建的数据文件数量由该参数和初始化参数 DB_FILES 共同决定，当添加的数据文件数量大于 MAXDATAFILES，而小于 DB_FILES 时，Oracle 将扩展控制文件。

- MAXINSTANCES：指出该数据库最多可被多少个实例装载或打开。
- LOGFILE：指出数据库所有重做日志组的所有成员。
- DATAFILE：指出数据库的所有数据文件。该子句中不能包含只读表空间的数据文件和临时数据文件，这些类型的文件可以在以后添加到数据库。
- CHARACTER SET：设置数据库的字符集。

CREATE CONTROLFILE 语句中的 MAXLOGFILES、MAXLOGMEMBERS、MAXDATAFILES、MAXINSTANCES、MAXLOGHISTORY 参数决定控制文件内相应记录部分可存储的记录总数，大家可以对照本节前面对 v$controlfile_record_section 的查询结果加以理解。

（3）恢复数据库：如果数据库处于不一致状态（用 SHUTDOWN ABORT 命令关闭数据库），或者数据文件是从备份恢复而来的，则需要执行 RECOVER DATABASE 命令恢复数据库。

（4）打开数据库。在成功创建控制文件之后，Oracle 数据库已自动进入到 MOUNT 状态，所以这时可以直接打开数据库。

（5）添加只读数据文件和临时文件，如果需要，再添加只读表空间的数据文件和临时文件。

在跟踪文件的下半部分，还有一组 SQL 语句，它们在创建控制文件时使用的是 RESETLOGS 选项。如果使用 RESETLOGS，在执行第（3）步和第（4）步时应调用命令和语句为以下两条：

```
RECOVER DATABASE USING BACKUP CONTROLFILE
ALTER DATABASE OPEN RESETLOGS;
```

实际应用中，建议在重新创建控制文件之后立即关闭数据库，完整复制数据库文件加以备份。

4.2.5　用 OEM 管理控制文件

单击图 4-1 中服务器选项卡下存储组内的控制文件链接，打开 OEM 的控制文件管理页面，如图 4-3 所示。该页面由 3 个选项卡组成。

图 4-3　OEM 的控制文件管理页面

- 一般信息：显示数据库现有控制文件情况，单击其中的 备份到跟踪文件 按钮可以把控制文件备份到跟踪文件。
- 高级：显示基本控制信息，如数据库 ID 和控制文件类型、控制文件记录的最后一个更改号等。
- 记录文档段：显示当前数据库控制文件中记录文档段的详细信息，其中包括记录文档段类型、记录大小、记录总数和已使用的记录数。动态性能视图 V$CONTROLFILE_RECORD_SECTION 中的信息就取自控制文件的这一部分。

本章小结

本章介绍了 Oracle 数据库的初始化参数文件和控制文件的基本操作。

初始化参数文件是 Oracle 实例的属性文件，它集中存储 Oracle 数据库的初始化参数设置。初始化参数文件分为文本初始化参数文件和二进制格式的服务器参数文件两种，使用二者均可启动实例，但前者存储在客户端，无法使用 SQL 语句 ALTER SYSTEM SET 修改其中的初始化参数，只能直接编辑文件，而且会导致产生多个版本难以同步；后者则存储在 Oracle 数据库服务器上，只有一个版本，因此可以使用 SQL 语句 ALTER SYSTEM SET 修改。所以，从 Oracle Database 9i 开始，Oracle 建议采用 SPfile。

控制文件是 Oracle 数据库的信息中心，其中存储着 Oracle 数据库的当前状态以及物理结构信息、控制信息等。为了保证其安全性，Oracle 允许对控制文件进行多路存储。

多路存储控制文件时，只要有一个文件损坏就会导致实例挂起。在控制文件出现损坏时或丢失时，可以利用备份恢复控制文件，或者重新创建控制文件。

习　　题

一、选择题

1. 调用 SQL 语句 ALTER SYSTEM SET 可以设置（　　）中的初始化参数。
    A. 当前实例　　　　　　　　B. pfile　　　　　　　C. SPFile　　　　　　　D. 以上全错
2. 调用下面语句修改初始化参数后，关于此修改的生效时间，描述最准确的是（　　）。

```
ALTER SYSTEM SET 参数名=值 SCOPE=SPFILE;
```

    A. 立即生效　　　　　　　　　　　　　　B. 下次实例重新启动时生效
    C. 下次实例使用 SPfile 重新启动时生效　　　D. 永不生效
3. 数据库目前有两个控制文件，其中一个控制文件损坏，这将导致数据库实例（　　）。
    A. 异常中止
    B. 关闭损坏的控制文件，数据库继续运行
    C. 关闭数据库文件，实例继续运行
    D. 数据库运行不受影响，直到所有控制文件损坏为止

二、实训题

1. 查看当前实例的初始化参数设置，并从这些设置创建文本初始化参数文件。
2. 练习从服务器参数文件创建文本初始化参数文件，以及从文本初始化参数文件创建服务器参数文件。
3. 检索数据库当前使用的控制文件信息。
4. 根据上一步中检索到的信息，为数据库再增加一路控制文件，并在重新打开数据库后再次检索数据库的控制文件设置是否成功。

第5章
重做日志管理

数据库运行过程中难免会遇到各种各样的问题，这些问题小到执行 SHUDOWN ABORT 命令异常关闭 Oracle 数据库，大到硬盘介质故障导致数据库文件损坏等，均可能导致数据库处于不一致状态（也就是数据库文件的状态不同步）。不一致状态下的数据库需要做实例恢复或介质恢复，使数据库达到一致状态后才能打开。无论是做实例恢复，还是介质恢复，均需要用到 Oracle 数据库的重做日志。

本章介绍 Oracle 数据库中重做日志的作用及其相关的管理操作。

5.1 重做日志的基本概念

重做日志记录对数据库所做的所有修改，同时还保护还原数据。所以，如果重做日志得到完整保存，无论在数据库出现实例故障还是介质失败时，只要重新读取重做日志，把它们再次应用到相关的数据块中，即可重构对数据库所做的所有修改（包括还原段），将数据库恢复到故障前的状态。

5.1.1 重做日志的内容

重做日志由重做记录（也被称作重做项）组成，重做记录又由一组修改矢量组成，每个修改矢量描述数据库中单个数据块上所发生的改变，它记录的信息包括：

- 修改的 SCN 和时间戳；
- 产生这些修改的事务的标识号；
- 事务提交时的 SCN 和时间戳（如果事务已提交）；
- 产生这些修改的操作类型；
- 被修改数据段的名称和类型。

例如，在调用 UPDATE 语句修改 dept 表中的 dname（部门名称）列时，重做记录中的修改矢量将描述该表数据段中数据块、还原段中数据块，以及还原段事务表的改变。

5.1.2 重做日志的写入方式

1. 重做日志缓冲区

用户执行数据库操作时，服务器进程把重做记录从用户内存空间拷贝到 SGA，它们首先被缓存在 SGA 的重做日志缓冲区内，之后再由 Oracle 数据库的后台进程日志写入进程（LGWR）把它们写入联机重做日志文件。这样做可以减少重做日志文件写入的物理 I/O 次数，提高系统的性能。

当 LGWR 把重做记录从日志缓冲区写入联机重做日志文件后,服务器进程即可把新的重做记录拷贝到日志缓冲区内已写入联机重做日志文件的那些重做记录上。Oracle 把重做日志缓冲区看做一个圆形区域,所以可以循环连续写入。

2. 日志写入进程与联机重做日志文件

LGWR 在下面情况下把重做日志缓冲区内缓存的重做记录写入联机重做日志文件:

- 用户提交事务时;
- 联机重做日志切换时;
- LGWR 上次写入 3s 之后;
- 重做日志缓冲区达到三分之一满,或者缓存的重做日志达到 1 MB 时;
- DBWn 把脏数据块写入数据文件之前。

每个数据库实例必须至少有两组联机重做日志文件,这样才能保证一组文件当前处于写入状态(这组重做日志文件被称作当前重做日志文件),而另一组已写过的日志文件用于归档操作(当数据库处于归档模式时)。

鉴于联机重做日志文件的重要性,像控制文件一样,Oracle 数据库也支持联机重做日志文件的多路存储。也就是在一组重做日志文件内可以创建多个日志文件成员,把它们分布在不同的物理硬盘上,使它们互为镜像,从而避免出现硬盘单点故障而导致重做日志文件的丢失现象。

在写入时,LGWR 将同步写入联机重做日志文件组内的各个成员。如果其中的某个日志文件成员不可访问,LGWR 将把该成员的状态标识为 INVALID(无效),并把该错误记录在 LGWR 跟踪文件和数据库警告日志文件内,之后 LGWR 忽略该成员,继续将重做日志写入该组内的其他成员文件中。也就是说,在一组重做日志内,只要有一个成员可以正常写入,就不会影响 Oracle 数据库的运行。这一点与控制文件的多路存储不同:控制文件多路存储时,只要任一个控制文件损坏,Oracle 数据库就不能继续运行。

如果一组重做日志内的所有成员文件全部损坏,将会导致数据库实例关闭。

3. 日志切换与日志序列号

日志切换指 LGWR 停止写入一组联机重做日志文件,而开始写入下一组重做日志文件这一操作。Oracle 数据库以循环方式使用各组重做日志文件。当发生日志切换,LGWR 开始写入下一组可用的重做日志文件,当最后一组可用的重做日志文件填满后,又切换回第一组重做日志文件开始写入,如此循环。

当日志切换到一组重做日志时,如果 Oracle 实例还没有完成对这组重做日志的归档操作,这将导致 Oracle 数据库挂起,等待该组重做日志归档完成后才能继续运行。

通常情况下,LGWR 写满一组联机重做日志文件时发生日志切换。但是,作为管理员,在需要对当前重做日志文件进行维护,或者需要归档当前重做日志文件时,也可以执行下面命令强制要求 Oracle 数据库实例立即进行日志切换。

```
ALTER SYSTEM SWITCH LOGFILE;
```

除此之外,设置 Oracle 数据库的初始化参数 ARCHIVE_LAG_TARGET,可以使 Oracle 实例定期进行日志切换。默认情况下,该参数的值为 0,说明禁用基于时间的日志切换功能。把它设置为大于 0 的值时,则要求实例每过多少秒定期进行一次日志切换。例如,执行下面语句后,Oracle 实例将每 30min 执行一次日志切换。

```
SYS@orcl > ALTER SYSTEM SET ARCHIVE_LAG_TARGET=1800;

系统已更改。
```

在主/备数据库环境中定期进行日志切换有助于把主数据库上产生的归档日志及时传递给备

用数据库，使备用数据库得到及时更新。

每当发生日志切换时，Oracle 数据库赋予准备写入的重做日志组一新的日志序列号，之后 LGWR 才开始写入它。归档进程在归档重做日志时会保留日志序列号。日志序列号唯一地标识联机和归档重做日志文件。Oracle 在执行实例或介质恢复时，将按照日志序列号而不是日志文件名称判断需要使用哪个联机重做日志文件或归档重做日志文件恢复数据库。

在 SQL*Plus 下，可以使用下面命令查看数据库各组联机重做日志文件的日志序列号。

```
SYS@orcl > archive log list
数据库日志模式  非存档模式
自动存档     禁用
存档终点    D:\oracle\product\11.2.0\dbhome_1\RDBMS
最早的联机日志序列   176
当前日志序列    178
```

该命令的输出结果说明当前数据库有 3 组重做日志文件，它们的日志序列号分别为 176、177、178，而 LGWR 当前正在写入的联机重做日志文件组的日志序列号是 178。

除此之外，还可以从动态性能视图中查询各组重做日志的日志序列号。例如，下面语句的查询结果说明数据库三组重做日志文件的日志序列号分别为 178、176 和 177。

```
SYS@orcl > SELECT group#, sequence# FROM v$log;

    GROUP#    SEQUENCE#
---------- ----------
         1         178
         2         176
         3         177
```

4. 重做日志文件组的状态

重做日志文件组的状态分为以下几种。

- ACTIVE：有效状态，指实例恢复时需要使用这组联机重做日志文件。
- CURRENT：当前状态，指 LGWR 当前正在写入这组联机重做日志文件，实例恢复时也需要用到它们。
- INACTIVRE：无效状态，指实例恢复时不再需要这组重做日志文件。
- CLEARING：在执行 ALTER DATABASE CLEAR LOGFILE 语句后，系统正在清除重做日志文件中的内容。
- UNUSED：未使用过。新添加的重做日志文件组，或者被清空之后的重做日志文件组处于该状态。

重做日志文件组的状态可以从动态性能视图 v$log 中检索。例如，下面语句的执行结果说明当前数据库实例拥有 3 组重做日志文件，其中第 1 组处于 ACTIVE 状态，第 2 组为当前重做日志文件组，第 3 组处于 INACTIVE 状态。

```
SYS@orcl > SELECT group#,status FROM v$log;

    GROUP#    STATUS
---------- ---------------
         1    ACTIVE
         2    CURRENT
         3    INACTIVE
```

接下来强制执行日志切换，之后再查询，可以看到第 3 组重做日志成为当前重做日志。

```
SYS@orcl > ALTER SYSTEM SWITCH LOGFILE;
```

系统已更改。

```
SYS@orcl > SELECT group#,status FROM v$log;

     GROUP#     STATUS
 ----------     ----------------
          1     ACTIVE
          2     ACTIVE
          3     CURRENT
```

5．归档进程与归档重做日志文件

Oracle 数据库可以运行在以下两种模式下。

- ARCHIVELOG：归档模式；
- NOARCHIVELOG：非归档模式。

二者的唯一差别是在 LGWR 需要重新使用联机重做日志文件时，对其中原来填充的重做日志的处理方法。在归档模式下，只有在原来的重做日志得到拷贝归档之后，LGWR 才能重新使用该组重做日志文件。而在非归档模式下则无此限制，LGWR 在需要重新使用重做日志文件时可以直接覆盖原来的重做日志。

由于非归档模式下没有完整保存 Oracle 数据库的所有重做日志，所以当出现介质故障时，数据库无法恢复到故障发生时的状态。正因如此，在实际生产环境中，通常都将 Oracle 数据库设置为归档模式。

要查看 Oracle 数据库的运行模式，可以使用本节前面的 SQL*Plus 命令 ARCHIVE LOG LIST，也可以查询动态性能视图 v$database 的 log_mode 列。例如，下面命令查询到 orcl 数据库当前运行在非归档模式，这与前面 SQL*Plus 命令的结果一致。

```
SYS@orcl > SELECT name, log_mode FROM v$database;

NAME        LOG_MODE
---------   ------------
ORCL        NOARCHIVELOG
```

Oracle 数据库运行在归档模式时，发生日志切换后，归档进程（ARCn，n 为归档进程编号，它可以是 0～9，a～t，也就是说 Oracle 实例中允许启动多达 30 个归档进程）将把填充过的联机重做日志文件复制到指定的一个或多个位置存储，为它们创建脱机副本，这一过程被称作归档，重做日志文件的这些脱机副本被称作归档重做日志文件。

在归档模式下，LGWR 需要重新使用联机重做日志文件组时，如果它们还没有归档，会导致数据库的运行被暂时挂起。

归档分为自动归档和手工归档两种。启用自动归档后，后台进程 ARCn 在日志切换后自动完成归档操作。采用手工归档时，只有具有管理员权限，并且数据库处于 MOUNT 或 OPEN 状态时才能执行归档。手工归档时调用的 SQL 语句为

```
ALTER SYSTEM ARCHIVE LOG ALL;
ALTER SYSTEM ARCHIVE LOG NEXT;
```

前者把所有填充过但还没有归档的重做日志文件组全部归档，而后者则只归档下一组填充过但还没有归档的重做日志文件。

需要注意的是，即使数据库运行在自动归档模式下，也可以使用下面 ALTER SYSTEM ARCHIVE LOG 语句把 INACTIVRE 状态的联机重做日志文件重新归档到另一个位置。

```
ALTER SYSTEM ARCHIVE LOG LOGFI'文件名' TO '位置';
```

6. 重做日志从产生到归档的过程

综上所述，我们可以用图 5-1 简要说明 Oracle 数据库重做日志的产生、归档过程。首先，在用户执行数据库操作时，服务器进程把重做日志从用户内存区域拷贝到 Oracle 实例中的日志缓冲区。之后，在一定条件下，LGWR 把重做日志缓冲区内的重做日志写入重做日志文件。最后，如果数据库运行在自动归档模式下，当发生日志切换时，归档进程将把填充过的重做日志文件组内容复制到归档日志文件中保存。

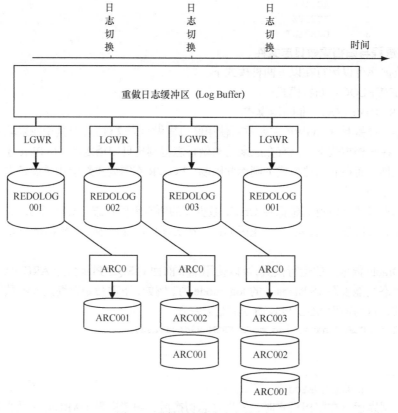

图 5-1 重做日志的产生归档过程

5.2 管理联机重做日志文件组及成员

本节主要介绍重做日志文件组及成员的创建、删除等操作，以及怎样查看重做日志文件组及成员信息。

5.2.1 查看重做日志文件信息

查询 Oracle 数据库的动态性能视图可以了解重做日志文件的相关信息，与此相关的动态性能视图包括以下两种。

- v$log：记录与重做日志文件组相关的信息，该信息取自数据库的控制文件。v$log 视图中各字段名称及其说明如表 5-1 所示。
- v$logfile：记录有关重做日志文件成员的信息，该视图中各字段名称及其说明如表 5-2 所示。

表 5-1	v$log 视图结构
列　名	描　述
GROUP#	重做日志文件组编号
THREAD#	日志线程编号
SEQUENCE#	日志序列号
BYTES	日志的字节长度
BLOCKSIZE	日志文件的块大小（512 或 4096）
MEMBERS	日志组的成员数量
ARCHIVED	归档状态：YES（已归档）、NO（未归档）
STATUS	日志组的状态，上一节已经介绍过
FIRST_CHANGE#	日志中的最低系统修改号（SCN）
FIRST_TIME	日志中第一个 SCN 对应的时间

表 5-2	v$logfile 视图结构
列　名	描　述
GROUP#	所属重做日志文件组编号
STATUS	日志成员的状态。成员的状态与日志组的状态不同，它包括以下几种 ● INVALID：无法访问文件 ● STALE：文件内容不完整 ● DELETED：不再使用该文件 ● null：文件处于在用状态
TYPE	日志文件的类型：ONLINE（联机）或 STANDBY（备用）
MEMBER	重做日志成员的文件名
IS_RECOVERY_DEST_FILE	说明重做日志文件成员是否创建在快速恢复区

例如，下面语句检索数据库的重做日志组的编号、各组状态，以及各组中的重做日志文件成员数量等信息。

```
SYS@orcl > SELECT group#, status, members FROM v$log;

    GROUP#   STATUS              MEMBERS
---------- -------------     ----------
         1   INACTIVE                  1
         2   INACTIVE                  1
         3   CURRENT                   1
```

检索结果说明，该数据库包含 3 组重做日志文件，每组各有一个日志成员，其中第 3 组是当前重做日志文件组。

下面的语句从 v$logfile 视图中检索各组日志中的日志文件成员类型，以及它们的具体存储路径和文件名。

```
SYS@orcl > SELECT group#, status, type, member FROM v$logfile;

    GROUP#   TYPE      MEMBER
---------  -------   ----------------------------------------
         1   ONLINE    D:\ORACLE\ORADATA\ORCL\REDO01.LOG
         2   ONLINE    D:\ORACLE\ORADATA\ORCL\REDO02.LOG
         3   ONLINE    D:\ORACLE\ORADATA\ORCL\REDO03.LOG
```

　　除此之外，还可用 Oracle 数据库的企业管理器（OEM）检索重做日志文件信息。成功登录 OEM 后，单击服务器选项卡下的重做日志组，即可看到重做日志文件组信息，如图 5-2 所示。其显示的内容与上面 SQL 语句检索到的重做日志文件组信息一致。

图 5-2　用 OEM 检索数据库的重做日志文件组信息

　　单击图 5-2 中的重做日志文件组编号，即可显示该组的成员信息。例如，我们单击该页面中的链接 1 之后，可以看到第 1 组日志文件中各成员的名称及其存储路径，如图 5-3 所示。

图 5-3　用 OEM 检索数据库的重做日志文件成员信息

5.2.2　管理重做日志文件

　　在调用 CREATE DATABASE 语句创建数据库时，其 LOGFILE GROUP 子句指出要创建的重做日志文件组及成员。在数据库创建之后，则可根据需要调用 ALTER DATABASE 语句添加或删除重做日志文件组，或者添加和删除各组内的重做日志文件成员。需要注意的是，无论添加、删除重做日志文件组还是重做日志成员，均需具有 ALTER DATABASE 系统权限。

1.　规划重做日志需要考虑的因素

　　在规划 Oracle 数据库重做日志时，需要考虑以下几个因素。

　　●　联机日志文件多路存储：重做日志文件的多路存储能够有效地保护重做日志，所以应尽可能采用多路存储方式保护重做日志文件。在实行多路存储时，最好把每组重做日志内的不同成员放置在不同的物理磁盘上，以避免单点故障导致重做日志文件的丢失。即使数据库服务器没有多个独立的硬盘，实行多路存储也有助于避免 I/O 错误、文件崩溃等原因导致的重做日志文件损坏。一组重做日志中可以创建的最多成员数量由数据库创建时 CREATE DATABASE 语句内的 MAXLOGMEMBERS 参数决定。数据库一旦创建，要提高该参数的上限，只能重新创建数据库或者控制文件。

- 重做日志文件组数量：一个数据库实例究竟配置多少组重做日志文件合适？这没有统一的答案。其最佳配置是在不妨碍 LGWR 写入重做日志的前提下越少越好。数据库实例当前配置的日志组数量是否满足 LGWR 写入的需要，这需要查看 LGWR 跟踪文件和数据库的警告日志文件，了解其中是否经常出现 LGWR 在写入时需要等待可用的重做日志组这种现象。每个数据库可以创建的最多重做日志组数量由 CREATE DATABASE 语句中的 MAXLOGFILES 参数决定。

- 重做日志文件的大小：Oracle 数据库限制重做日志文件的最小长度为 4MB。管理员在创建重做日志文件组时究竟采用多大的日志文件，主要应考虑归档时单个存储介质的容量。在实行重做日志文件多路存储时，每组重做日志文件内的所有成员文件的大小必须完全相同，但不同组内的成员可以具有不同的大小。

- 重做日志文件的块大小：重做日志文件的块大小默认等于磁盘的物理扇区大小（通常等于512B，一些新的大容量磁盘的扇区大小为 4KB）。大多数 Oracle 数据库平台能够检测硬盘的扇区大小，并自动创建与磁盘扇区大小相同的重做日志文件块。从 Oracle DataBase 11.2 版本开始，允许在 CREATE DATABASE、ALTER DATABASE 和 CREATE CONTROLFILE 中用 BLOCKSIZE 子句指定联机重做日志文件的块大小。其有效取值为 512、1024 和 4096。

这里要注意的是不要把重做日志文件块和数据库块混为一谈。数据库块大小指一次读写数据文件的最小字节数，它可以为 2KB、4KB、8KB、16KB、32KB 几种取值。

2. 添加重做日志文件组

在创建数据库时至少已经创建了两组重做日志，在日后数据库运行过程中，如果需要可以使用 ALTER DATABASE 语句添加或删除重做日志文件组。例如，下面语句向 orcl 数据库添加一组重做日志文件，它由两个成员文件组成，日志文件大小为 50MB。在该语句中使用 BLOCKSIZE 子句指出这组重做日志文件的块大小为 512B，用 REUSE 选项说明当这些文件存在时覆盖它们。

```
ALTER DATABASE orcl ADD LOGFILE
('D:\oracle\oradata\orcl\redo04-1.log','E:\oracle\orcl\redo04-2.log')
SIZE 50M
BLOCKSIZE 512
REUSE;
```

在上面语句中，没有指出添加的重做日志文件组的编号，Oracle 会自动为它们分配一个唯一的组编号。我们也可以在调用该语句中用 GROUP 子句指出组编号。例如：

```
ALTER DATABASE orcl ADD LOGFILE GROUP 6
('D:\oracle\oradata\orcl\redo06-1.log','E:\oracle\orcl\redo06-2.log')
SIZE 50M
REUSE;
```

在执行以上两条语句后，从 v$log 视图中可以检索到添加的重做日志文件组信息：

```
SYS@orcl > SELECT group#,members,status,blocksize FROM v$log;
```

```
    GROUP#     MEMBERS   STATUS              BLOCKSIZE
 --------- ----------   ----------------    ----------
         1          1   INACTIVE                   512
         2          1   CURRENT                    512
         3          1   INACTIVE                   512
         4          2   UNUSED                     512
         6          2   UNUSED                     512
```

3. 添加重做日志文件成员

数据库运行过程中，在一些情况下需要添加重做日志文件成员。例如，现有重做日志文件成员被删除、损坏，或者需要增加重做日志文件的多路存储时。添加重做日志文件成员时，也需调用 ALTER DATABASE 语句。例如，下面语句向第一组重做日志添加两个日志成员文件。

```
ALTER DATABASE orcl
ADD LOGFILE MEMBER
'E:\oracle\orcl\redo01-2.log','E:\oracle\orcl\redo01-3.log'
TO GROUP 1;
```

需要注意的是，在创建重做日志文件组时，用 SIZE 子句指定重做日志文件的大小，而在添加重做日志文件成员时则不需要指定。因为每组重做日志内的所有成员文件的大小必须保持一致，所以添加的重做日志成员要与组内现有的重做日志文件大小相同，因此不需要再次指定。

4. 移动、重命名重做日志文件成员

无论是移动还是重命名重做日志文件，它们的操作步骤基本相同。下面以移动重做日志文件为例介绍其具体的操作步骤，把前面添加到第 1 组中的 E:\oracle\orcl\redo01-3.log 文件移动到 F 盘的相同目录下：

第 1 步：关闭现有数据库。

```
SYS@orcl > SHUTDOWN IMMEDIATE
```

第 2 步：用操作系统命令把需要移动的日志文件移动或复制到目标位置。需要重命名时，在这一步重命名文件。

```
MOVE E:\oracle\orcl\redo01-3.log F:\oracle\orcl\redo01-3.log
```

第 3 步：把数据库启动到 mount 状态，但不打开它。

```
SYS@orcl > STARTUP MOUNT
```

第 4 步：调用 ALTER DATABASE 语句，使用其 RENAME FILE 子句重命名重做日志文件。这一步实质上是修改控制文件，使其内容反映数据库结构的新变化：

```
SYS@orcl > ALTER DATABASE
2         RENAME FILE 'E:\oracle\orcl\redo01-3.log'
3         TO 'F:\oracle\orcl\redo01-3.log';
```

第 5 步：打开数据库，以便执行正常操作。

```
SYS@orcl > ALTER DATABASE OPEN;
```

再执行下面查询语句，即可看到本小节添加和移动后的重做日志文件信息。

```
SYS@orcl > SELECT group#,member FROM v$logfile ORDER BY group#;

    GROUP#    MEMBER
---------- ---------------------------------------
         1    E:\ORACLE\ORCL\REDO01-2.LOG
         1    D:\ORACLE\ORADATA\ORCL\REDO01.LOG
         1    F:\ORACLE\ORCL\REDO01-3.LOG
         2    D:\ORACLE\ORADATA\ORCL\REDO02.LOG
         3    D:\ORACLE\ORADATA\ORCL\REDO03.LOG
         4    D:\ORACLE\ORADATA\ORCL\REDO04-1.LOG
         4    E:\ORACLE\ORCL\REDO04-2.LOG
         6    D:\ORACLE\ORADATA\ORCL\REDO06-1.LOG
         6    E:\ORACLE\ORCL\REDO06-2.LOG
```

5. 删除重做日志文件成员

需要删除重做日志文件成员时，首先要保证它所在日志组的状态既不是 CURRENT，也不是 ACTIVE。否则，需要执行强制日志切换才能删除。其次，还要保证这个日志文件删除后，数据库至少仍有两组日志文件，并且每组中至少各有一个日志文件成员。

例如，下面语句删除第 1 组中的一个重做日志成员。

```
ALTER DATABASE
```

```
DROP LOGFILE MEMBER 'F:\Oracle\orcl\redo01-3.log';
```

调用上面语句删除重做日志成员时，它只能从数据库中删除该重做日志文件，也就是更新数据库的控制文件，删除其中记录的该重做日志文件信息。而并没有从操作系统的文件系统中删除该文件，要删除该文件，只能调用操作系统命令删除它。

如果要删除的重做日志文件是重做日志文件组中的最后一个成员，则不能调用上面语句删除，而只能采用下面将要介绍的方法，删除重做日志文件成员及其所在组。

6. 删除重做日志文件组

删除重做日志文件组时，要考虑以下限制。

- 一个实例至少需要两个重做日志文件组。
- 只有当重做日志文件组处于 INACTIVE 状态时才能删除。要删除当前日志组，需要执行强制日志切换，把它们切换为非当前重做日志组。
- 数据库启用归档模式后，在删除之前，要保证该组日志已归档。日志组是否归档完成，可以从 v$log 中查询其归档情况。

例如，下面语句删除前面添加的组编号为 6 的重做日志。

```
ALTER DATABASE DROP LOGFILE GROUP 6;
```

同样，在调用上面语句删除日志组时，只是从数据库的控制文件中删除相应的日志组信息，该组成员对应的操作系统文件仍保留不变，要删除它们，需要从操作系统中删除。

以上重做日志文件组和成员的管理操作在 OEM 中也可以实现，单击图 5-2 中的 创建、编辑、查看 和 删除 按钮，即可新建、编辑、查看和删除重做日志文件组。单击图 5-3 中的 编辑 按钮可以添加和删除重做日志文件成员。图形界面操作较为简单，这里不再给出拷屏图。

7. 清空重做日志文件内容

数据库打开期间，重做日志文件可能出现损坏，这样就无法归档而最终会导致数据库操作停止。在这种情况下，不用关闭数据库，只要执行 ALTER DATABASE CLEAR LOGFILE 语句重新初始化该文件，即可恢复数据库的操作。

例如，下面语句清空组编号为 4 的重做日志文件中的内容。

```
SYS@orcl > ALTER DATABASE CLEAR LOGFILE GROUP 4;
```

数据库已更改。

但是，如果损坏的重做日志文件还没有归档，则可以在该语句中使用 UNARCHIVED 关键字，指出不需要归档，否则会导致语句执行失败。例如：

```
ALTER DATABASE CLEAR UNARCHIVED LOGFILE GROUP 4;
```

这样在清空重做日志文件时避免 Oracle 对它们进行归档。

如果在清空重做日志文件时没有对它进行归档，执行后应立即对数据库做完整备份，因为这会导致重做日志不连续，以后无法使用它们完整恢复数据库。

5.3　管理归档重做日志

归档重做日志管理涉及设置 Oracle 数据库的归档日志位置、归档日志文件的命名方法、设置归档进程数量等。

5.3.1　设置归档位置

在管理归档日志时，需要指定日志文件的归档位置。Oracle 可以将重做日志归档到一个或多个位置，归档位置既可以是本地文件系统、Oracle 数据库的快速恢复区，也可以是 Oracle ASM 磁盘组或者是远程 Oracle 数据库（备用数据库）。

Oracle 重做日志的归档位置由初始化参数指定，DBA 可以在创建数据库时设置相应的初始化参数，规划好归档位置，也可以在数据库运行期间使用 ALTER SYSTEM 语句动态修改初始化参数值，改变日志的归档位置。但这样修改初始化参数后，只有在下一次日志切换时才改变归档位置。

与指定归档位置相关的初始化参数包括以下两组。

- LOG_ARCHIVE_DEST、LOG_ARCHIVE_DUPLEX_DEST：这两个参数指定的归档位置只能是本地文件系统。当需要指定的归档位置不多于两个时可使用 LOG_ARCHIVE_DEST 参数指定主归档位置，再选用 LOG_ARCHIVE_DUPLEX_DEST 参数指定另一个辅助位置，但后者是可选项。例如：

```
ALTER SYSTEM
    SET LOG_ARCHIVE_DEST = 'd:\oracle\oradata\archive';
ALTER SYSTEM
    SET LOG_ARCHIVE_DUPLEX_DEST = 'F:\oracle\archive';
```

- LOG_ARCHIVE_DEST_n：n 的取值是 1～31 的整数。其中 n 取 1～10 的整数时，用于指定本地或远程归档位置，n 取 11～31 的整数时，只能用于指定远程归档位置。使用 LOG_ARCHIVE_DEST_n 参数时，需要使用 LOCATION 或 SERVICE 关键字指定归档位置，它们的设置方法如表 5-3 所示。

表 5-3　　　　　　　　用 LOCATION 和 SERVICE 指定归档位置

关键字	归档位置	说　　明
LOCATION	本地文件系统	用 LOCATION 指定一个有效的路径作为归档位置。例如 `ALTER SYSTEM SET LOG_ARCHIVE_DEST_1 = 'LOCATION=F:\oracle\archive';`
	ORACLE ASM 磁盘组	用 LOCATION 指定一个 Oracle ASM 磁盘组作为归档位置。例如 `ALTER SYSTEM SET LOG_ARCHIVE_DEST_2 = 'LOCATION=+DGROUP1';`
	快速恢复区	用 LOCATION 指定快速恢复区作为归档位置，这时其取值为 USE_DB_RECOVERY_FILE_DEST。例如 `ALTER SYSTEM SET LOG_ARCHIVE_DEST_3 = 'LOCATION=USE_DB_RECOVERY_FILE_DEST';`
SERVICE	远程 Oracle 数据库	SERVICE 通过一个 Oracle 网络服务名指向远程 Oracle 数据库作为归档位置。例如 `ALTER SYSTEM SET LOG_ARCHIVE_DEST_4 = 'SERVICE=mystandby';`

需要注意的是，在设置归档位置时可以选择使用以上两组初始化参数中的任一组，但不能混合使用它们，否则将导致错误。例如，下面语句使用第 2 组参数成功设置归档位置：

```
SYS@orcl > ALTER SYSTEM
    2        SET LOG_ARCHIVE_DEST_1 = 'LOCATION=F:\oracle\archive';

系统已更改。
```

但此后，如果再执行下面语句，混合使用第 1 组参数设置归档位置就会产生错误：

```
SYS@orcl > ALTER SYSTEM
    2        SET LOG_ARCHIVE_DEST = 'd:\oracle\oradata\archive';
ALTER SYSTEM
```

*

第 1 行出现错误：

ORA-02097：**无法修改参数，因为指定的值无效**

ORA-16018：**无法将** LOG_ARCHIVE_DEST 与 LOG_ARCHIVE_DEST_n 或

DB_RECOVERY_FILE_DEST 一起使用

5.3.2　设置归档日志文件命名格式

设置归档日志文件命名格式的目的是为了保证 ARC*n* 在归档时能给每个文件以唯一的文件名。归档日志文件的命名格式也是通过初始化参数设置，该参数是 log_archive_format。与设置日志文件归档位置参数不同的是，log_archive_format 参数具有默认值： ARC%S_%R.%T，这样可以保证各个归档日志文件名称的唯一性。

在 log_archive_format 参数默认值中，%S 表示在归档日志文件名包含日志序列号，%R 表示包含重置日志编号（RESETLOGS），%T 是包含线程编号。其中的 S、R、T 大写表示这 3 部分的数据长度是固定的，如果各部分对应的数据长度达不到指定长度的要求，则在其前面填充 0；如果使用小写，则不会把这 3 部分数据填充到固定长度。

例如，下面语句修改 spfile 中 log_archive_format 参数的值。由于该参数不可动态修改，所以只能修改该参数在初始化参数文件中的值，修改后需要重新启动数据库实例才能生效。

```
ALTER SYSTEM
    SET LOG_ARCHIVE_FORMAT = '%R_%T_%S.arc' SCOPE=SPFILE;
```

5.3.3　调整归档进程数量

初始化参数 LOG_ARCHIVE_MAX_PROCESSES 决定 Oracle 实例中启动的归档进程（ARC*n*）数量。在 Oracle Database 11.2 版本中，该参数的默认值是 4，所以实例启动时会启动 4 个归档进程。在归档过程中，如果现已启动的归档进程满足不了重做日志文件归档的要求，Oracle 会自动启动额外的归档进程。所以，通常情况下，我们不需要修改该参数的默认值。

数据库运行中启动额外的归档进程不可避免地会存在一定的开销，要避免这种开销，可以设置初始化参数 LOG_ARCHIVE_MAX_PROCESSES。该参数的有效取值范围是 1～30 的整数，也就是说最多可以启动 30 个归档进程。LOG_ARCHIVE_MAX_PROCESSES 参数是动态参数，所以用 ALTER SYSTEM 语句即可调整当前运行的归档进程数量。例如，下面语句把归档进程数量调整为 5。

```
ALTER SYSTEM SET LOG_ARCHIVE_MAX_PROCESSES = 5;
```

5.3.4　改变归档模式

要改变归档模式，数据库首先必须处在 MOUNT 状态，之后执行下面 3 条语句可分别把数据库转为非归档模式、自动归档模式和手工归档模式：

```
ALTER DATABASE NOARCHIVELOG;
ALTER DATABASE ARCHIVELOG;
ALTER DATABASE ARCHIVELOG MANUAL;
```

1. 启用归档模式

orcl 数据库当前处于非归档模式，下面以它为例，说明如何把数据库从非归档模式改为自动归档模式。

（1）在数据库运行期间，以 sysdba 身份连接到数据库，修改初始化参数，指定归档位置和归档日志文件的命名方法：

```
ALTER SYSTEM
    SET LOG_ARCHIVE_DEST = 'd:\oracle\oradata\archive';
ALTER SYSTEM
    SET LOG_ARCHIVE_DUPLEX_DEST = 'F:\oracle\archive';
ALTER SYSTEM
    SET LOG_ARCHIVE_FORMAT = '%R_%T_%S.arc' SCOPE=SPFILE;
```

（2）关闭数据库：

```
SHUTDOWN IMMEDIATE
```

（3）把数据库重新启动到 MOUNT 状态：

```
STARTUP MOUNT
```

（4）把数据库修改为自动归档模式：

```
ALTER DATABASE ARCHIVELOG;
```

（5）打开数据库，供用户访问：

```
ALTER DATABASE OPEN;
```

这时在 SQL*Plus 内再次执行 archive log list 命令可以检查以上修改结果：

```
SYS@orcl > archive log list
数据库日志模式   存档模式
自动存档   启用
存档终点   F:\oracle\archive
最早的联机日志序列   301
下一个存档日志序列   304
当前日志序列   304
```

这说明数据库已经运行在自动归档模式，归档位置为 F:\oracle\archive，这是我们所设置的辅归档位置。

最后，执行下面语句，强制进行日志切换，以检查日志文件是否能够正确归档：

```
ALTER SYSTEM SWITCH LOGFILE;
```

切换之后用资源管理器查看归档位置路径，从图 5-4 可以看出，日志文件已自动归档到指定的归档位置，归档日志文件的名称也符合前面设置的命名格式。用同样的方法还可以检查主归档位置（d:\oracle\oradata\archive）中日志文件的归档情况。

图 5-4　归档日志文件

在归档模式下，在日志切换后填充过的重做日志组即可立即用于归档，只有在重做日志组归档完成之后 LGWR 才能重新使用它们。数据库运行在归档模式具有以下优点：

- 无论出现实例故障还是介质失败，利用数据库备份，以及联机和归档重做日志文件能够确保恢复所有已提交的事务；

- 能够在数据库打开和正常使用的情况下进行备份；
- 将归档日志应用到备用数据库，可以使其与原数据库保持同步。

2．转为非归档模式

在 SQL*Plus 内以管理员权限登录后，再执行以下步骤，可以将数据库由归档模式转为非归档模式。

（1）关闭数据库：

```
SHUTDOWN IMMEDIATE
```

（2）把数据库重新启动到 MOUNT 状态：

```
STARTUP MOUNT
```

（3）把数据库修改为非归档模式：

```
ALTER DATABASE NOARCHIVELOG;
```

（4）打开数据库，供用户访问：

```
ALTER DATABASE OPEN;
```

在非归档模式下，在日志切换后，当重做日志组的状态变为 INACTIVE 后，它们即可为 LGWR 重新使用。

非归档模式下，只要重做日志文件完好，在实例出现故障时能够实现实例恢复。但在出现介质失败时，则只能使用最近一次所做的数据库完整备份把数据库恢复到备份时的状态，由于没有归档日志，所以最近一次完整备份后所提交的事务无法恢复。除此之外，在非归档模式下，也不能执行联机表空间备份。因此，在实际生产环境中，应使用归档模式。

5.3.5　查新归档重做日志相关的信息

Oracle 数据库动态性能视图为我们查询归档重做日志相关信息提供了一个接口。与此相关的动态性能视图如表 5-4 所示。

表 5-4　　　　　　　　　　　　　　与归档重做日志相关的视图

视　图	描　述
V$DATABASE	其 log_mode 列值说明数据库运行模式：ARCHIVELOG（自动归档模式）、NOARCHIVELOG（非归档模式）、MANUAL（手工归档模式）
V$ARCHIVE_PROCESSES	显示实例中各归档进程的状态信息
V$ARCHIVED_LOG	显示历史归档日志信息，该信息取自数据库的控制文件
V$ARCHIVE_DEST	显示当前实例的所有归档目标位置，及它们的当前值、模式、状态等
V$LOG	显示数据库的所有重做日志组，指出哪些需要归档

【例 1】　查询 V$DATABASE，了解数据库当前模式。

```
SYS@orcl > SELECT log_mode FROM v$database;

LOG_MODE
------------
ARCHIVELOG
```

【例 2】　下面语句从 V$ARCHIVE_PROCESSES 视图查询数据库的归档进程信息。从检索结果可以看出，该数据库实例最多可启动 30 个归档进程，目前只启动了 5 个归档进程（这与我们前面的设置相同），它们当前均处于空闲状态。

```
SYS@orcl > SELECT * from V$ARCHIVE_PROCESSES;
```

```
         PROCESS    STATUS          LOG_SEQUENCE  STAT
         ---------  ----------      ------------  ----
               0    ACTIVE                     0  IDLE
               1    ACTIVE                     0  IDLE
               2    ACTIVE                     0  IDLE
               3    ACTIVE                     0  IDLE
               4    ACTIVE                     0  IDLE
               5    STOPPED                    0  IDLE
               6    STOPPED                    0  IDLE
         ......
              29    STOPPED                    0  IDLE
```

已选择 30 行。

【例 3】 下面语句从 V$ARCHIVED_LOG 视图查询数据库的归档日志文件名称、重做日志序列号，以及每次归档的完成时间等信息。从检索结果可以看出，重做日志每次归档到两个位置，这与我们前面归档位置的设置一致。

```
SYS@orcl > SELECT name,sequence#,completion_time FROM V$ARCHIVED_LOG;

NAME                                                         SEQUENCE#  COMPLETION_TIME
--------------------------------------------------------- ------  --------------
D:\ORACLE\ORADATA\ARCHIVE\0782907304_0001_0000000303.ARC        303  18-9月 -12
F:\ORACLE\ARCHIVE\0782907304_0001_0000000303.ARC                303  18-9月 -12
D:\ORACLE\ORADATA\ARCHIVE\0782907304_0001_0000000304.ARC        304  18-9月 -12
F:\ORACLE\ARCHIVE\0782907304_0001_0000000304.ARC                304  18-9月 -12
D:\ORACLE\ORADATA\ARCHIVE\0782907304_0001_0000000305.ARC        305  21-9月 -12
F:\ORACLE\ARCHIVE\0782907304_0001_0000000305.ARC                305  21-9月 -12
D:\ORACLE\ORADATA\ARCHIVE\0782907304_0001_0000000306.ARC        306  21-9月 -12
F:\ORACLE\ARCHIVE\0782907304_0001_0000000306.ARC                306  21-9月 -12
```

已选择 42 行。

【例 4】 下面语句从 V$ARCHIVE_DEST 视图查询数据库归档位置设置。从检索结果可以看出，目前设置了两个日志归档位置。

```
SYS@orcl > SELECT dest_id,dest_name,destination FROM V$ARCHIVE_DEST;

      DEST_ID    DEST_NAME              DESTINATION
      ---------- --------------------  ----------------------------
             1    LOG_ARCHIVE_DEST_1   d:\oracle\oradata\archive
             2    LOG_ARCHIVE_DEST_2   F:\oracle\archive
             3    LOG_ARCHIVE_DEST_3
             4    LOG_ARCHIVE_DEST_4
             5    LOG_ARCHIVE_DEST_5
      ......
            31    LOG_ARCHIVE_DEST_31
```

已选择 31 行。

【例 5】 下面语句从 V$LOG 视图查询数据库各组重做日志文件的状态，以及它们的归档情况。从检索结果可以看出，第 1 组重做日志是当前重做日志组，还没有归档，其余各组均已完成归档。

```
SYS@orcl > SELECT group#, archived, status FROM v$log;

      GROUP#    ARC    STATUS
```

```
---------  ---  ----------------
    1  NO    CURRENT
    2  YES   INACTIVE
    3  YES   ACTIVE
    4  YES   INACTIVE
```

本章小结

本章介绍了 Oracle 数据库中的联机重做日志文件管理和归档日志管理。

重做日志记录对数据库所做的所有修改，同时还保护还原数据。Oracle 数据库产生的重做日志首先放在日志缓冲区内，日志缓冲区的大小由初始化参数 log_buffer 指定。之后，后台进程 LGWR 把日志缓冲区内的重做日志写入联机重做日志文件。

当发生日志文件切换时，如果数据库运行在归档模式下，联机重做日志文件内填充的重做日志将被归档到归档日志文件保存。

本章还介绍了联机重做日志文件组和成员的添加、删除操作，以及数据库归档模式与非归档模式之间的切换、归档重做日志的管理等内容。

习　题

一、选择题

1. Oracle 数据库重做日志由（　　）后台进程写入联机重做日志文件。
   A. DBWR　　　　　　　　B. LGWR
   C. ARCn　　　　　　　　D. SMON

2. 重做日志缓冲区中的重做日志在（　　）会被写入重做日志文件。
   A. 事务提交时
   B. 重做日志缓冲区达到三分之一满，或者日志缓冲区内的日志量超过 1MB 时
   C. 每 3s 过后
   D. 检查点发生时

3. 改变 Oracle 数据库归档模式时，需要把数据库启动到（　　）状态。
   A. NOMOUNT　　　B. MOUNT　　　C. OPEN　　　D. CLOSE

二、简答题

请简述 Oracle 数据库重做日志从产生到归档的过程。

三、实训题

1. 练习把 Oracle 数据库从非归档模式修改为归档模式，之后创造条件让数据库立即归档，并检查归档是否成功。

2. 查看数据库当前重做日志文件组及成员的设置情况，之后为 Oracle 数据库添加一组重做日志。

3. 在上面操作的基础上，为刚添加的那组重做日志添加一个日志成员，实现重做日志的多路存储。

第6章
表空间与数据文件

从逻辑上来讲，Oracle 把数据存放在表空间里，而从物理上来讲，这些数据实际存放在数据文件内。本章介绍 Oracle 数据库表空间、数据文件管理方法及其还原管理。

6.1 管理永久表空间

每个 Oracle 数据库由一个或多个表空间组成，但每个表空间只能属于一个数据库，Oracle 数据库中使用表空间能够更灵活地管理数据存储。

6.1.1 表空间的分类

Oracle 数据库表空间可以划分为以下 3 类。

- 永久表空间：存储数据字典数据和用户数据，如第 1 章中创建 orcl 数据库时创建的 SYSTEM、SYSAUX、USERS 表空间均属于永久表空间。
- 临时表空间：用于存储会话的中间排序结果、临时表和索引等。创建 orcl 数据库时创建的 TEMP 表空间就是临时表空间。
- 还原表空间：这是一种特殊类型的表空间，其中存储的数据专门用于回滚或还原操作，为数据库提供读一致性支持。创建 orcl 数据库时创建的 UNDOTBS1 表空间就是一个还原表空间。

SYSTEM 和 SYSAUX 是两个特殊的永久表空间，每个 Oracle 数据库必须具有这两个表空间。SYSTEM 表空间用于管理数据库，它存储 SYS 用户拥有的以下信息：

- 数据字典；
- 包含关于数据库管理信息的表和视图；
- 编译后的存储对象，如触发器、存储过程和包。

由于 SYSTEM 表空间主要用于管理数据库，所以不能对它执行重命名、删除、脱机等操作。

SYSAUX 表空间是 SYSTEM 表空间的辅助表空间，该表空间从 Oracle Database 10g 才引入，它集中存储 SYSTEM 表空间内未包含的数据库元数据，一些数据库组件（如 Oracle Enterprise Manager 和 Oracle Streams 等）使用 SYSAUX 表空间作为它们的默认存储位置。在数据库正常运行期间，不允许删除或重命名 SYSAUX 表空间。

6.1.2 创建表空间

创建表空间可以采用 Oracle 企业管理器（OEM），也可以调用 SQL 语句。在启动 Oracle 企业管理器（OEM），并以管理员身份成功登录后，单击服务器选项卡下的表空间链接，即可看到数据库目前的表空间信息，如图 6-1 所示。单击其中的 创建 、 编辑 、 查看 、 删除 按钮，即可新建、编辑、检索和删除表空间。单击其中的表空间名称，转到相应的表空间页面（见图 6-2，图中显示的是 USERS 表空间），在其中可以查看该表空间的相关信息，以及执行添加、删除表空间数据文件等操作。这些图形界面操作相对简单，本章接下来不再介绍这些内容，而主要介绍相应的 SQL 语句操作。

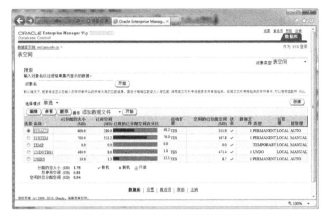

图 6-1　OEM 中的表空间操作页面

图 6-2　USERS 表空间

Oracle 数据库中有两组语句可以创建表空间。

* CREATE DATABASE：正如我们在第 1 章创建数据库 orcl 时所看到的，CREATE DATABASE 语句在创建数据库时创建了 SYSTEM 和 SYSAUX 两个永久表空间、一个临时表空间 TEMP 和一个还原表空间 UNDOTBS1。

* CREATE TABLESPACE、CREATE TEMPORARY TABLESPACE、CREATE UNDO TABLESPACE：在数据库创建之后，调用这些语句可分别为数据库创建永久表空间、临时表空间和还原表空间。

需要注意的是，在调用这些语句创建表空间之前，首先必须使用操作系统命令创建存储数据文件所使用的目录结构，因为这些语句只能为表空间创建指定的数据文件，而不能在文件系统内创建目录结构。

CREATE TABLESPACE 语句的语法格式为

```
CREATE [BIGFILE | SMALLFILE] TABLESPACE 表空间名
    [DATAFILE 数据文件定义 [, 数据文件定义...] ]
    [BLOCKSIZE 整数 [K] ]
    [LOGGING | NOLOGGING ]
```

```
[FORCE LOGGING ]
[ONLINE | OFFLINE ]
[ 区存储管理子句 ]
[ 段空间管理子句 ];
```

其中各选项的作用如下。

- BIGFILE | SMALLFILE：指出所创建的表空间是 BIGFILE 表空间，还是 SMALLFILE 表空间。每个 BIGFILE 表空间只能包含一个数据文件，它最多可容纳大约 4G（2^{32}）个数据块，当表空间数据块大小是 8KB 时，该表空间的存储容量可达 32TB。BIGFILE 表空间的区不能采用字典管理方式。而 SMALLFILE 表空间是传统的 Oracle 表空间，它最多可以包含 1022 个数据文件，每个数据文件可容纳 4M（2^{22}）个数据块。省略该选项时，默认创建的表空间为 SMALLFILE 类型表空间。

- DATAFILE 数据文件定义：该子句中的数据文件定义部分给出所创建表空间的数据文件说明。

- BLOCKSIZE 整数 [K]：该子句指出表空间采用非标准数据块，其中的整数指出所使用的非标准数据块大小是多少 KB。

- LOGGING | NOLOGGING：指出该表空间内所有表、索引、分区、物化视图、物化视图日志等的日志属性。LOGGING 要求把数据库对象的创建及操作日志写入重做日志文件中，这是默认设置。NOLOGGING 则要求对数据库对象的操作不写入重做日志文件，没有重做日志，也就不可能进行介质恢复，但这样可以改善性能。表空间一级的日志属性可以被数据库对象级的日志属性所改写。

- FORCE LOGGING：使表空间处于强制日志模式。这时 Oracle 数据库将忽略 LOGGING | NOLOGGING 设置，而把该表空间内所有对象上的所有修改全部记录到重做日志文件中。

- ONLINE | OFFLINE：指出表空间创建之后是处于 ONLINE（联机）状态还是 OFFLINE（脱机）状态。省略该选项时，创建的表空间将处于联机状态。

- 区存储管理子句：指出怎样管理表空间内区（extent）的分配。

- 段空间管理子句：指出怎样记录表空间中各个段内存储空间的使用情况。

CREATE TABLESPACE 语句内的以上各子句均为选项，所以可以全部省略。

下面回顾一下 1.4.2 小节中创建 USERS 表空间时所调用的 SQL 语句：

```
CREATE TABLESPACE USERS
  DATAFILE 'D:\oracle\oradata\orcl\users01.dbf' SIZE 5M REUSE
  AUTOEXTEND ON NEXT  1280K MAXSIZE UNLIMITED;
```

该语句创建的 USERS 表空间是一个 SMALLFILE 类型的表空间，它由一个数据文件组成，文件的初始大小是 5MB。其中的 REUSE 选项说明在创建表空间时，如果该文件已经存在，则覆盖它。如果该文件已经存在，但在 DATAFILE 子句中未使用 REUSE 选项，将导致语句执行失败。AUTOEXTEND ON 选项说明在数据文件存储空间用完时允许 Oracle 自动扩展数据文件的大小。NEXT 选项指出数据文件每次扩展 1280KB。MAXSIZE UNLIMITED 说明该数据文件大小扩展不受限制，但实际中数据文件的扩展受到磁盘空间和单个文件最大容量的限制。

6.1.3　区分配管理

Oracle 数据库表空间内存储空间分配的最小单位是区，区是由连续数据块组成的。默认情况下，在创建数据段时 Oracle 数据库为它分配初始区（initial extent）。随着数据段内数据的填充，当分配的初始区空间用尽之后，Oracle 自动为该段分配增量区（incremental extent）。

Oracle 数据库可以采用以下两种方法管理表空间内区的分配情况。

- 字典管理：字典管理指把表空间内的区分配信息集中记录在数据库的数据字典中。
- 本地管理：本地管理指在各个表空间自身内用位图记录其中所有区的分配信息。

与字典管理表空间把区分配信息集中记录在 SYSTEM 表空间的数据字典内相比,本地管理表空间的区分配信息分散记录在各个表空间的位图内,这样可以降低对 SYSTEM 表空间的并发访问,减少 I/O 争用,提高性能,并且不需要合并空闲区碎片。所以 Oracle 建议用户创建的表空间应尽量采用本地管理表空间。

CREATE TABLESPACE 语句内区存储管理子句的语法格式如下:

```
EXTENT MANAGEMENT {DICTIONARY |
    LOCAL [AUTOALLOCATE | UNIFORM [SIZE n[K|M|G|T|P|E]]]}
```

DICTIONARY 指出创建字典管理表空间,而 LOCAL 则说明创建本地管理表空间。对于本地管理表空间,区的分配类型有以下两种。

- AUTOALLOCATE:自动分配,让 Oracle 数据库自动管理每次分配的区大小,这是默认设置。采用这种分配类型时,每次所分配区的最小尺寸是 64K。
- UNIFORM:每次所分配区的大小限制为 SIZE 子句指定的统一尺寸。如果省略 SIZE 子句,则其默认大小为 1M。

选择正确的区分配类型有利于提高表空间内空间的利用效率。如果需要准确控制未用空间,并且能够准确预测需要分配给对象的空间,以及区的大小和数量,则可使用 UNIFORM 选项,这样可以保证表空间内空间的利用效率。否则请使用 AUTOALLOCATE 选项简化表空间管理。

例如,下面语句分别创建 DEMOA 和 DEMOB 两个本地管理表空间,它们各包含一个数据文件,前者让系统自动选择所分配的区大小,后者将每次分配的区大小统一限制为 128K。

```
CREATE TABLESPACE DEMOA
    DATAFILE 'D:\oracle\oradata\orcl\demoA01.dbf' SIZE 20M
    EXTENT MANAGEMENT LOCAL AUTOALLOCATE;

CREATE TABLESPACE DEMOB
    DATAFILE 'D:\oracle\oradata\orcl\demoB01.dbf' SIZE 20M
    EXTENT MANAGEMENT LOCAL UNIFORM SIZE 128K;
```

Oracle 数据库内的所有表空间均可采用本地管理方式。但当 SYSTEM 表空间采用本地管理方式时,则不能在该数据库上创建字典管理表空间。然而,如果在调用 CREATE DATABASE 语句创建数据库时接收默认设置,没有指定 SYSTEM 表空间的区管理方式,那么它将采用字典管理方式,所以我们在第 1 章调用 CREATE DATABASE 语句创建 orcl 数据库时,使用了 EXTENT MANAGEMENT LOCAL 子句,指出 SYSTEM 表空间采用本地管理方式。但在默认情况下,Oracle 数据库把新创建的所有用户表空间均设置为本地管理表空间。

6.1.4　段空间管理

在本地管理永久表空间中,可以采用自动和手工两种方式管理段空间,这由 CREATE TABLESPACE 语句内的段空间管理子句设置,该子句的语法格式为

```
SEGMENT SPACE MANAGEMENT {AUTO | MANUAL}
```

采用 AUTO(自动)段空间管理方式时,Oracle 数据库用位图方式管理表空间段内的空闲空间,这是默认设置。而采用 MANUAL(手工)段空间管理方式时,数据库将用空闲列表方式管理表空间段内的空闲空间。

需要注意的是,只有在创建本地管理永久表空间时才能使用段空间管理子句,但创建 SYSTEM 表空间时不能使用该子句。

例如,下面语句分别创建两个本地管理表空间 DEMOC 和 DEMOD,前者采用自动段空间管理,后者采用手工段空间管理。

```
CREATE TABLESPACE DEMOC
DATAFILE 'D:\oracle\oradata\orcl\demoC01.dbf' SIZE 20M
EXTENT MANAGEMENT LOCAL AUTOALLOCATE
SEGMENT SPACE MANAGEMENT AUTO;

CREATE TABLESPACE DEMOD
DATAFILE 'D:\oracle\oradata\orcl\demoD01.dbf' SIZE 20M
EXTENT MANAGEMENT LOCAL AUTOALLOCATE
SEGMENT SPACE MANAGEMENT MANUAL;
```

6.1.5 数据块大小与数据缓冲区设置

Oracle 数据库表空间的数据块大小可以是 2KB、4KB、8KB、16KB 和 32KB 5 种，数据库初始化参数 db_block_size 定义的数据块大小为数据库的标准数据块大小。在创建表空间时使用 BLOCKSIZE 子句可以让新建表空间使用不同于标准数据块的其他数据块大小。表空间使用非标准数据块大小主要基于以下原因：

（1）便于在数据库之间传输表空间；

（2）减少块链接，提高数据库的查询性能。

创建非标准数据块表空间时，首先要通过初始化参数 db_nk_cache_size 为非标准数据块设置数据缓冲区。例如，如果打算创建数据块大小为 16KB 的非标准数据库表空间，则首先要设置初始化参数 db_16k_cache_size，为这种尺寸的数据块建立缓冲区：

ALTER SYSTEM SET db_16k_cache_size = 40M;

之后，才能执行下面语句，创建相应的表空间：

CREATE TABLESPACE DEMOE
    DATAFILE 'D:\oracle\oradata\orcl\demoE01.dbf' SIZE 20M
    BLOCKSIZE 16K;

6.1.6 改变表空间的可用性

1. 脱机表空间

在数据库打开状态下，可以改变表空间的可用性，也就是能够把表空间从联机状态转到脱机状态，也可以把它从脱机状态转为联机状态。在数据库运行过程中，常遇到一些情况需要脱机表空间，例如：

- 重命名或者移动表空间的数据文件；
- 执行脱机表空间备份；
- 在升级或维护应用程序过程中临时关闭其对应的表空间。

脱机表空间只使数据库的部分数据不可用，但不影响用户对数据库其余部分的访问。在一个数据库内，其 SYSTEM 表空间、临时表空间和还原表空间不能脱机。

ALTER TABLESPACE 语句用于脱机表空间，其语法格式为

```
ALTER TABLESPACE 表空间名 OFFLINE
    [ NORMAL | TEMPORARY | IMMEDIATE ];
```

该语句的 3 个选项说明如下。

- NORMAL：正常方式脱机，脱机前对表空间内的所有数据文件执行检查点，并检查所有数据文件成功写入后才能成功脱机。采用这种方法成功脱机后，表空间下次联机时不需要做介质恢复。该选项是默认设置。
- TEMPORARY：临时方式脱机。脱机前执行检查点，但不检查数据文件是否成功写入。

采用这种方式脱机表空间时，如果所有数据文件成功写入，以后联机表空间时不需要做介质恢复，否则在联机表空间之前需要对写入失败而脱机的数据文件做介质恢复。

- IMMEDIATE：立即方式脱机。数据库不会在数据文件上执行检查点，更不检查数据文件。采用这种方式脱机的表空间在下次联机时需要对数据文件做介质恢复，所以，如果数据库运行在 NOARCHIVELOG 模式，就不能以这种方式脱机表空间。

在脱机表空间时应尽量采用 NORMAL 方式，只有当 NORMAL 方式无法"干净"脱机时再以 TEMPORARY 方式脱机表空间。也只有当表空间无法以 NORMAL 和 TEMPORARY 方式脱机时，迫不得已才采用 IMMEDIATE 方式脱机。

例如，下面语句以 NORMAL 方式脱机表空间 DEMOA。

```
SYS@orcl > ALTER TABLESPACE DEMOA OFFLINE;
```

表空间已更改。

2. 联机表空间

联机表空间所使用的 SQL 语句也是 ALTER TABLESPACE，其语法格式为

```
ALTER TABLESPACE 表空间名 ONLINE
```

例如，下面语句使上面脱机的表空间 DEMOA 重新联机。

```
SYS@orcl > ALTER TABLESPACE DEMOA ONLINE;
```

表空间已更改。

如果表空间"干净"脱机（也就是以 NORMAL 方式脱机），则在数据库打开状态下可以直接使其联机。否则需要对存在问题的数据文件先做介质恢复，之后才能联机表空间。

例如，下面语句采用 IMMEDAITE 方式再次脱机 DEMOA 表空间，由于在脱机时没有"干净"脱机，所以在其后如果不对该表空间的数据文件做介质恢复就无法使其联机。

```
SYS@orcl > ALTER TABLESPACE DEMOA OFFLINE IMMEDIATE;
```

表空间已更改。

```
SYS@orcl > ALTER TABLESPACE DEMOA ONLINE;
ALTER TABLESPACE DEMOA ONLINE
*
```

第 1 行出现错误：

ORA-01113: 文件 5 需要介质恢复

ORA-01110: 数据文件 5: 'D:\ORACLE\ORADATA\ORCL\DEMOA01.DBF'

这时应首先对该表空间的数据文件做介质恢复，之后才能联机表空间。由于在上面的错误消息中给出了需要做介质恢复的数据文件名称，及其绝对文件号，所以我们在下面的语句中可以直接使用该编号指定需要恢复的文件，以简化书写。

```
SYS@orcl > RECOVER DATAFILE 5;
完成介质恢复。
SYS@orcl > ALTER TABLESPACE DEMOA ONLINE;
```

表空间已更改。

需要注意的是，在上面的 RECOVER DATAFILE 语句中，既可以使用数据文件编号，也可以使用数据文件名称指出需要恢复的数据文件。它与下面语句的效果完全一样：

```
RECOVER DATAFILE 'D:\ORACLE\ORADATA\ORCL\DEMOA01.DBF';
```

6.1.7 设置表空间的读写属性

数据库表空间通常处于读写状态，但使用只读表空间可以限制对表空间内数据文件的修改操作，有助于保护历史数据；同时还能够消除数据库操作过程中对大量静态数据的备份操作，减轻管理工作。

改变数据库表空间读写状态所使用的 SQL 语句也是 ALTER TABLESPACE，其语法格式为

```
ALTER TABLESPACE 表空间名 { READ ONLY | READ WRITE };
```

其中，READ ONLY 选项将表空间修改为只读表空间，READ WRITE 选项将只读表空间修改为可读写表空间。

例如，下面语句使表空间 DEMOA 设置为只读表空间。

```
SYS@orcl > ALTER TABLESPACE DEMOA READ ONLY;
```

表空间已更改。

调用 ALTER TABLESPACE … READ ONLY 语句后，表空间处于过渡只读状态。此之前在该表空间上已开始执行的事务仍可对该表空间做进一步的修改，等到这些事务结束（COMMIT 或 ROLLBACK），表空间就转为只读状态。但调用该语句之后将禁止所有新的事务在该表空间上做修改。

处于只读状态下的表空间，不能在其中创建对象，也不能修改其中对象内的数据，但可以删除其中的对象，如表或索引等。因为删除操作修改的是这些对象的数据定义，所以只需修改 SYSTEM 表空间内的数据字典，而不会更改只读表空间内的数据文件。

调用 ALTER TABLESPACE … READ WRITE 语句，可将处于只读状态的表空间修改为读写状态。例如，下面语句把只读表空间 DEMOA 修改为读写状态。

```
SYS@orcl > ALTER TABLESPACE DEMOA READ WRITE;
```

表空间已更改。

6.1.8 重命名和删除表空间

1. 重命名表空间

表空间创建后，使用 ALTER TABLESPACE 语句的 RENAME TO 子句可以重命名表空间。例如，下面语句把前面创建的 DEMOA 表空间重命名为 DEMOTS。

```
SYS@orcl > ALTER TABLESPACE DEMOA RENAME TO DEMOTS;
```

表空间已更改。

重命名表空间时，Oracle 数据库会自动更新数据字典、控制文件和数据文件头部对该表空间名称的所有引用。重命名表空间只会改变表空间的名称，不会改变表空间的 ID（标识号），因此也不会改变用户默认表空间的设置。

调用以上语句重命名表空间需要注意的是：

- SYSTEM 和 SYSAUX 表空间不能重命名；
- 如果表空间或者其中的任何一个数据文件已脱机，则不能重命名该表空间；
- 重命名只读表空间时，由于数据文件头无法更新，所以只能更新数据字典和控制文件。这不会导致重命名语句执行失败，但 Oracle 会在数据库警告日志文件内写入一条警告消息，说明数据文件头没有更新。

例如，执行下面语句将 DEMOE 修改为只读表空间，之后将该只读表空间重命名为

DEMOETS：

```
ALTER TABLESPACE DEMOE READ ONLY;
ALTER TABLESPACE DEMOE RENAME TO DEMOETS;
```

执行第 2 条语句重命名表空间后会在数据库警告日志文件尾部添加以下信息：

```
ALTER TABLESPACE DEMOE RENAME TO DEMOETS
Tablespace 'DEMOE' is renamed to 'DEMOETS'.
Tablespace name change is not propagated to file headers because the
tablespace is read only.
Completed: ALTER TABLESPACE DEMOE RENAME TO DEMOETS
```

2. 删除表空间

不再需要表空间及其中的内容时，可以调用 DROP TABLESPACE 语句删除它们。删除表空间时，其在数据库控制文件内的文件指针被删除。删除之后，表空间内的数据不能再恢复。

DROP TABLESPACE 语句的语法格式为

```
DROP TABLESPACE 表空间名
    [INCLUDING CONTENTS
       [{AND | KEEP} DATAFILES]
       [CASCADE CONSTRAINTS]
    ];
```

其中各子句的作用如下。

- INCLUDING CONTENTS：指出删除表空间内的所有内容。如果表空间不是空的（包含有任何数据库对象），在删除表空间时必须包含该子句，否则会导致语句执行失败。

- AND DATAFILES：指出在删除表空间及其中内容时，同时从操作系统中删除与该表空间相关的所有数据文件。

- KEEP DATAFILES：指出在删除表空间及其中内容时，保留与该表空间相关的所有数据文件。

- CASCADE CONSTRAINTS：如果其他表空间引用了所删除表空间中表上的主键或者唯一键，选择此项可以删除其他表空间的所有参照完整性约束。如果存在这样的参照完整性约束，而又在调用 DROP TABLESPACE 语句时省略该子句，会导致其执行失败。

例如，下面语句删除表空间 DEMOTS 及其中的内容，并将其包含的数据文件从操作系统中删除：

```
DROP TABLESPACE DEMOETS
    INCLUDING CONTENES AND DATAFILES;
```

6.1.9　设置数据库默认表空间

默认表空间分为用户的默认表空间和数据库的默认表空间两级。在创建数据库对象时，如果没有显式指定创建在哪个表空间上，该数据库对象将创建在用户的默认表空间内；如果没有定义用户的默认表空间，则将创建在数据库的默认表空间内；如果创建数据库后没有为其设置默认表空间，Oracle 将把系统表空间用作数据库的默认表空间。众所周知，由于系统表空间内存储着数据定义相关信息，所以 Oracle 建议不要把系统表空间用作默认表空间，而应该另行设置。

我们在第 1 章创建 USERS 表空间后，使用下面语句将它设置为数据库的默认表空间。

```
ALTER DATABASE DEFAULT TABLESPACE USERS;
```

调用 ALTER USER 语句可以为各个用户指定默认表空间，其语法格式为

```
ALTER USER 用户名 DEFAULT TABLESPACE 表空间名;
```

例如，下面语句将 DEMOTS 设置为 scott 用户的默认表空间。

```
ALTER USER scott DEFAULT TABLESPACE demots;
```

对于数据库的默认表空间，我们可以从数据字典 database_properties 中查询。例如：

```
SYS@orcl > SELECT property_name, property_value
    2        FROM database_properties
    3        WHERE property_name='DEFAULT_PERMANENT_TABLESPACE';

PROPERTY_NAME                        PROPERTY_VALUE
-----------------------------        -----------------------------
DEFAULT_PERMANENT_TABLESPACE         USERS
```

从该数据字典中还可以进一步查询默认表空间的文件类型。例如，下面语句的查询结果说明当前数据库的默认表空间是 SMALLFILE 文件类型。

```
SYS@orcl > SELECT property_name, property_value
    2        FROM database_properties
    3        WHERE property_name='DEFAULT_TBS_TYPE';

PROPERTY_NAME                        PROPERTY_VALUE
-----------------------------        -----------------------------
DEFAULT_TBS_TYPE                     SMALLFILE
```

而对于各个用户的默认表空间设置，则需要从数据字典 dba_users 查询。例如：

```
SYS@orcl > SELECT username, default_tablespace
    2        FROM dba_users
    3        WHERE username='SCOTT';

USERNAME                             DEFAULT_TABLESPACE
-----------------------------        -----------------------------
SCOTT                                DEMOTS
```

6.1.10　查询表空间相关的信息

Oracle 数据库的数据字典和动态性能视图为我们查询与表空间相关的信息提供了一个接口。与表空间相关的数据字典和动态性能视图如表 6-1 所示。

表 6-1　　　　　　　　　　　与表空间相关的数据字典和动态性能视图

数据字典或视图	描　　述
V$TABLESPACE	列出控制文件内记录的所有表空间的名称和编号
DBA_TABLESPACES USER_TABLESPACES	分别列出所有表空间和用户可访问表空间的信息
DBA_SEGMENTS USER_SEGMENTS	分别列出所有表空间和用户可访问表空间内的段信息
DBA_EXTENTS USER_EXTENTS	分别列出所有表空间和用户可访问表空间内的区信息
V$DATAFILE	列出表空间所包含的数据文件信息
DBA_DATA_FILES	列出表空间所包含的数据文件信息
V$TEMPFILE	列出临时表空间所包含的临时文件信息
DBA_TEMP_FILES	列出临时表空间所包含的临时文件信息
DBA_USERS	列出所有用户的默认表空间和默认临时表空间
DBA_TS_QUOTAS	列出为所有用户分配的表空间存储空间限额

【例 1】　下面语句查询 V$TABLESPACE，查看数据库各个表空间及其相应的 ID。

```
SYS@orcl > SELECT ts#, name FROM v$tablespace;

    TS#    NAME
```

```
          ----------        -------------------------------
              0          SYSTEM
              1          SYSAUX
              2          UNDOTBS1
              3          TEMP
              4          USERS
              5          DEMOTS
```

【例 2】　下面语句查询数据字典 dba_tablespaces，查看数据库内各个表空间及其类型，以及它们的区管理方式、分配类型和段空间管理方法。

```
SYS@orcl > SELECT tablespace_name, contents, extent_management,
  2             allocation_type, segment_space_management
  3       FROM dba_tablespaces;

TABLESPACE_NAME     CONTENTS      EXTENT_MAN    ALLOCATION   SEGMENT
----------------    ----------    ----------    ----------   ------
SYSTEM              PERMANENT     LOCAL         SYSTEM       MANUAL
SYSAUX              PERMANENT     LOCAL         SYSTEM       AUTO
UNDOTBS1            UNDO          LOCAL         SYSTEM       MANUAL
TEMP                TEMPORARY     LOCAL         UNIFORM      MANUAL
USERS               PERMANENT     LOCAL         SYSTEM       AUTO
DEMOTS              PERMANENT     LOCAL         SYSTEM       AUTO
```

从查询结果可以看出，当前数据库内的所有表空间采用本地管理方式，除 TEMP 表空间采用统一分配类型外，其他表空间全部采用自动分配类型。SYSAUX、USERS 和 DEMOTS 表空间的段空间管理方式为自动，其他表空间为手工管理方式。

【例 3】　下面语句从数据字典 dba_tablespaces 查询各个表空间的状态。

```
SYS@orcl > SELECT tablespace_name,status FROM dba_tablespaces;

TABLESPACE_NAME     STATUS
----------------    ----------
SYSTEM              ONLINE
SYSAUX              ONLINE
UNDOTBS1            ONLINE
TEMP                ONLINE
USERS               ONLINE
DEMOTS              ONLINE
```

dba_tablespaces 的 STATUS 列具有以下 3 种可能取值。

- ONLINE：表空间处于联机读写状态。
- READ ONLY：表空间处于联机只读状态。
- OFFLINE：表空间处于脱机状态。

检索结果说明所有表空间目前均处于联机读写状态。

【例 4】　下面语句从数据字典 dba_data_files 查询数据库永久表空间和还原表空间所包含的数据文件。

```
SYS@orcl > SELECT tablespace_name,file_name
  2       FROM dba_data_files;

TABLESPACE_NAME        FILE_NAME
--------------------   --------------------------------------------
USERS                  D:\ORACLE\ORADATA\ORCL\USERS01.DBF
UNDOTBS1               D:\ORACLE\ORADATA\ORCL\UNDOTBS01.DBF
SYSAUX                 D:\ORACLE\ORADATA\ORCL\SYSAUX01.DBF
SYSTEM                 D:\ORACLE\ORADATA\ORCL\SYSTEM01.DBF
```

DEMOTS   D:\ORACLE\ORADATA\ORCL\DEMOA01.DBF

查询数据字典 dba_data_files 只能查看数据库永久表空间和还原表空间的数据文件信息，临时表空间包含的临时文件信息存储在数据字典 dba_temp_files 内。

6.2   管理临时表空间

临时表空间主要用于存储以下数据，但我们不能要求在临时表空间内创建对象：
- 排序中间结果；
- 临时表和临时索引；
- 临时 LOB；
- 临时 B-树。

6.2.1   创建临时表空间

默认情况下，每个数据库创建时会创建一个临时表空间 TEMP，并将它设置为数据库的默认临时表空间。例如，在第 1 章调用 CREATE DATABASE 语句创建 orcl 数据库时，其中的下面子句用于创建和设置默认临时表空间 TEMP。

```
SMALLFILE DEFAULT TEMPORARY TABLESPACE TEMP
TEMPFILE 'D:\oracle\oradata\orcl\temp01.dbf' SIZE 20M REUSE
AUTOEXTEND ON NEXT  640K MAXSIZE UNLIMITED
```

数据库创建之后，调用 CREATE TEMPORARY TABLESPACE 语句可创建其他临时表空间。该语句的语法格式与 CREATE TABLESPACE 类似，但其中的 DATAFILE 子句改为 TEMPFILE 子句。在创建本地管理临时表空间时区分配类型只能使用统一大小，并且不能指定段空间管理子句。

例如，下面语句创建临时表空间 USRTEMP，区的分配类型设置为统一大小 4M。如果省略区管理子句，Oracle 数据库仍采用统一分配类型，但默认分配的区大小为 1M。

```
SYS@orcl > CREATE TEMPORARY TABLESPACE USRTEMP
  2        TEMPFILE 'D:\oracle\oradata\orcl\usrtemp01.dbf'
  3        SIZE 100M REUSE
  4        EXTENT MANAGEMENT LOCAL UNIFORM SIZE 4M;
```

表空间已创建。

从动态性能视图 v$tempfile 和数据字典 dba_temp_files 中可以查询数据库临时表空间及其包含的临时文件信息。例如，下面语句查询当前数据库创建了哪些临时表空间，以及各个临时表空间包含的临时文件。

```
SYS@orcl > SELECT tablespace_name,file_name
  2          FROM dba_temp_files;


TABLESPACE_NAME              FILE_NAME
-------------------          ---------------------------------------
TEMP                         D:\ORACLE\ORADATA\ORCL\TEMP01.DBF
USRTEMP                      D:\ORACLE\ORADATA\ORCL\USRTEMP01.DBF
```

6.2.2   设置默认临时表空间

与设置默认永久表空间一样，默认临时表空间设置也分为数据库的默认临时表空间和用户的临时表空间。例如，下面语句将上面创建的临时表空间 usrtemp 设置为数据库的默认临时表空间。

```
SYS@orcl > ALTER DATABASE DEFAULT TEMPORARY TABLESPACE usrtemp;
```

数据库已更改。

又如，下面语句将 temp 设置为 scott 用户的临时表空间。

```
SYS@orcl > ALTER USER scott TEMPORARY TABLESPACE temp;
```

用户已更改。

设置默认临时表空间之后，对于数据库的默认表空间，我们可以从数据字典 database_properties 中查询。例如：

```
SYS@orcl > SELECT property_name,property_value FROM database_properties
   2        WHERE property_name='DEFAULT_TEMP_TABLESPACE';
```

```
PROPERTY_NAME                             PROPERTY_VALUE
-----------------------------             -----------------------------
DEFAULT_TEMP_TABLESPACE                   USSTEMP
```

而对于各个用户的临时表空间设置，则需要从数据字典 dba_users 查询。例如：

```
SYS@orcl > SELECT username,temporary_tablespace FROM dba_users
   2        WHERE username='SCOTT';
```

```
USERNAME                                  TEMPORARY_TABLESPACE
-----------------------------             -----------------------------
SCOTT                                     TEMP
```

6.2.3　临时表空间内的空间分配

需要临时表空间执行排序操作的每个实例都有排序段。在临时表空间内，一个实例的所有排序操作共享单个排序段，实例启动后第一条使用临时表空间进行排序的语句创建排序段，直到实例关闭时才释放排序段。

用动态性能视图 V$SORT_SEGMENT 可以查看指定实例内临时表空间排序段的分配和释放情况。在排序操作完成之后，排序段内为它们分配的区并不会被释放，而只是被标记为空闲，可供其他排序操作重复使用。每个临时表空间内已分配和空闲的空间量可以从数据字典 DBA_TEMP_FREE_SPACE 中查询。

例如，下面 SELECT 语句查询到当前数据库内两个临时表空间的名称、各自的存储空间大小、已分配和空闲空间大小。

```
SYS@orcl > SELECT * FROM dba_temp_free_space;
```

TABLESPACE_NAME	TABLESPACE_SIZE	ALLOCATED_SPACE	FREE_SPACE
TEMP	20971520	7340032	19922944
USRTEMP	104857600	4194304	100663296

6.3　管理还原数据

Oracle 数据库用户执行 DML 类 SQL 语句操作数据时，第一条成功执行的 DML 语句标志一个事务的开始，事务最终以提交或全部回滚作为结束。

事务处理开始时，Oracle 在 Undo 表空间内为其分配 Undo（还原）段，Oracle 为每个事务只分配一个 Undo 段，但为一个事务所分配的 Undo 段可以同时服务多个事务。

在整个事务处理期间更改数据时，原始（更改之前）数据被复制到还原段，这些就是 Undo

（还原）数据。这样用户就可以在改变主意时调用 ROLLBACK 语句，利用 Undo 数据回滚事务（也就是还原对数据库所做的修改）。查询动态性能视图 v$transaction 可以查看 Oracle 为各个事务处理所分配 Undo 段信息。

Undo 段是为了支持事务处理，由实例在 Undo 表空间内自动创建的专用段。像所有段一样，Undo 段由区组成，区又由数据块组成。事务处理会填充其 Undo 段中的区，直至完成了事务处理或占用了所有空间为止。如果填充完区之后还需要更多的空间，事务处理则获取段中下一个区的空间。占用了所有区之后，事务处理会自动转回到第一个区或请求为还原段分配新区。

6.3.1　Undo 的作用

Undo 数据主要用于以下几个方面。

• 回滚事务：用户执行 ROLLBACK 语句或者用户会话异常中止而回退事务时，Oracle 使用 Undo 数据恢复对数据库所做的修改。

• 恢复事务：如果事务处理过程中实例崩溃，事务对数据库所做的修改可能已经写入数据库，但事务还没有提交，再次打开数据库时，未提交的事务必须回滚才能使数据库达到一致状态，这种回滚操作是实例恢复的一部分。要使事务恢复成为可能，Undo 数据必须受到 Redo 日志的保护。

• 提供读一致性：Oracle 数据库中的查询能够从某个时间点返回一致的结果，即使在查询执行期间所读取数据块中的数据已经被修改或删除，查询使用的每个块中的数据仍全部是那个时间点开始之前的状态。

• 闪回查询、闪回事务处理和闪回表：闪回查询有目的地查找过去某个时间存在的某个版本的数据。只有过去那个时间的还原信息存在，才能成功完成闪回查询。闪回事务处理用 Undo 信息来创建补偿事务处理，以便回退事务及相关事务处理。闪回表可将表恢复到特定的时间点。

1. 恢复事务

下面我们以一个例子演示 Oracle 数据库在实例恢复过程中利用 Undo 数据恢复事务。

Oracle 数据库中的动态性能视图 v$fast_start_transactions 记录事务的恢复进度。下面使用该视图查看 Oracle 数据库打开过程中对未提交事务的恢复处理。v$fast_start_transactions 视图中的列比较多，我们在这里需要用到的列如表 6-2 所示。

表 6-2　　　　　　　　　　　　　　v$fast_start_transactions 部分列

列　　名	描　　述
USN	事务的 Undo 段号
STATE	事务的状态，取值可为 TO BE RECOVERED（待恢复）、RECOVERED（恢复完成）或 RECOVERING（恢复中）
UNDOBLOCKSDONE	实例恢复过程中已恢复完成的 Undo 块数
UNDOBLOCKSTOTAL	需要实例恢复的总 Undo 块数

这个例子的设计思想是：首先创建一个表，向其中插入大量的数据，然后在事务未提交的情况下异常关闭数据库。由于在这个事务中插入的数据量巨大，导致实例 SGA 中的数据缓冲区无法容纳它们而将其写入了数据文件。在下次实例启动时就需要回滚这些数据，才能把数据库恢复到一致状态。

这个例子需要打开两个 SQL*Plus 窗口，第 1 个窗口（执行下面代码中背景为白色部分）执行命令打开数据库过程中做实例恢复，第 2 个窗口（执行下面代码中背景为灰色部分）在数据库做实例恢复期间查询事务恢复进度。

　　首先启动第一个 SQL*Plus，并以 sysdba 身份连接 Oracle 数据库。打开时间显示，以帮助我们了解两个会话中 SQL 语句执行的先后顺序。之后创建表，执行 PL/SQL 语句块插入数据，再异常关闭数据库。

```
SYS@orcl > SET TIME ON
17:10:07 SYS@orcl > CREATE TABLE t (c INT);
```

表已创建。

```
17:10:22 SYS@orcl > BEGIN
17:10:59   2    FOR i IN 1..100000 LOOP
17:10:59   3      INSERT INTO t VALUES(i);
17:10:59   4    END LOOP;
17:10:59   5  END;
17:10:59   6  /
```

PL/SQL 过程已成功完成。

```
17:23:43 SYS@orcl > SHUTDOWN ABORT
```

ORACLE 例程已经关闭。

　　因为在数据库打开过程中，实例恢复是在从 MOUNT 到 OPEN 阶段实现的，所以先把数据库启动到 MOUNT 状态，等待打开第 2 个 SQL*Plus 窗口，连接数据库，并输入查询命令：

```
17:23:55 SYS@orcl > STARTUP MOUNT
```

ORACLE 例程已经启动。

```
Total System Global Area  778387456 bytes
Fixed Size                  1374808 bytes
Variable Size             469763496 bytes
Database Buffers          301989888 bytes
Redo Buffers                5259264 bytes
```

数据库装载完毕。

```
17:24:07 SYS@orcl >
```

```
@ >SET TIME ON
17:24:11 @ > CONNECT /as sysdba
已连接。
17:24:13 SYS@orcl > SELECT usn, state, UNDOBLOCKSTOTAL,
17:24:49   2    ((UNDOBLOCKSDONE *100)/UNDOBLOCKSTOTAL) as "done(%)"
17:24:49   3    FROM v$fast_start_transactions
17:24:49   4  .
17:24:49 SYS@orcl >
```

回到第一个 SQL*Plus 窗口，执行下面语句打开数据库：

```
17:24:52 SYS@orcl > ALTER DATABASE OPEN;
```

数据库已更改。

```
17:25:23 SYS@orcl >
```

　　在第 2 个 SQL*Plus 窗口内不断执行刚输入的查询语句，从其执行结果可以看出事务恢复的进展情况。

```
17:25:12 SYS@orcl > /
```

未选定行

```
17:25:16 SYS@orcl > /

       USN  STATE              UNDOBLOCKSTOTAL          done(%)
---------- ----------------   ----------------       ----------
        2  RECOVERING                     787         7.98525799
```

```
17:25:18 SYS@orcl > /

       USN  STATE              UNDOBLOCKSTOTAL          done(%)
---------- ----------------   ----------------       ----------
        2  RECOVERING                     787         69.8856417
```

```
17:25:20 SYS@orcl > /

       USN  STATE              UNDOBLOCKSTOTAL          done(%)
---------- ----------------   ----------------       ----------
        2  RECOVERED                      787                100
17:25:21 SYS@orcl >
```

从上面两个窗口内语句执行的完成时间可以看出，当第 2 个窗口内事务恢复完成之后，第 1 个窗口内才显示"数据库已更改"，这时数据库才成功打开。

这个例子说明了 Oracle 数据库如何利用 Undo 数据恢复用户未提交的事务。

2. 读一致性

在 Oracle 数据库中，只要更改数据，就会产生该事务的 Undo 数据。这样 Oracle 数据库内的同一数据在不同时间点会有多个版本（称作多版本模型）。所以，在执行查询时，Oracle 不需要对查询的表或数据加任何锁（即读不会阻塞写），它也不关心所要查询的数据当前是否被其他事务锁定（写不会阻塞读），它只看数据是否改变，如果改变，就利用 Undo 段中在不同时间点建立的数据快照实现查询的读一致性。

Oracle 根据每个数据块或数据行中的 SCN 值来判断在某个查询时间点之后数据是否发生改变。例如，在图 6-3 所示的例子中，我们在 SCN 为 10023 这个时间点执行一条查询，该查询需

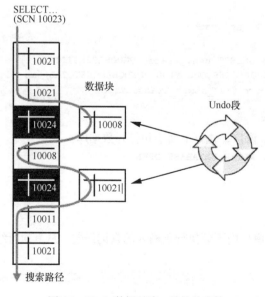

图 6-3　Undo 数据对读一致性的支持

要查询 7 个数据块中的数据。在查询前两个数据块期间，其他事务修改了第 3 个和第 5 个数据块内的数据。Oracle 查询到这两个数据块时，发现其 SCN 为 10024，说明其中的数据在查询开始之后发生了改变。为了得到一致、正确的查询结果，Oracle 会到 Undo 段中查询这两个块被修改之前的数据。如果能够在 Undo 段中找到这两个块修改之前的数据，查询就能够执行下去，并保证了查询读一致性的实现。否则，Oracle 将返回 ORA-01555 错误，说明查询所需数据块的快照太旧（snapshot too old），Oracle 数据库已把它们从 Undo 段中清除，导致查询执行失败。

3. Undo 与 Redo 的比较

每当更改 Oracle 数据库中的数据时，就会产生该事务的 Redo 数据和 Undo 数据。从字面看，Undo 和 Redo 很相似，但是二者的作用却截然不同。如果需要还原更改和实现读一致性，则需要 Undo 数据。如果由于某种原因而丢失了更改，需要再次执行更改，这时需要用到 Redo 数据。为了能够恢复失败的事务，Undo 数据必须受 Redo 日志的保护。表 6-3 从记录内容、作用等方面比较了 Undo 数据和 Redo 数据之间的异同。

表 6-3　　　　　　　　　　　　　Undo 与 Redo 比较

比较项	Undo	Redo
记录内容	怎样还原更改	怎样重新创建更改
作用	支持回滚、读一致性、闪回	支持前滚
存储位置	Undo 表空间内的 Undo 段中	重做日志文件
避免	出现读不一致	数据丢失

6.3.2　管理 Undo

Oracle 数据库早期版本使用回滚段管理还原信息，这种方式称作手工 Undo 管理模式。在这种模式下，回滚段的创建、分配和优化都由 DBA 操作，这是一项繁重的管理工作。而目前的 Oracle 数据库支持自动 Undo 管理，大大减轻了管理员的工作。

1. Undo 管理目标

从 Oracle Database 11g 开始，在默认安装下，Oracle 采用自动 Undo 管理模式管理 Undo 信息和空间，这大大简化了 Undo 管理工作。简而言之，采用 Undo 自动管理模式时，DBA 对 Undo 的管理目标是要避免出现以下两种错误。

* ORA-01650：unable to extend rollback segment（无法扩展回滚段）：Oracle 数据库无法获得更多存储空间存储 Undo 数据，这会导致 Oracle 数据库不能继续处理事务。这一错误通常是由于磁盘存储空间用尽，或者 Undo 表空间的数据文件不能自动扩展等原因造成的。

* ORA-01555：snapshot too old（快照太旧）：在事务提交后，其 Undo 数据会从 Undo 段中清除，这导致长时间运行的查询无法获得它们所需数据块的快照（原始数据），从而导致产生快照太旧错误。出现该错误后，用户再次执行查询即可能排除它，它不会影响用户在数据库执行的修改。

2. Undo 管理方法

要实现以上 Undo 管理目标，具体方法体现在正确配置以下 3 个初始化参数和 2 个还原表空间属性。

* UNDO_MANAGEMENT：该初始化参数设置 Undo 管理方式，其取值可以为 MANUAL（手工 Undo 管理模式）和 AUTO（自动 Undo 管理模式）。Oracle 强烈建议使用自动 Undo 管理模式。例如，下面语句将 Oracle 数据库设置为自动 Undo 管理模式。

```
ALTER SYSTEM SET UNDO_MANAGEMENT=AUTO;
```

- UNDO_TABLESPACE：Oracle 数据库内可以创建多个 Undo 表空间，但每次在用的 Undo 表空间只有一个。在 Oracle 上建立多个 Undo 表空间时，用该参数指出当前使用哪个 Undo 表空间。如果数据库当前 Undo 表空间数据文件所在硬盘出现故障或者其空间用尽时，可以设置这一初始化参数，切换数据库的当前 Undo 表空间。

- UNDO_RETENTION：该初始化参数指出 Undo 信息的保留期限下限（其单位是秒）。对于自动扩展 Undo 表空间，Oracle 至少按这个参数指定的时间保留 Undo 数据；而对于固定大小的 Undo 表空间来说，Oracle 会根据 Undo 表空间的大小和使用历史记录，尽可能自动调整到最优的 Undo 保留时间，除非设置了 Undo 保留时间保证，否则，Oracle 会忽略 UNDO_RETENTION。例如，下面语句将数据库 Undo 信息的最短保留期限设置为 60 分。

```
ALTER SYSTEM SET UNDO_RETENTION = 3600;
```

根据 Undo 信息保留期限设置，可以将 Undo 段内的数据分为 3 类，这 3 类信息如表 6-4 所示。

表 6-4   Undo 信息分类

Undo 信息	说　　明
未提交事务的 Undo 信息（活动的）	支持当前运行的事务处理，如果用户要回退事务或事务执行失败，需要用到这类信息。所以 Oracle 绝对不会覆盖未提交的 Undo 信息
已提交事务的 Undo 信息（未过期的）	这些 Undo 信息对应的事务已经提交，不再需要它们来支持运行的事务，但是为了符合 Undo 信息保留时间期限（由初始化参数 UNDO_RETENTION 设置），仍然要保留这类信息，以供其他查询和 Oracle 闪回所用。只要 Undo 表空间内的存储空间允许，Oracle 就会保留已提交事务的 Undo 信息
过期的 Undo 信息（过期的）	这些 Undo 信息对应的事务已经提交，并且其保留时间已经超出了 Undo 信息保留期限，Oracle 不再需要它们来支持运行的事务。其他活动事务处理需要 Undo 存储空间时会覆盖过期的 Undo 信息

- RETENTION GUARANTEE：表空间的这个属性要求 Undo 信息的保留期限（由初始化参数 UNDO_RETENTION 指定）必须得到保证，即 Undo 段内的所有 Undo 数据在未到期之前必须保留。默认的 Undo 行为是覆盖已提交、但尚未过期的 Undo 信息，而不是让活动事务处理因缺少 Undo 空间而失败。保证保留时间会改变此行为。Undo 表空间设置 RETENTION GUARANTEE 属性后，即使会导致事务处理失败，也仍然要强制执行 Undo 保留时间设置。

- AUTOEXTEND：这实际上是 Undo 表空间数据文件的一个属性，它可设置为 ON 和 OFF。设置为 ON 时，所创建的 Undo 表空间是自动扩展表空间，在 Oracle 数据库需要更大的 Undo 表空间时，可以自动扩展数据文件的大小。而当 AUTOEXTEND 设置为 OFF 时，创建的 Undo 表空间是固定大小表空间，Oracle 数据库在需要更大的 Undo 表空间时无法自动扩展数据文件的大小，这时只能由 DBA 通过手工添加数据文件，或增加现有数据文件的大小，才能为 Undo 表空间提供更大的存储空间。

6.3.3 管理 Undo 表空间

Undo 表空间专门用于存储 Undo 信息，不能在其中建立任何对象。

1. 创建还原表空间

默认情况下，每个数据库创建时会创建一个还原表空间。例如，在第 1 章调用 CREATE DATABASE 语句创建 orcl 数据库时，其中的下面子句用于创建 Undo 表空间 UNDOTBS01。

```
CREATE DATABASE orcl
......
  SMALLFILE UNDO TABLESPACE "UNDOTBS1"
```

```
DATAFILE 'D:\oracle\oradata\orcl\undotbs01.dbf' SIZE 200M REUSE
AUTOEXTEND ON NEXT  5120K MAXSIZE UNLIMITED
......
```

除此之外，在数据库创建之后，还可以调用 CREATE UNDO TABLESPACE 语句创建 Undo 表空间，该语句的语法格式与 CREATE TABLESPACE 基本相同。

例如，下面语句为数据库再创建一个 Undo 表空间 UNDOTBS2，其数据文件中打开了 AUTOEXTEND 属性，所以这是一个自动扩展 Undo 表空间。该语句中还设置了 Undo 表空间的 RETENTION GUARANTEE 属性，因此使用该 Undo 表空间时其 Undo 信息的保留期限得到保证。

```
SYS@orcl > CREATE UNDO TABLESPACE UNDOTBS2
  2          DATAFILE 'D:\oracle\oradata\orcl\undotbs02.dbf'
  3           SIZE 100M REUSE
  4           AUTOEXTEND ON NEXT 10M MAXSIZE UNLIMITED
  5          RETENTION GUARANTEE;
```

表空间已创建。

2. 修改 Undo 表空间

调用 SQL 语句 ALTER TABLESPACE 修改 Undo 表空间。由于 Undo 表空间的很多方面是系统自动管理，所以常用的 Undo 表空间修改操作主要包括添加、移动/重命名、删除数据文件；改变数据文件的大小、自动扩展属性；启用或禁用 Undo 信息保留时间保证等。本章下一节将介绍对表空间的数据文件操作，这里介绍怎么启用或禁用 Undo 信息保留时间保证。

下面语句修改刚创建的 undotbs2 表空间，禁用 Undo 信息保留时间保证。

```
SYS@orcl > ALTER TABLESPACE undotbs2
  2              RETENTION NOGUARANTEE;
```

表空间已更改。

如要启用 Undo 信息保留时间保证，把上面语句中的 NOGUARANTEE 修改为 GUARANTEE 即可。

3. 切换 Undo 表空间

Oracle 允许为数据库创建多个 Undo 表空间，但每次只能使用一个 Undo 表空间。创建多个 Undo 表空间后，设置初始化参数 undo_tablespace 即可切换 Undo 表空间。该初始化参数是一动态参数，所以设置后立即生效。

例如，下面语句把数据库的 Undo 表空间切换到上面创建的 Undo 表空间 undotbs2。

```
SYS@orcl > ALTER SYSTEM SET undo_tablespace = undotbs2;
```

系统已更改。

切换表空间期间，用户事务仍可执行。切换成功后，切换操作开始后启动的所有事务的 Undo 信息将存储在新的 Undo 表空间内。如果切换操作开始前启动的事务还没有提交，这不影响 Undo 表空间的成功切换，但它们的 Undo 信息仍记录在旧的 Undo 表空间内，这时旧的 Undo 表空间将进入 PENDING OFFLINE（等待脱机）状态。等到所有这些活动事务提交后，旧的 Undo 表空间才能从 PENDING OFFLINE 状态转入 OFFLINE。Undo 表空间处于 OFFLINE 状态时才能删除它，或者从其他 Undo 表空间切入它。

6.4　数据文件管理

数据文件是物理操作系统文件，它们存储数据库内的所有逻辑结构数据。Oracle 数据库为每个数据文件分配以下两个文件号用于唯一地标识各个文件。

- 绝对文件号：唯一标识数据库内的各个数据文件。动态性能视图 V$DATAFILE 和 V$TEMPFILE 中的 FILE#列，以及数据字典 DBA_DATA_FILES 和 DBA_TEMP_FILES 中的 FILE_ID 列给出了各个数据文件的绝对文件号。在有关数据文件操作的 SQL 语句中，可以直接使用绝对文件号代替文件名（如我们在前面执行 RECOVER DATAFILE 语句时就使用了绝对文件号）。

- 相对文件号：唯一地标识表空间内的各个数据文件。对于中小规模数据库而言，相对文件号通常与绝对文件号相同。但当数据库内的数据文件数量超过一定的阈值（通常是 1023）之后，相对文件号则与绝对文件号不同。在 BIGFILE 表空间内，相对文件号总是 1024（OS/390 平台上是 4096）。动态性能视图 V$DATAFILE 和 V$TEMPFILE 中的 RFILE#列，以及数据字典 DBA_DATA_FILES 和 DBA_TEMP_FILES 中的 RELATIVE_FNO 列给出了各个数据文件的相对文件号。

例如，下面语句从数据字典 dba_data_files 中检索数据库内各个表空间包含的数据文件，及数据文件的绝对文件号和相对文件号，从检索结果可以看出，二者完全相同。

```
SYS@orcl > SELECT tablespace_name,file_name,file_id, relative_fno
    2           FROM dba_data_files
    3           ORDER BY file_id;


TABLESPACE_NAME        FILE_NAME                                       FILE_ID   RELATIVE_FNO
---------------------  -----------------------------------------       -------   ------------
SYSTEM                 D:\ORACLE\ORADATA\ORCL\SYSTEM01.DBF                   1              1
SYSAUX                 D:\ORACLE\ORADATA\ORCL\SYSAUX01.DBF                   2              2
UNDOTBS1               D:\ORACLE\ORADATA\ORCL\UNDOTBS01.DBF                  3              3
USERS                  D:\ORACLE\ORADATA\ORCL\USERS01.DBF                    4              4
DEMOTS                 D:\ORACLE\ORADATA\ORCL\DEMOA01.DBF                    5              5
UNDOTBS2               D:\ORACLE\ORADATA\ORCL\UNDOTBS02.DBF                  6              6
```

已选择 6 行。

6.4.1　为表空间添加数据文件

在 Oracle 数据库中，可以调用多条 SQL 语句为表空间创建或添加数据文件，这些语句如表 6-5 所示，其中包含前面使用过的 CREATE DATABASE 语句和 CREATE TABLESPACE 等语句。

表 6-5　　　　　　　　　　　　　创建和添加数据文件相关的 SQL 语句

SQL 语句	描　　述
CREATE DATABASE	创建数据库时创建相关的数据文件
ALTER DATABASE... CREATE DATAFILE	在原来的数据文件丢失而又没有任何备份的情况下使用该语句在旧文件位置处创建一个新的空数据文件。创建之后必须在新文件上执行介质恢复，使其回到旧文件丢失时的状态
CREATE TABLESPACE	创建表空间时创建构成表空间的数据文件
ALTER TABLESPACE... ADD DATAFILE	向表空间添加数据文件
CREATE UNDO TABLESPACE	创建 UNDO 表空间时创建构成 UNDO 表空间的数据文件
CREATE TEMPORARY TABLESPACE	创建临时表空间时创建构成临时表空间的临时文件
ALTER TABLESPACE... ADD TEMPFILE	向临时表空间添加临时文件

【例 1】　下面语句为前面创建的永久表空间 DEMOTS 添加一个数据文件。

```
SYS@orcl > ALTER TABLESPACE demots
    2          ADD DATAFILE 'D:\ORACLE\ORADATA\ORCL\DEMOA02.DBF'
    3          SIZE 10M REUSE
    4          AUTOEXTEND ON NEXT 2M MAXSIZE UNLIMITED;
```

表空间已更改。

【例 2】　下面语句为前面创建的 Undo 表空间 UNDOTBS2 添加一个数据文件，并禁止该数据文件自动扩展。

```
SYS@orcl > ALTER TABLESPACE undotbs2
    2          ADD DATAFILE 'D:\ORACLE\ORADATA\ORCL\UNDOTBS22.DBF'
    3          SIZE 10M REUSE
    4          AUTOEXTEND OFF;
```

表空间已更改。

【例 3】　下面语句为数据库的临时表空间 USRTEMP 添加一个临时文件，但应注意的是，虽然调用的仍是 ALTER TABLESPACE 语句，但使用的是 ADD TEMPFILE 子句，而不是 ADD DATAFILE 子句。

```
SYS@orcl > ALTER TABLESPACE USRTEMP
    2          ADD TEMPFILE 'D:\ORACLE\ORADATA\ORCL\USRTEMP02.DBF'
    3          SIZE 10M REUSE;
```

表空间已更改。

查询数据字典 dba_data_files 和 dba_temp_files，即可看到上面语句添加的数据文件和临时文件。

```
SYS@orcl > SELECT tablespace_name,file_name FROM dba_data_files
    2          UNION
    3          SELECT tablespace_name,file_name FROM dba_temp_files
    4          ORDER BY tablespace_name;
```

```
TABLESPACE_NAME       FILE_NAME
---------------       ------------------------------------
DEMOTS                D:\ORACLE\ORADATA\ORCL\DEMOA02.DBF
DEMOTS                D:\ORACLE\ORADATA\ORCL\DEMOA01.DBF
SYSAUX                D:\ORACLE\ORADATA\ORCL\SYSAUX01.DBF
SYSTEM                D:\ORACLE\ORADATA\ORCL\SYSTEM01.DBF
TEMP                  D:\ORACLE\ORADATA\ORCL\TEMP01.DBF
UNDOTBS1              D:\ORACLE\ORADATA\ORCL\UNDOTBS01.DBF
UNDOTBS2              D:\ORACLE\ORADATA\ORCL\UNDOTBS02.DBF
UNDOTBS2              D:\ORACLE\ORADATA\ORCL\UNDOTBS22.DBF
USERS                 D:\ORACLE\ORADATA\ORCL\USERS01.DBF
USRTEMP               D:\ORACLE\ORADATA\ORCL\USRTEMP01.DBF
USRTEMP               D:\ORACLE\ORADATA\ORCL\USRTEMP02.DBF
```

已选择 11 行。

6.4.2　调整数据文件的大小

需要调整 Oracle 数据库表空间的存储容量时，可以采用两种方法：手工调整数据文件的大小，或者打开表空间数据文件的自动扩展功能，使其自动扩展。

1. 手工调整数据文件大小

调用 SQL 语句 ALTER DATABASE，即可手工调整数据文件的大小。例如，下面语句将上面为 Undo 表空间 UNDOTBS2 创建的数据文件扩展到 20M。

```
SYS@orcl > ALTER DATABASE
    2           DATAFILE 'D:\ORACLE\ORADATA\ORCL\UNDOTBS22.DBF'
    3           RESIZE 20M;
```

数据库已更改。

执行 ALTER DATABASE 语句既可扩大数据文件，又能够缩小数据文件。但在缩小数据文件时不能把它缩小到比其包含的数据量更小的尺寸，否则会导致该语句执行失败。

2. 启用或禁用数据文件自动扩展功能

对于固定大小表空间，Oracle 数据库需要更大的存储空间时，只能采用手工调整数据文件这一方法。这需要 DBA 经常监视数据库存储空间的使用情况，一旦空间不足要及时扩展数据文件大小，否则会导致数据库挂起。为了避免出现这种错误，在 Oracle 数据库内常常采用自动扩展表空间。

在使用下面语句创建数据文件时，可以用 AUTOEXTEND ON 或 AUTOEXTEND OFF 子句指出启用还是禁用自动扩展功能：

- CREATE DATABASE；
- ALTER DATABASE；
- CREATE TABLESPACE；
- ALTER TABLESPACE。

而对于 SMALLFILE 表空间中的现有数据文件，要启用或禁用自动扩展功能，必须调用 ALTER DATABASE 语句；对于 BIGFILE 表空间，则需调用 ALTER TABLESPACE 语句实现这些操作。

例如，下面代码禁用前一小节中为 DEMOTS 表空间所添加数据文件的自动扩展功能，启用为 UNDOTBS2 表空间所添加数据文件的自动扩展功能。

```
SYS@orcl > ALTER DATABASE
    2           DATAFILE 'D:\ORACLE\ORADATA\ORCL\DEMOA02.DBF'
    3           AUTOEXTEND OFF;
```

数据库已更改。

```
SYS@orcl > ALTER DATABASE
    2           DATAFILE 'D:\ORACLE\ORADATA\ORCL\UNDOTBS22.DBF'
    3           AUTOEXTEND ON NEXT 2M MAXSIZE UNLIMITED;
```

数据库已更改。

数据字典 dba_data_files 和 dba_temp_files 中的 AUTOEXTENSIBLE 列说明数据文件和临时文件是否启用了自动扩展功能。例如，下面语句查询数据库中数据文件是否启用了自动扩展功能。

```
SYS@orcl > SELECT tablespace_name,file_name,autoextensible
    2           FROM dba_data_files
    3           ORDER BY tablespace_name;
```

TABLESPACE_NAME	FILE_NAME	AUTOEXTENSIBLE
DEMOTS	D:\ORACLE\ORADATA\ORCL\DEMOA02.DBF	NO
DEMOTS	D:\ORACLE\ORADATA\ORCL\DEMOA01.DBF	NO
SYSAUX	D:\ORACLE\ORADATA\ORCL\SYSAUX01.DBF	YES
SYSTEM	D:\ORACLE\ORADATA\ORCL\SYSTEM01.DBF	YES

```
UNDOTBS1            D:\ORACLE\ORADATA\ORCL\UNDOTBS01.DBF        YES
UNDOTBS2            D:\ORACLE\ORADATA\ORCL\UNDOTBS02.DBF        YES
UNDOTBS2            D:\ORACLE\ORADATA\ORCL\UNDOTBS22.DBF        YES
USERS              D:\ORACLE\ORADATA\ORCL\USERS01.DBF          YES
```

已选择 8 行。

6.4.3　改变数据文件的可用性

在 6.1.6 小节中介绍了怎样改变表空间的可用性。脱机表空间时，会使其中的所有数据文件脱机，这里介绍怎样改变单个数据文件的可用性。

在下面几种情况下，可能需要改变数据文件的可用性：

- 重命名或者移动数据文件；
- 需要执行数据文件的脱机备份；
- 数据文件缺失或崩溃，这时必须脱机该数据文件才能打开数据库；
- 数据文件出现写入错误而被系统自动脱机，解决问题之后，需要联机数据文件。

脱机和联机表空间时使用 ALTER TABLESPACE 语句，而脱机或联机数据文件则需调用 ALTER DATABASE 语句。

1．非归档模式下脱机数据文件

在非归档模式下，数据文件脱机后不能再重新联机，所以调用 ALTER DATABASE 语句时必须指定 FOR DROP 子句：

```
ALTER DATABASE DATAFILE '数据文件名' OFFLINE FOR DROP;
```

但该语句并不没有实际删除数据文件，数据文件仍保留在数据字典中。要删除它们，需要调用 ALTER TABLESPACE ... DROP DATAFILE 语句或 DROP TABLESPACE ... INCLUDING CONTENTS AND DATAFILES 语句。

2．归档模式下脱机、联机数据文件

在归档模式下，调用 ALTER DATABASE 语句脱机、联机数据文件，其语法格式为

```
ALTER DATABASE DATAFILE 数据文件名称或文件号 {OFFLINE | ONLINE};
```

例如，下面语句使 DEMOTS 表空间中的一个数据文件脱机。

```
SYS@orcl > ALTER DATABASE
   2           DATAFILE 'D:\ORACLE\ORADATA\ORCL\DEMOA02.DBF' OFFLINE;
```

数据库已更改。

此时我们从动态性能视图 v$datafile 可以查询到该数据文件的状态。例如：

```
SYS@orcl > SELECT status FROM v$datafile
   2           WHERE name = 'D:\ORACLE\ORADATA\ORCL\DEMOA02.DBF';

STATUS
-------
RECOVER
```

这说明已脱机的数据文件重新联机时首先需要对该数据文件做介质恢复。例如：

```
SYS@orcl > RECOVER DATAFILE 'D:\ORACLE\ORADATA\ORCL\DEMOA02.DBF';
```

完成介质恢复。

介质恢复完成后，再执行查询语句，发现数据文件的状态变为 OFFLINE：

```
SYS@orcl > SELECT status FROM v$datafile
   2           WHERE name = 'D:\ORACLE\ORADATA\ORCL\DEMOA02.DBF';
```

```
STATUS
-------
OFFLINE
```

这说明完成介质恢复后，方可联机数据文件。例如：

```
SYS@orcl > ALTER DATABASE
    2            DATAFILE 'D:\ORACLE\ORADATA\ORCL\DEMOA02.DBF' ONLINE;
```

数据库已更改。

之后再执行上面的查询语句，得到下面结果，说明数据文件已经成功联机。

```
STATUS
-------
ONLINE
```

6.4.4 重命名和移动数据文件

重命名和移动数据文件实际上是更改数据库控制文件内的文件指针，所以虽然这是两种不同的操作，但所执行的 SQL 语句完全相同。Oracle 数据库允许一次重命名或移动一个或多个数据文件，这些数据文件可以属于同一个表空间，也可以属于不同的表空间。

1. 重命名和移动单个表空间内的数据文件

重命名或移动单个表空间内的数据文件，首先必须打开数据库，之后执行以下步骤重命名或移动数据文件（我们以重命名 demots 表空间内的数据文件为例）。

（1）脱机数据文件所属表空间：

```
SYS@orcl > ALTER TABLESPACE demots OFFLINE NORMAL;
```

表空间已更改。

（2）使用操作系统命令或工具重命名或者移动数据文件。这里把 demots 表空间包含的两个数据文件 D:\ORACLE\ORADATA\ORCL\DEMOA01.DBF、D:\ORACLE\ORADATA\ ORCL\DEMOA02.DBF 分别重命名为 DEMOTS01.DBF 和 DEMOTS01.DBF。

（3）执行 ALTER TABLESPACE 命令重命名数据文件，更改数据库控制文件中的文件指针：

```
SYS@orcl > ALTER TABLESPACE demots
2        RENAME DATAFILE 'D:\ORACLE\ORADATA\ORCL\DEMOA01.DBF',
3                        'D:\ORACLE\ORADATA\ORCL\DEMOA02.DBF'
4                    TO 'D:\ORACLE\ORADATA\ORCL\DEMOTS01.DBF',
5                        'D:\ORACLE\ORADATA\ORCL\DEMOTS02.DBF';
```

表空间已更改。

（4）联机表空间：

```
SYS@orcl > ALTER TABLESPACE demots ONLINE;
```

表空间已更改。

从下面查询结果可以看出已成功重命名 demots 表空间的两个数据文件：

```
SYS@orcl > SELECT tablespace_name,file_name
    2          FROM dba_data_files
    3          WHERE tablespace_name='DEMOTS';

TABLESPACE_NAME       FILE_NAME
----------------      ------------------------------------
DEMOTS                D:\ORACLE\ORADATA\ORCL\DEMOTS01.DBF
DEMOTS                D:\ORACLE\ORADATA\ORCL\DEMOTS02.DBF
```

2. 重命名和移动多个表空间内的数据文件

如果需要重命名或者移动的多个数据文件分属于不同的表空间，则需按照以下步骤进行操作（这里以重命名表空间 undotbs1 和 undotbs2 的数据文件为例）。

（1）首先必须把数据库启动到 MOUNT 状态。

（2）使用操作系统命令或工具重命名或者移动数据文件。这里把 undotns1 和 undotbs2 表空间包含的数据文件分别重命名为 UNDOTBS1A.DBF、UNDOTBS2A.DBF 和 UNDOTBS2B.DBF。

（3）执行 ALTER DATABASE 命令重命名数据文件，更改数据库控制文件中的文件指针：

```
SYS@orcl > ALTER DATABASE
2          RENAME FILE 'D:\ORACLE\ORADATA\ORCL\UNDOTBS01.DBF',
3                      'D:\ORACLE\ORADATA\ORCL\UNDOTBS02.DBF',
4                      'D:\ORACLE\ORADATA\ORCL\UNDOTBS22.DBF'
5                   TO 'D:\ORACLE\ORADATA\ORCL\UNDOTBS1A.DBF',
6                      'D:\ORACLE\ORADATA\ORCL\UNDOTBS2A.DBF',
7                      'D:\ORACLE\ORADATA\ORCL\UNDOTBS2B.DBF';
```

数据库已更改。

（4）打开数据库，供用户访问：

```
SYS@orcl > ALTER DATABASE OPEN;
```

表空间已更改。

从下面查询结果可以看出上面语句已成功重命名数据库两个 Undo 表空间内的 3 个数据文件。

```
SYS@orcl > SELECT tablespace_name,file_name
2            FROM dba_data_files
3            WHERE tablespace_name LIKE 'UNDOTBS%';
```

```
TABLESPACE_NAME        FILE_NAME
---------------        -----------------------------------
UNDOTBS1               D:\ORACLE\ORADATA\ORCL\UNDOTBS1A.DBF
UNDOTBS2               D:\ORACLE\ORADATA\ORCL\UNDOTBS2A.DBF
UNDOTBS2               D:\ORACLE\ORADATA\ORCL\UNDOTBS2B.DBF
```

6.4.5　删除数据文件

调用 DROP TABLESPACE 语句删除表空间时可以删除表空间内的所有数据文件，如果只需删除单个数据文件或者临时文件，则需调用 ALTER TABLESPACE 语句，其语法格式为

```
ALTER TABLESPACE 表空间 DROP DATAFILE '数据文件名';
```

```
ALTER TABLESPACE 临时表空间 DROP TEMPFILE '临时文件名';
```

例如，下面语句分别删除永久表空间 demots 和临时表空间 usrtemp 内的一个数据文件：

```
SYS@orcl > ALTER TABLESPACE demots
2            DROP DATAFILE 'D:\ORACLE\ORADATA\ORCL\DEMOTS02.DBF';
```

表空间已更改。

```
SYS@orcl > ALTER TABLESPACE usrtemp
2            DROP TEMPFILE 'D:\ORACLE\ORADATA\ORCL\USRTEMP02.DBF';
```

表空间已更改。

调用 ALTER DATABASE 语句也可以删除临时文件。例如，下面语句和前一条语句的作用相当。

```
ALTER DATABASE
```

```
TEMPFILE 'D:\ORACLE\ORADATA\ORCL\USRTEMP02.DBF'
DROP INCLUDING DATAFILES;
```

调用 ALTER TABLESPACE 语句删除数据文件或临时文件时，Oracle 不仅删除数据字典和控制文件内对这些文件的引用，而且还从文件系统中物理删除这些文件。

ALTER TABLESPACE 语句删除数据文件时，要注意下面一些限制：

- 数据库必须处于 OPEN 状态；
- 所要删除的数据文件必须为空，即其中没有分配任何区；
- 不能删除表空间内的第一个数据文件或唯一的数据文件；
- 不能删除只读表空间和 SYSTEM 表空间内的数据文件；
- 不能删除本地管理表空间内已脱机的数据文件。

本章小结

本章介绍了 Oracle 数据库表空间和数据文件管理。Oracle 数据库表空间分为永久表空间、Undo 表空间和临时表空间 3 种。

永久表空间用于存储系统和用户数据，如有关数据库内对象定义的数据字典数据，以及用户表中的数据和索引数据等；Undo 表空间专门由于存储 Undo 数据，这些数据用于执行回滚操作、支持读一致性和 Oracle 数据库的闪回功能；临时表空间由于存储查询排序的中间结果、临时表等数据。

在创建表空间时，可以指定表空间中存储空间的分配方式以及段存储空间管理方式。Oracle Database 强烈建议使用本地管理表空间和自动段空间管理，以简化 DBA 的管理操作。

表空间的存储空间由数据文件提供。每个表空间由一个或多个数据文件组成，当表空间的存储空间用尽之后，可以通过扩展数据文件的大小，或者添加更多数据文件方法来增加表空间的存储空间。

习　　题

一、填空题

1. Oracle 数据库表空间分为_____、_____和_____3 种。

2. Oracle 数据库段空间管理方式分为_____和_____两种。

3. Oracle 数据库中的段分为_____、_____、_____和_____4 种。

4. Oracle 数据库表空间内区分配管理方式包括_____和_____两种，Oracle 建议采用_____方式。

二、简答题

1. 简述 Oracle 数据库的表空间的分类，以及各种表空间的作用。

2. 简述 Oracle 数据库的逻辑存储结构包含哪些内容，以及各部分的作用。

三、实训题

1. 请创建一个表空间 books_pub，其中包含一个数据文件，数据文件初始大小为 500MB，不允许自动扩展。之后修改表空间，为其添加一个数据文件，该文件初始大小为 200MB，并且允许自动扩展。

2. 请创建一个 16K 的非标准块表空间。

3. 请创建一个还原表空间，并将它设置为数据库的当前表空间。

4. 在数据库内创建一个临时表空间，把它设置为 scott 用户的默认临时表空间。

第7章
安全管理

对于数据库系统而言，保障数据安全至关重要。Oracle 数据库系统提供了以下几方面基本安全控制措施。

- 用户身份认证：对连接系统的用户进行身份识别，限制只有系统合法用户才能与数据库建立连接。
- 数据库操作授权：连接到数据库管理系统的用户只有通过严格授权，才能执行相应的操作。

除了以上措施之外，Oracle 数据库还提供网络加密、透明数据加密、标签安全、审计等安全措施，限于篇幅，本书只介绍基本的安全管理措施。

7.1　用户管理

数据库应用程序要访问 Oracle 数据库，首先必须使用数据库内定义的有效用户名建立与 Oracle 数据库实例的连接。Oracle 数据库的有效用户包括两种类别：一种是系统预定义用户，如 sys 和 system 等；另一种是根据需要而建立的数据库用户。

sys 和 system 这两个用户默认被授予了 DBA 权限。sys 用户是一个特殊的用户，它只能以 SYSDBA 身份登录，而不能像其他用户那样以普通用户身份登录。任何用户被授予 SYSDBA 权限后，在以 SYSDBA 身份登录 Oracle 数据库实例后，均连接到 SYS 模式，而不是自己原来的模式。

具有 CREATE USER 系统权限的用户才能调用 SQL 语句 CREATE USER 创建用户，该语句的语法格式如下：

```
CREATE USER 用户名
    IDENTIFIED { BY 口令 | EXTERNALLY  | GLOBALLY}
    [PASSWORD EXPIRE]
    [ACCOUNT {LOCK | UNLOCK}]
    [TEMPORARY TABLESPACE 表空间]
    [DEFAULT TABLESPACE 表空间]
    [ QUOTA { 整数 [ K | M ] | UNLIMITED } ON 表空间
    [QUOTA {整数[ K | M ] | UNLIMITED } ON 表空间]... ]
    [PROFILE 概要文件];
```

在 CREATE USER 语句中：

- 首先必须为每个数据库用户指定一个唯一的用户名，用户名不能超过 30 个字节，不能包含特殊字符，而且必须以字母开头；
- IDENTIFIED 子句是 CREATE USER 语句中唯一一个必须输入的子句，它指出对该用户所使用的验证方法，可以使用的验证方法包括数据库口令验证、外部验证和全局验证 3 种；

- PASSWORD EXPIRE 子句指出用户在首次登录后口令立即失效，强制要求用户必须立即修改口令才能执行后续操作；
- ACCOUNT 子句指出所创建用户的账户状态是锁定（ACCOUNT LOCK）还是开放（ACCOUNT UNLOCK），默认时，所创建的用户处于开放状态，用户账户被锁定后无法再连接数据库；
- TEMPORARY TABLESPACE 子句为用户指定临时表空间，用户可以在其上创建临时对象，临时表空间没有限额设置；
- DEFAULT TABLESPACE 子句为用户指定默认表空间，但要注意，具有默认表空间并不意味着用户在该表空间上具有创建对象的权限，也不意味着用户在该表空间上具有用于创建对象的空间限额，这两项需要另外单独授权和设置；
- QUOTA 子句指出在指定表空间上可为用户分配的存储空间限额；
- PROFILE 子句为用户指定概要文件，以限制分配给用户的数据库资源量。

例如，下面语句创建用户 zhang，该用户采用数据库口令认证方式，强制要求首次登录时必须修改口令，将其默认表空间和临时表空间分别设置为 USERS 和 TEMP，并在 USERS 表空间上为其分配 10M 空间限额。

```
SYS@orcl > CREATE USER zhang
  2        IDENTIFIED BY Zhang123
  3        PASSWORD EXPIRE
  4        DEFAULT TABLESPACE users
  5        QUOTA 10M ON users
  6        TEMPORARY TABLESPACE temp;
```

用户已创建。

创建用户后，可以调用 ALTER USER 语句修改用户。ALTER USER 语句的各子句与 CREATE USER 语句相同，这里不再重复列出。例如，下面语句重新设置刚创建的 zhang 用户的口令，并把其在 USERS 表空间上的限额调整为 5MB。

```
SYS@orcl > ALTER USER zhang
  2        IDENTIFIED BY Oracle123
  3        QUOTA 5M ON users;
```

用户已更改。

7.1.1 用户身份验证

用户身份验证是指对要使用数据、资源的人员身份进行验证，增强安全性，进而建立起连接。建立连接后，用户还需要授权才能获得访问和操作的权限。CREATE USER 或 ALTER USER 语句中使用 IDENTIFIED 子句指出用户要使用的验证方法。

Oracle 数据库用户可以采用以下 3 种验证方法。

- 数据库验证：创建或修改用户时用 IDENTIFIED BY 子句为其指定一口令，该口令将存储在 Oracle 数据库的数据字典内。例如，前面创建的 zhang 用户就是采用数据库验证方法。采用数据库验证时，用户口令可以包含多字节字符，但长度限制为 30 个字节。Oracle Database 11g 之前的数据库版本不区分口令的大小写，而从 Oracle Database 11g 开始，默认情况下，它区分口令的大小写。但这一特性可以通过修改初始化参数 sec_case_sensitive_logon 来改变，其取值可以是 TRUE（区分大小写）或 FALSE（不区分口令大小写）。

● 外部验证：创建或修改用户时用 IDENTIFIED EXTERNALLY 子句创建外部用户。外部用户由外部服务（如操作系统或 Kerberos、Radius 等第三方服务）进行身份认证，他们在连接数据库时不必指定用户名和口令。使用外部验证时，数据库依赖基础操作系统、网络验证服务来限制对数据库账户的访问。

● 全局验证：创建或修改用户时用 IDENTIFIED GLOBALLY 子句创建全局用户。在使用 Oracle 高级安全选件时，全局用户由企业目录服务（Oracle Internet Directory）验证用户身份。

1. 创建操作系统认证用户

前面我们创建了数据库验证用户，接下来创建一个操作系统认证的外部用户。

需要注意的是，采用外部认证或全局认证时，只是口令由外部服务或全局服务保存和认证，而在 Oracle 数据库内还必须创建相应的外部用户或全局用户账户。

创建由操作系统认证的外部用户时，外部用户名和操作系统当前登录用户名之间的对应关系由初始化参数 OS_AUTHENT_PREFIX 设置。该参数定义 Oracle 数据库外部用户名中使用的前缀。为了实现与 Oracle 数据库早期版本的兼容，该参数的默认值定义为 OPS$。因此，在 Oracle 数据库内创建外部用户时，应在用户的操作系统账户名之前添加此前缀，或者把该初始化参数设置为空，使 Oracle 数据库内创建的外部用户与操作系统账户同名。

我们下面使用前一种方法创建外部用户，这时需要在当前操作系统登录用户名称上添加前缀"ops$"。作者计算机上 Windows 操作系统的当前登录用户名是 yuanpf，因此创建的外部用户名应为 ops$yuanpf。下面给出具体操作步骤。

（1）在 Oracle 数据库内创建外部用户。

```
SYS@orcl > CREATE USER ops$yuanpf
  2          IDENTIFIED EXTERNALLY;
```

用户已创建。

（2）为外部用户授予连接数据库的权限：

```
SYS@orcl > grant connect to ops$yuanpf;
```

授权成功。

（3）对于 Windows 操作系统，指定用户名时默认使用"域名/用户名"或"计算机名/用户名"格式。为了在登录 Oracle 数据库时直接使用用户名，而省略域名或计算机名，需要把注册表中 Oracle 软件注册项（HKEY_LOCAL_MACHINE\SOFTWARE\ORACLE\ KEY_OraDb11g_home1）下 OSAUTH_PREFIX_DOMAIN 的值设置为 FALSE。因此，请执行 regedit.exe，打开注册表编辑器，做相应的修改。

（4）确认 Oracle NET 配置文件 SQLNET.ORA（%Oracle_home%\network\adminm 目录下）中的 AUTHENTICATION_SERVICES 设置为 NTS（允许采用 Windows 操作系统认证），而不是 NONE（禁止操作系统认证），即

```
SQLNET.AUTHENTICATION_SERVICES= (NTS)
```

（5）完成以上操作后，即可直接用以下命令连接（在连接命令中不需要提供用户名和口令，Oracle 会自动使用与当前操作系统登录用户对应的数据库外部用户连接）：

```
SYS@orcl > conn /
已连接。
OPS$YUANPF@orcl > show user
USER 为 "OPS$YUANPF"
```

这说明操作系统认证用户已经成功连接到 Oracle 数据库。

到目前为止，本书多次使用命令 CONNECT / AS SYSDBA 连接数据库，该命令里没有提供用户名和口令，采用的就是操作系统认证方式，只不过是在身份认证后以 SYSDBA 权限连接而已。

2. 数据库管理员身份验证

普通用户可以采用数据库认证、外部认证和全局认证 3 种方式。而对于具有 SYSDBA、SYSOPER 或 SYSASM 特殊权限的数据库管理员来说，他们可使用以下 3 种认证方法：

- 口令文件认证；
- 操作系统认证；
- 基于网络的认证服务（如 Oracle Internet Directory）认证。

如果具有特殊权限的数据库管理员采用数据库认证方式会具有一些局限性。因为采用数据库认证方式时，用户口令存储在数据库的数据字典内，这样只有在 Oracle 数据库成功打开之后，才能读取数据字典，验证用户身份，而管理员常常要在数据库还未打开时连接数据库实例，执行一些管理操作，如打开和关闭数据库等。

为解决这个问题，Oracle 数据库为管理员提供了口令认证方式。它将具有 SYSDBA、SYSOPER、SYSASM 权限的用户及其口令存储在口令文件内，这样无论数据库是否打开，都可以验证管理员身份。

例如，下面语句将 SYSOPER 权限授予 SCOTT 用户，口令文件中将存储 scott 用户的口令和权限。

```
SYS@orcl > GRANT sysoper TO scott;
```

授权成功。

v$pwfile_users 列出口令文件中的所有用户，以及授予用户的特权：SYSDBA、SYSOPER 和/或 SYSASM 权限。例如，下面查询结果说明 sys 用户具有 SYSDBA 和 SYSOPER 权限，scott 用户只具有 sysoper 权限。

```
SYS@orcl > SELECT * FROM v$pwfile_users;
```

USERNAME	SYSDBA	SYSOPER	SYSASM
SYS	TRUE	TRUE	FALSE
SCOTT	FALSE	TRUE	FALSE

而对于操作系统认证用户来说，不能将 SYSDBA、SYSOPER、SYSASM 权限直接授予他们，使其成为数据库管理员。例如，下面语句试图将 sysdba 权限授予前面创建的外部用户 ops$yuanpf，导致出现错误。

```
SYS@orcl > GRANT sysdba TO ops$yuanpf;
GRANT sysdba TO ops$yuanpf
*
```

第 1 行出现错误：

ORA-01997: GRANT 失败：用户 'OPS$YUANPF' 由外部标识

在采用操作系统认证时，如果需要外部用户具有 SYSDBA、SYSOPER 权限，要把相应的操作系统用户分别添加到 Windows 操作系统用户组 ORA_DBA 和 ORA_OPER 内（在 UNIX 操作系统下对应的用户组分别为 dba 和 oper）。在安装 Oracle 时，Oracle 通

图 7-1 OEM 的编辑用户

用安装程序（OUI）自动创建了 ORA_DBA 用户组，并把安装时的操作系统登录用户添加到该组中（见图 7-1），所以我们可以使用 CONNECT / AS SYSDBA 命令连接数据库。

　　究竟应该选用哪种数据库管理员认证方法，这主要考虑是在数据库服务器本机上管理数据库，还是打算在一台远程客户端管理多个不同的 Oracle 数据库。图 7-2 所示为选择 Oracle 数据库管理员身份认证流程。

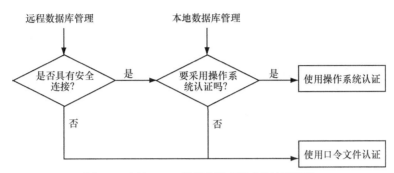

图 7-2　选择 Oracle 数据库管理员身份认证流程

　　如果管理员希望在远程非安全连接客户端管理 Oracle 数据库，则只能使用口令文件认证方法。而对于使用本地连接或者远程安全连接的用户来说，如果 Oracle 数据库服务器上建立了口令文件，并且把 SYSDBA 或 SYSOPER 权限授予了他们，则可以使用口令文件认证方式连接，否则，只能使用操作系统认证方式连接。

3. 与用户相关的数据字典

　　Oracle 数据库的数据字典为我们查询与用户相关信息提供了一个接口，与此相关的数据字典如表 7-1 所示。

表 7-1　　　　　　　　　　　　　　　与用户相关的数据字典

数据字典	描　　述
V$PWFILE_USERS	列出具有 SYSDBA、SYSOPER 和 SYSASM 权限的用户信息
DBA_USERS	描述数据库的所有用户
ALL_USERS	仅列出当前用户可见的所有数据库用户，但不描述这些用户
USER_USERS	描述当前用户
USER_TS_QUOTAS	列出在各个表空间上为当前用户分配的存储空间限额信息
DBA_TS_QUOTAS	列出在各个表空间上为 Oracle 数据库系统内所有用户分配的存储空间限额信息

　　【例 1】　下面语句列出当前数据库中账户状态为 OPEN 的所有用户，以及为其设置的默认表空间和默认临时表空间。检索结果中的粗体部分是我们前面创建的两个用户。

```
SYS@orcl > SELECT username,default_tablespace,temporary_tablespace
  2       FROM dba_users
  3       WHERE account_status = 'OPEN';

USERNAME               DEFAULT_TABLESPACE      TEMPORARY_TABLESPACE
--------------------   --------------------    --------------------
SYSTEM                 SYSTEM                  TEMP
SYS                    SYSTEM                  TEMP
SYSMAN                 SYSAUX                  TEMP
OPS$YUANPF             USERS                   TEMP
```

```
SCOTT               DEMOTS               TEMP
DBSNMP              SYSAUX               TEMP
MGMT VIEW           SYSTEM               TEMP
OUTLN               SYSTEM               TEMP
ZHANG               USERS                TEMP
```

已选择 9 行。

【例 2】 下面语句列出数据库表空间上为用户分配的存储空间限额（max_bytes），以及当前已经分配的空间量（bytes）。检索结果中，max_bytes 列值为-1 时说明用户在该表空间上的存储空间不受限制。

```
SYS@orcl > SELECT username, tablespace_name, bytes, max_bytes
     2          FROM dba_ts_quotas;
```

USERNAME	TABLESPACE_NAME	BYTES	MAX_BYTES
SYSMAN	SYSAUX	83230720	-1
ZHANG	USERS	0	5242880
APPQOSSYS	SYSAUX	0	-1

7.1.2 用 OEM 管理用户

安全管理既可以调用 SQL 语句来实现，也可以采用 Oracle 企业管理器（OEM）管理。在启动 OEM，并以管理员身份成功登录后，单击服务器选项卡，在其安全性下列出了对用户、角色、概要文件等的管理链接（见图 7-3），使用 OEM 同样也可以创建和编辑用户。

单击图 7-3 中的用户链接，进入用户管理页面（见图 7-4）。单击该页面中的创建、编辑、查看和删除按钮，即可创建新用户，编辑、检索、删除现有用户。从图 7-4 中可以看到上面 SQL 语句创建的用户 zhang 及其账户状态、默认表空间、临时表空间设置等。选择 zhang 用户后，单击编辑按钮，进入编辑用户页面（见图 7-5），即可修改该用户的各项设置。

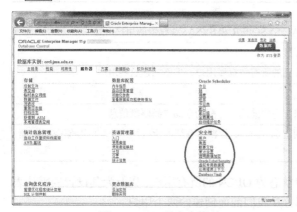

图 7-3 OEM 的安全管理

图 7-4 OEM 用户管理

编辑用户页面中各常用选项卡的作用如下。

- 一般信息：显示和编辑用户概要文件、身份验证方法、表空间设置、账户状态等；
- 角色：显示和编辑用户所属角色；
- 系统权限：显示和编辑授予用户的系统权限；
- 对象权限：显示和编辑授予用户的对象权限；
- 限额：显示和修改在各个表空间上为用户分配的空间限额。

图 7-5　OEM 编辑用户

7.1.3　删除用户

删除用户很简单，执行 SQL 语句 DROP USER 即可删除用户。该语句的语法格式为

```
DROP USER 用户名 [CASCADE];
```

该语句唯一的选项是 CASCADE。如果不使用该选项，则在删除用户之前，必须首先删除该用户模式下的所有对象，否则会导致语句执行失败。

使用 CASCADE 选项时，Oracle 数据库在删除用户之前将首先删除其模式下的所有对象，此时：

- 如果被删除用户模式下包含表，Oracle 数据库将删除这些表，并自动删除其他模式内的表在这些表的主键或唯一键上所建立的参照完整性约束；

- 如果其他用户模式下的视图、同义词、存储过程、函数和包等数据库对象依赖于删除用户时所删除的对象，Oracle 数据库将把这些对象的状态标记为 INVALID，而不会删除它们，因此，这些对象需要重新编码后再重新编译。

例如，下面语句删除我们前面创建的用户 zhang，因为该用户模式下还没有创建任何对象，因此不必使用 CASCADE 选项。

```
SYS@orcl > DROP USER zhang;
```

用户已删除。

DROP USER 语句无法删除当前已连接用户。例如，当 ops$yuanpf 用户已连接 Oracle 数据库之后，调用下面语句就会执行失败。

```
SYS@orcl > DROP USER ops$yuanpf;
drop user ops$yuanpf
        *
```

第 1 行出现错误：

ORA-01940：**无法删除当前连接的用户**

此时，管理员可以通知用户断开连接后再删除其账户，也可以从动态性能视图 v$session 中查询其会话信息，之后调用 ALTER SYSTEM KILL SESSION 语句强制关闭其会话后再进行删除。

例如，下面语句查询 OPS$YUANPF 用户建立的会话信息。

```
SYS@orcl > SELECT sid,serial#
    2        FROM v$session
    3        WHERE username = 'OPS$YUANPF';


    SID        SERIAL#
```

```
---------- ----------
      142          881
```

之后执行下面语句强制关闭其会话：

SYS@orcl > **ALTER SYSTEM KILL SESSION '142,881';**

系统已更改。

再调用 DROP USER 语句删除用户就能成功删除：

SYS@orcl > **DROP USER ops$yuanpf;**

用户已删除。

在删除用户时应该注意，只有在确实不需要该用户及其模式对象时，才调用 DROP USER 语句删除。如果只是需要短期禁用用户账户（如用户出差等原因需要在一定时间内禁止其账户登录），则一定不能删除用户，而应该调用下面语句锁定该用户账户。

ALTER USER **用户名** ACCOUNT LOCK;

待其需要重新访问数据库时，再调用下面语句解锁其账户：

ALTER USER **用户名** ACCOUNT UNLOCK;

7.2　概要文件

概要文件（Profile，又称配置文件）主要用于限制用户所使用的资源量，以及管理账户状态和口令策略。创建概要文件后，管理员通过 CREATE USER/ALTER USER 语句中的 PROFILE 子句将概要文件指派给用户，如果此时 Oracle 数据库启用了资源限制，系统就按照概要文件的规定限制用户使用的资源。

7.2.1　用概要文件管理资源

Oracle 数据库可以在会话级、调用级或者同时在这两个级别限制用户对 CPU 时间、逻辑读数量等系统资源的使用。

1. 会话级资源限制

用户每次建立与数据库的连接时就创建一个会话。每个会话会占用 Oracle 数据库服务器上的 CPU 时间和内存等资源，我们可以在会话一级设置用户对资源的使用限制，可以设置的资源限制如表 7-2 所示。

表 7-2　　　　　　　　　　　　　会话级资源限制参数

资源参数	描　　述
SESSIONS_PER_USER	指出每个用户账户可以建立的并发会话数量限制
CPU_PER_SESSION	指出每个会话可使用的 CPU 时间限制，单位为 s/100
CONNECT_TIME	指出会话总的连接持续时间限制，单位为 min
IDLE_TIME	指出允许会话连续空闲的时间限制，单位为 min。长时间运行的查询和其他操作不受此限制影响
LOGICAL_READS_PER_SESSION	指出允许会话读取的数据块数量限制，这包括物理（磁盘）读和逻辑（内存）读

续表

资源参数	描　述
PRIVATE_SGA	指出共享服务器模式下在 SGA 共享池中可以为一个会话分配的专用空间量
COMPOSITE_LIMIT	指出会话的总资源成本，其单位为服务单元。Oracle 数据库根据 CPU_PER_SESSION、LOGICAL_READS_PER_SESSION、CONNECT_TIME 和 PRIVATE_SGA 的权重和来计算服务单元

当会话使用的资源超过概要文件设定的会话级资源限制时，Oracle 数据库会终止（回滚）当前语句（而不是事务）的执行，并返回一条错误消息，说明会话使用的资源已经达到了概要文件规定的限制。但当前事务内之前执行的所有语句不受影响。这时，用户可以执行的唯一操作是 COMMIT、ROLLBACK，或者断开连接（这种情况下将隐含提交当前事务）。如果此时执行其他任何操作，均会产生错误，即使在提交或回滚当前事务之后，当前会话也不能再执行其他操作。

2．调用级资源限制

用户每次执行 SQL 语句时，Oracle 数据库处理语句需要几个步骤。该处理期间，在不同的执行阶段会多次调用数据库。为了防止每次调用过分占用系统资源，Oracle 数据库允许在调用级设置资源限制，这些限制如表 7-3 所示。

表 7-3　　　　　　　　　　　　　　　调用级资源限制参数

资源参数	描　述
CPU_PER_CALL	指出调用（解释、执行或提取）的 CPU 时间限制，单位为 s/100
LOGICAL_READS_PER_CALL	指出允许 SQL 语句处理调用（解释、执行或提取）读取的数据块数量

如果用户耗费的资源超过调用级资源限制，Oracle 数据库将停止处理该语句，回滚它，并返回一条错误消息。但当前事务内此之前执行的所有语句不受影响，用户会话仍然保持连接。

7.2.2　用概要文件控制口令设置

在概要文件中使用口令参数可以限制用户的密码设置，这些参数如表 7-4 所示。

表 7-4　　　　　　　　　　　　　　　口令限制参数

口令参数	描　述
FAILED_LOGIN_ATTEMPTS	指出在连续登录尝试失败多少次之后锁定该账户，其默认值为 10 次
PASSWORD_LOCK_TIME	指出由 FAILED_LOGIN_ATTEMPTS 指定的连续登录尝试失败次数之后，账户将被锁定的天数，其默认值为 1 天
PASSWORD_GRACE_TIME	指出首次成功登录到必须更改口令之间的宽限期（单位为天），在宽限期间，允许该账户登录，但用户登录后 Oracle 数据库会发出警告消息。如果用户口令在宽限期之后还没修改，则会失效。宽限期的默认值是 7 天
PASSWORD_LIFE_TIME	指出同一口令允许使用的天数，即口令的有效期，其默认值为 180 天。如果同时指定了 password_grace_time 参数，而在宽限期内没有改变密码，则密码会失效，将拒绝连接数据库

口令参数	描　　述
PASSWORD_REUSE_TIME PASSWORD_REUSE_MAX	PASSWORD_REUSE_TIME 指出用户在多少天之内不能重复使用口令。PASSWORD_REUSE_MAX 指出在可重复使用当前口令之前必须达到的口令修改次数。应该注意的是，这两个参数的设置相互影响。如果两个参数均已设置，Oracle 数据库将允许重用口令，但必须同时满足两个条件：用户更改口令的次数必须达到指定次数，并且自最后一次使用旧口令以来已经过了指定的天数；如果一个参数设置为某个数字，而另一个参数指定为 UNLIMITED，则用户无法重用口令；如果这两个数都设置为 UNLIMITED，Oracle 数据库则将同时忽略二者。用户可以随时重用口令
PASSWORD_VERIFY_FUNCTION	把一个用 PL/SQL 语言编写的口令复杂性验证脚本函数作为参数传递给 CREATE PROFILE 语句，以验证用户所设置口令的复杂性是否符合要求。其值设置为 NULL 时说明不执行口令验证。口令验证函数必须为 SYS 用户所拥有，而且必须返回布尔值（TRUE 或 FALSE）。Oracle 数据库在%ORACLE_HOME%\ rdbms\admin 目录中的 utlpwdmg.sql 脚本内提供了口令验证函数模型，我们可以基于它编写自己的验证脚本，或者使用第三方编写的验证脚本

7.2.3　使用概要文件

下面介绍怎样使用 SQL 语句管理和使用概要文件。

1. 创建概要文件

调用 CREATE PROFILE 语句创建概要文件，该语句的语法格式为

```
CREATE PROFILE 概要文件 LIMIT
```

　[资源参数设置]

　[口令参数设置]；

对于资源参数设置，其语法格式为

资源参数 {**整数** | UNLIMITED | DEFAULT}

对于口令参数，除口令验证函数参数外，其余口令参数设置的语法格式为

口令参数 {**表达式** | UNLIMITED | DEFAULT}]

而口令验证函数设置的语法格式为

PASSWORD_VERIFY_FUNCTION {**函数名** | NULL | DEFAULT}

在上面参数设置中，对于资源参数，UNLIMITED 指出用户在使用某一资源时没有限制；而对于口令参数，UNLIMITED 则指出对该参数没有设置任何限制。

例如，下面代码创建一个概要文件，仅用于限制用户对以下资源的使用：

* 不限制用户建立的并发会话数量；
* 在每个会话中，不限制用户使用的 CPU 时间；
* 单个会话的持续时间不能超过 3h；
* 会话中的连续空闲时间不能超过 5min；
* 单个会话在 SGA 中分配的内存量不能超过 60KB。

```
SYS@orcl > CREATE PROFILE app_users LIMIT
  2          SESSIONS_PER_USER UNLIMITED
  3          CPU_PER_SESSION UNLIMITED
```

```
4          CONNECT_TIME 180
5          IDLE_TIME 5
6          PRIVATE_SGA 60K;
```

配置文件已创建

2. 修改概要文件

在需要修改现有的概要文件时，调用 ALTER PROFILE 语句可以修改其中的资源参数和口令参数设置。ALTER PROFILE 语句的语法格式为

ALTER PROFILE 概要文件 LIMIT

　[资源参数设置]

　[口令参数设置];

例如，下面代码修改我们前面创建的概要文件 app_users，为其增加对用户的口令限制：

- 尝试登录连续失败 5 次后锁定账户 1 天；
- 口令的有效期为 30 天；
- 口令的宽限期是 1 天；
- 密码至少修改 5 次之后，该密码在 20 天之后可以重复使用。

```
SYS@orcl > ALTER PROFILE app_users LIMIT
  2          FAILED_LOGIN_ATTEMPTS 5
  3          PASSWORD_LOCK_TIME 1
  4          PASSWORD_LIFE_TIME 30
  5          PASSWORD_GRACE_TIME 1
  6          PASSWORD_REUSE_MAX 5
  7          PASSWORD_REUSE_TIME 20;
```

配置文件已更改

3. 启用资源限制

使用概要文件限制用户资源使用时，需要启用资源限制，这可通过设置初始化参数 resource_limit 来实现，该参数取值可为 TRUE（启用资源限制）或 FALSE（禁用资源限制，这是默认设置）。执行下面语句即可启用资源限制：

```
SYS@orcl > ALTER SYSTEM SET resource_limit=TRUE;
```

系统已更改。

resource_limit 是一个动态参数，所以以上语句执行后立即生效。

与资源限制需要启用不同，概要文件中的口令参数始终是启用的，所以不需要额外设置。

4. 为用户指定概要文件

调用 CREATE USER 或 ALTER USER 语句可以把已经创建的概要文件指派给用户。概要文件只能指派给用户，而不能指派给角色或其他概要文件。用户创建时，如果没有显式指派概要文件，Oracle 将自动把概要文件 default 指派给他。每个用户只能指派一个概要文件，当指派新的概要文件时，它自动替换原来的概要文件。

概要文件指派给用户后，它只影响该用户以后创建的会话，而对已经使用这个用户账户创建的会话没有影响。

例如，下面语句把前面创建的概要文件 app_users 指派给用户 scott。

```
SYS@orcl > ALTER USER scott
  2          PROFILE app_users;
```

用户已更改。

下面我们用 scott 用户连接和操作数据库，观察以上概要文件所产生的影响：

```
@ > set time on
19:51:15 @ > conn scott/tiger
ERROR:
ORA-28002: the password will expire within 1 days


已连接。
19:51:26 SCOTT@orcl >
19:59:32 SCOTT@orcl > SELECT * FROM dept;
SELECT * FROM dept
*
第 1 行出现错误:
ORA-02396: 超出最大空闲时间，请重新连接

20:01:32 SCOTT@orcl >
```

scott 用户在 19:51:26 连接后，产生 ORA-28002 错误消息，这是概要文件中的口令参数 PASSWORD_GRACE_TIME 所产生的影响，它说明口令修改宽限期只剩 1 天，提示用户及时修改。

在等待到 19:59:32 时，执行一条查询语句，由于会话的连续空闲时间超出了资源参数 IDLE_TIME 设置的 5min，导致用户连接被强制断开（产生 ORA-02396 错误），所以需要重新连接 Oracle 数据库才能执行数据库操作。

5. 查询概要文件信息

Oracle 数据库内所有概要文件的定义存储在数据字典 dba_profiles 内，该数据字典包含以下内容：

- PROFILE：概要文件名称；
- RESOURCE_NAME：资源名称，可以是资源参数或者口令参数；
- RESOURCE_TYPE：说明资源类型，取值为 KERNEL 或 PASSWORD，说明 RESOURCE_NAME 取值对应的分别是资源参数和口令参数；
- LIMIT：对资源或口令所加限制。

例如，下面查询列出前面创建的概要文件 app_users 中的所有参数及其取值，其中包括未定义的参数，它们的取值为 DEFAULT。

```
SYS@orcl > SELECT * FROM dba_profiles
  2          WHERE profile='APP_USERS'
  3          ORDER BY resource_type;
```

PROFILE	RESOURCE_NAME	RESOURCE	LIMIT
APP_USERS	OMPOSITE_LIMIT	KERNEL	DEFAULT
APP_USERS	SESSIONS_PER_USER	KERNEL	UNLIMITED
APP_USERS	PRIVATE_SGA	KERNEL	61440
APP_USERS	CONNECT_TIME	KERNEL	180
APP_USERS	IDLE_TIME	KERNEL	5
APP_USERS	LOGICAL_READS_PER_CALL	KERNEL	DEFAULT
APP_USERS	LOGICAL_READS_PER_SESSION	KERNEL	DEFAULT
APP_USERS	CPU_PER_CALL	KERNEL	DEFAULT
APP_USERS	CPU_PER_SESSION	KERNEL	UNLIMITED
APP_USERS	PASSWORD_VERIFY_FUNCTION	PASSWORD	DEFAULT
APP_USERS	PASSWORD_REUSE_MAX	PASSWORD	5
APP_USERS	PASSWORD_REUSE_TIME	PASSWORD	20

```
APP_USERS                 PASSWORD_LIFE_TIME                    PASSWORD    30
APP_USERS                 FAILED_LOGIN_ATTEMPTS                 PASSWORD    5
APP_USERS                 PASSWORD_LOCK_TIME                    PASSWORD    3
APP_USERS                 PASSWORD_GRACE_TIME                   PASSWORD    1
```

已选择 16 **行。**

Oracle 数据库内为每个用户所指派的概要文件名称存储在数据字典 dba_users 的 profile 列内。例如，从下面查询语句检索结果可以看出 scott 使用上面创建的概要文件，而其他用户均使用系统默认指派的概要文件 default。

```
SYS@orcl > SELECT username, profile FROM dba_users;

USERNAME                  PROFILE
--------------------      ----------------------------
SCOTT                     APP_USERS
SYSTEM                    DEFAULT
SYS                       DEFAULT
......
```

6. 删除概要文件

调用 SQL 语句 DROP PROFILE 删除概要文件，其语法格式为

```
DROP PROFILE 概要文件 [CASCADE];
```

概要文件没有指派给用户时，不使用 CASCADE 选项可以直接删除。但是，如果概要文件已经指派给了用户，调用该语句时则必须带 CASCADE 选项，否则导致删除失败。

例如，下面语句删除我们前面创建的概要文件 app_users。

```
SYS@orcl > DROP PROFILE app_users CASCADE;
```

配置文件已删除。

概要文件删除后，Oracle 数据库将自动把概要文件 default 指派给原来指派了被删除概要文件的用户。

DROP PROFILE 只能删除用户创建的概要文件，它无法删除 Oracle 数据库的默认概要文件 default。

7.2.4　用 OEM 管理概要文件

单击图 7-3 中的概要文件链接，进入概要文件管理页面（见图 7-6）。单击该页面中的 创建 、编辑 、查看 和 删除 按钮，即可创建新概要文件，或者编辑、检索、删除现有概要文件。从图 7-6 中可以看到 Oracle 数据库安装时默认创建的概要文件 default。选择 default 概要文件后，单击

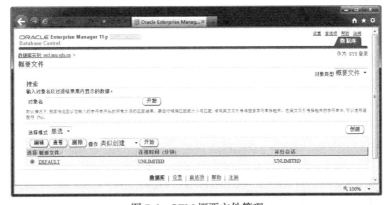

图 7-6　OEM 概要文件管理

图 7-7　OEM 编辑概要文件——资源管理　　　　图 7-8　OEM 编辑概要文件——口令管理

编辑按钮，进入编辑概要文件页面（见图 7-7）。编辑概要文件页面包含两个选项卡——一般信息（见图 7-7）和口令（见图 7-8），它们分别用于修改概要文件的资源管理和口令控制选项设置。在用户管理页面中为用户指派概要文件，有关这方面的详细操作这里不再一一介绍。

7.3　权限管理

"权限"是用于执行特定类型的 SQL 语句或访问其他用户的对象所需的权力。权限可分为以下两种。

- 系统权限：允许用户执行一个特定的数据库操作或一类数据库操作。例如，创建表的权限、创建用户的权限等都是系统权限。
- 对象权限：允许用户对特定对象（如表、视图、序列、过程、函数或程序包等）执行特定的操作。

用户具有相应的权限后，才能执行对应的操作。用户获得授权的途径有以下 3 种方式。

- 自动获得：如用户创建模式对象后自然获得对象上的所有权限。
- 直接授权：调用 GRANT 语句把系统权限和/或对象权限直接授权给用户。
- 间接授权：先创建角色，之后把权限授予角色，再让用户加入角色，这样用户通过角色间接获得相应的权限。

7.3.1　系统权限管理

系统权限不涉及任何具体的数据库对象，它指用户在数据库系统上执行的操作。

1. 系统权限分类

Oracle 数据库内的系统权限超过 200 种，按操作范围划分，系统权限细分为以下 3 类。

- 在数据库系统范围内操作的权限：如 CREATE/ALTER/DROP TABLESPACE、CREATE/ALTER SESSION、ALTER SYSTEM、CREATE/ALTER/DROP USER、CREATE/ALTER/DROP ROLE 等。
- 在用户自己模式内操作的权限：如 CREATE/ALTER/DROP TABLE、CREATE/ ALTER/DROP VIEW、CREATE/ALTER/DROP TRIGGER、CREATE/ALTER/DROP PROCEDURE、CREATE/ALTER/DROP SEQUENCE 等。拥有这些权限后，用户可以在自己的模式内操作这些对象。

- 在任何模式内操作的权限：CREATE/ALTER/DROP ANY TABLE、CREATE/ALTER/DROP ANY VIEW、CREATE/ALTER/DROP ANY TRIGGER、CREATE/ALTER/DROP ANY PROCEDURE、CREATE/ALTER/DROP ANY SEQUENCE 等。拥有这些权限后，用户可以操作所有模式内的这些对象。

从数据字典 system_privilege_map 中可以查询 Oracle 数据库的所有系统权限。该数据字典包含以下 3 列。

- privilege：系统权限代码编号；
- name：系统权限名称；
- property：权限的属性标志。

例如，从下面查询可以看到各个系统权限的名称，其查询结果说明 Oracle Database 11g 共有 208 种系统权限。

```
SYS@orcl > SELECT * FROM system_privilege_map;

 PRIVILEGE   NAME                                     PROPERTY
---------- -------------------------------------- ----------
       -3   ALTER SYSTEM                                   0
       -4   AUDIT SYSTEM                                   0
       -5   CREATE SESSION                                0
       -6   ALTER SESSION                                 0
       -7   RESTRICTED SESSION                           0
      -10   CREATE TABLESPACE                            0
      -11   ALTER TABLESPACE                             0
      -12   MANAGE TABLESPACE                            0
      -13   DROP TABLESPACE                              0
......
     -329   ALTER DATABASE LINK                           0
     -350   FLASHBACK ARCHIVE ADMINISTER                  0
```

已选择 208 行。

2．授予和撤销系统权限

在图 7-5 所示的 OEM 编辑用户界面内，单击"系统权限"选项卡，进入编辑用户页面（见图 7-9）。其中列出了所编辑用户当前具有的系统权限，如果需要向用户授予或从用户撤销系统权限，则请单击编辑列表按钮，打开用户的修改系统权限页面，如图 7-10 所示。

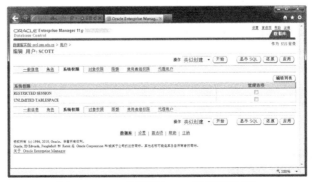

图 7-9　OEM 编辑用户——管理系统权限

在图 7-10 所示的修改系统权限页面中，左侧的可用系统权限列表列出了可以授予用户的系统权限。需要授权时，从中选择需要授予用户的权限，再单击页面内左右列表框中间的移动按钮，把选中的系统权限添加到右侧的所选系统权限列表中。最后单击 确定 按钮，即完成向用户授予系统权限的工作。

图 7-10　修改用户的系统权限

如果需要撤销用户的系统权限，请从右边所选系统权限列表框内选择需要撤销的系统权限，单击中间的 移去 按钮，最后单击 确定 按钮，即把选中的系统权限从该用户收回。

在使用 SQL 语句管理权限时，分别调用 GRANT 和 REVOKE 语句授予和撤销权限。GRANT 语句的语法格式为

```
GRANT 系统权限1[,系统权限2...]
TO {用户 | 角色 | PUBLIC}
   [WITH ADMIN OPTION];
```

使用一条 GRANT 语句可以授予一种或多种系统权限。如果把系统权限授予用户，Oracle 把该权限添加到用户的权限域内，用户可以立即执行该权限授权的操作。

把系统权限授予角色时，Oracle 将把该权限添加到角色的权限域，加入并启用了该角色的用户可以立即执行该权限授权的操作。

如果把系统权限授予 PUBLIC，Oracle 将把该权限添加到数据库内所有用户的权限域，因此每个用户可以立即执行该权限授权的操作。

GRANT 语句内的 WITH ADMIN OPTION 子句说明被授权者不仅具有执行该权限操作的能力，同时还允许他管理该系统权限，使他能够把该系统权限授予其他用户或角色，或者撤销其他用户的这一系统权限。简而言之，GRANT 语句把系统权限的执行能力授予用户，而其 WITH ADMIN OPTION 子句则把系统权限的管理能力授予用户。

例如，下面语句把系统权限 CREATE SESSION、CREATE TABLE 授予用户 zhang。

```
SYS@orcl > GRANT CREATE SESSION, CREATE TABLE
   2        TO zhang;
```

授权成功。

如果希望用户 zhang 能够同时管理这两项权限，以便他能够向其他用户授予或者从其他用户撤销这两种系统权限，则请执行下面语句：

```
SYS@orcl > GRANT CREATE SESSION, CREATE TABLE
   2        TO zhang
   3        WITH ADMIN OPTION;
```

授权成功。

使用 GRANT 语句把系统权限的执行（和管理）权力授予用户后，如果想撤销其权限，则需调用 REVOKE 语句。REVOKE 语句的语法格式为

```
REVOKE 系统权限 1[,系统权限 2...]
FROM {用户 | 角色 | PUBLIC};
```

例如，下面语句撤销 zhang 用户的 CREATE TABLE 权限：

```
SYS@orcl > REVOKE CREATE TABLE FROM zhang;
```

撤销成功。

撤销系统权限时应注意以下几点。

（1）能够撤销某项系统权限的用户必须具有授予该权限的权力。

（2）如果只是想收回 WITH ADMIN OPTION 子句授予的管理系统权限的权力，而保留执行系统权限的能力，则只能先撤销该系统权限，然后再使用不带 WITH ADMIN OPTION 子句的 GRANT 语句授予用户该项系统权限。

（3）如果用户已经使用被授予系统权限执行了某项操作，撤销系统权限不会对操作的结果产生影响。例如，授予用户 CREATE TABLE 系统权限后，用户利用该权限创建了一些表，之后在撤销其 CREATE TABLE 权限后，这些表仍然可以使用。

（4）如果使用 WITH ADMIN OPTION 子句向用户 A 授予了某项系统权限，A 将该项系统权限又授予了用户 B，当撤销用户 A 的这项系统权限时，B 用户的该系统权限仍然保留。

3．查询系统权限

授予用户或角色的系统权限信息记录在 Oracle 数据库的数据字典内，与此相关的数据字典如表 7-5 所示。

表 7-5   与系统权限相关的数据字典

数据字典	描　　述
USER_SYS_PRIVS	列出授予当前用户的系统权限
SESSION_PRIVS	列出会话当前可以使用的系统权限
DBA_SYS_PRIVS	列出授予用户和角色的系统权限

例如，下面语句查询到用户 zhang 当前可以使用的权限是 CREATE SESSION。

```
ZHANG@orcl > SELECT * FROM session_privs;

PRIVILEGE
----------------------------------------
CREATE SESSION
```

又如，下面语句查询用户 zhang 被授予的系统权限，从查询结果可以看出 zhang 被授予 CREATE SESSION，并同时被授予管理该权限的能力。

```
ZHANG@orcl > SELECT * FROM user_sys_privs;

USERNAME        PRIVILEGE                               ADMIN
-------------   ------------------------------------    -------
ZHANG           CREATE SESSION                          YES
```

再如，数据库管理员执行下面语句从数据字典 dba_sys_privs 中查询 scott 用户当前具有的系统权限情况。

```
SYS@orcl > SELECT * FROM dba_sys_privs WHERE grantee='SCOTT';

GRANTEE         PRIVILEGE                               ADMIN
-------------   ------------------------------------    -------
SCOTT           RESTRICTED SESSION                      NO
```

```
SCOTT            UNLIMITED TABLESPACE                        NO
SCOTT            CREATE USER                                 NO
SCOTT            CREATE TRIGGER                              NO
SCOTT            CREATE TABLESPACE                           NO
SCOTT            CREATE SESSION                              NO
SCOTT            ALTER ANY TABLE                             NO
```

已选择 7 行。

4. 几种常用系统权限

在 Oracle 数据库系统中，常常会用到以下几种系统权限。

（1）SYSDBA 和 SYSOPER：使用 SYSDBA 和 SYSOPER 可执行以下管理操作，但 SYSOPER 权限不能查看用户数据：

- STARTUP 和 SHUTDOWN；
- CREATE SPFILE；
- ALTER DATABASE OPEN/MOUNT/BACKUP；
- ALTER DATABASE ARCHIVELOG；
- ALTER DATABASE RECOVER（SYSOPER 只能执行完全恢复，任何形式的不完全恢复，如 UNTIL TIME|CHANGE|CANCEL|CONTROLFILE 等，均需 SYSDBA 权限）；
- RESTRICTED SESSION；
- CREATE DATABASE（需要 SYSDBA 权限）。

（2）SYSASM：使用此权限可以启动、关闭和管理 ASM 实例。

（3）RESTRICTED SESSION：如果数据库是在受限模式下打开的，具有这个权限就能够登录数据库系统。

7.3.2　对象权限管理

对象权限是指用户在特定对象上执行特定操作的权力，每个用户自动具有自己模式内对象上的所有权限，因此可以把该权限授予其他用户。

1. 对象权限分类

Oracle 数据库中的对象权限有 20 多种，从数据字典 table_privilege_map 中可以查询 Oracle 数据库的所有对象权限。该数据字典包含以下两列：

- privilege：对象权限代码编号；
- name：对象权限名称。

从下面查询可以看到各个对象权限的名称，其查询结果说明 Oracle Database 11g 共有 26 种对象权限：

```
SYS@orcl > SELECT * FROM TABLE_PRIVILEGE_MAP;

PRIVILEGE    NAME
----------   ----------------------------------------
        0    ALTER
        1    AUDIT
        2    COMMENT
        3    DELETE
        4    GRANT
        5    INDEX
        6    INSERT
......
```

```
29      USE
30      FLASHBACK ARCHIVE
```

已选择 26 行。

数据库对象上的常用对象权限如表 7-6 所示。

表 7-6　　　　　　　　　　　　　　　　　对象与对象权限

对象权限＼模式对象	表	列	视图	序列	过程/函数/包	说　明
SELECT	√		√	√		查询操作
INSERT	√	√	√			插入操作
UPDATE	√	√	√			更新操作
DELETE	√		√			删除操作
EXCUTE					√	执行过程、函数或包
ALTER	√			√		修改表或系列定义
INDEX	√					为表建立索引
REFERENCES	√	√				建立参照关系

2．授予和撤销系统权限

在图 7-5 所示的 OEM 编辑用户界面内，单击"对象权限"选项卡，进入编辑用户页面（见图 7-11）。其中列出了所编辑用户当前具有的对象权限，如果需要向用户授予或从用户撤销对象权限，则请从选择对象类型下拉列表内选择对象类型，之后单击 添加 按钮，在打开的添加对象权限页面内实现对象权限管理，如图 7-12 所示。

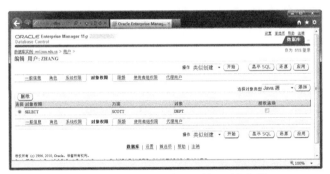

图 7-11　OEM 编辑用户——管理对象权限

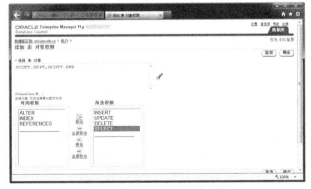

图 7-12　修改用户的对象权限

对象权限也可以使用 SQL 语句 GRANT 和 REVOKE 授予和撤销。在授予对象权限时，GRANT 语句的语法格式为

```
GRANT {ALL | 对象权限1[,对象权限2...]} [列1[列2...]] ON [模式名.]对象名
TO {用户 | 角色 | PUBLIC}
  [WITH GRANT OPTION];
```

一条 GRANT 语句可以把一个对象上的一种、多种或全部权限授予用户、角色或所有用户（PIUBLIC）。

GRANT 语句内的 WITH GRANT OPTION 子句类似于系统权限授权时的 WITH ADMIN OPTION 子句，它说明在把对象权限的执行权力授予用户的同时，还授予对象权限的管理权。但在向角色授权时，不能使用 WITH GRANT OPTION 子句。

例如，下面语句把 scott.dept 表上的 INSERT、UPDATE、DELETE 对象权限授予用户 zhang。

```
SCOTT@orcl > GRANT INSERT, UPDATE, DELETE
2             ON dept
3             TO zhang;
```

授权成功。

如果希望把 scott.dept 表上的 INSERT、UPDATE、DELETE 权限授予用户 zhang，并且同时让其管理这些权限，以便他能够向其他用户授予该表上的这些对象权限，则请执行下面语句：

```
SCOTT@orcl > GRANT INSERT, UPDATE, DELETE
2             ON dept
3             TO zhang
4             WITH GRANT OPTION;
```

授权成功。

使用 GRANT 语句把对象权限的执行（和管理）权授予用户后，如果想撤销其权限，则需调用 REVOKE 语句。REVOKE 语句的语法格式为

```
REVOKE 对象权限1[,对象权限2...]
FROM {用户 | 角色 | PUBLIC};
```

例如，下面语句撤销用户 zhang 在 scott.dept 表上的 DELETE 权限：

```
SCOTT@orcl > REVOKE DELETE On scott.dept  FROM zhang;
```

撤销成功。

撤销对象权限时应注意以下几点。

（1）用户具有的对象权限只能由授予者收回。

（2）当多个用户向用户 A 授予相同的对象权限后，如果只是其中一个或部分用户从 A 收回了该对象权限，那么 A 用户仍然具有这个对象权限。只有当授予该对象权限的所有用户撤销用户 A 的这一对象权限后，A 才失去该权限。这一点与撤销系统权限不同：只要有一个用户撤销了用户的系统权限，他就不再具有该权限。

（3）如果只是想收回 WITH GRANT OPTION 子句授予的管理对象权限的权力，而保留执行对象权限的能力，则只能先调用 REVOKE 语句撤销该对象权限，然后再使用不带 WITH GRANT OPTION 子句的 GRANT 语句授予用户该项对象权限的执行权力。

（4）如果使用 WITH GRANT OPTION 子句向用户 A 授予了某项对象权限，A 又将该项权限授予了用户 B，当收回用户 A 的这项对象权限时，用户 B 的该对象权限也一并被收回。

3. 查询对象权限信息

授予用户或角色的对象权限信息记录在 Oracle 数据库的数据字典内，与此相关的数据字典如表 7-7 所示。

表 7-7　　　　　　　　　　　　　　与对象权限相关的数据字典

数据字典	描　述
DBA_TAB_PRIVS	列出数据库内授予用户的所有对象权限信息
USER_TAB_PRIVS	列出当前用户是对象所有者、授权者或被授权者的对象权限信息
DBA_COL_PRIVS	列出数据库内所有列上的对象权限信息
USER_COL_PRIVS	列出当前用户是对象所有者、授权者或被授权者的列对象权限信息
USER_COL_PRIVS_MADE	列出当前用户是对象所有者的列对象权限信息
USER_COL_PRIVS_RECD	列出当前用户是被授权者的列对象权限信息
DBA_COL_PRIVS	列出当前用户是对象所有者、授权者或被授权者的列对象授权信息
ROLE_TAB_PRIVS	列出授予角色的对象权限信息

例如，下面语句查询到用户 zhang 当前具有的对象权限。查询结果中 grantee、grantor 列分别为被授权用户和授权用户的名称，grantable 列说明是否把对象权限的管理权授予用户。

```
ZHANG@orcl > SELECT * FROM user_tab_privs;

GRANTEE    OWNER    TABLE_NAME    GRANTOR    PRIVILEGE    GRANTABLE    HIE
---------  -------  -----------   -------    ----------   ----------   -------
ZHANG      SCOTT    DEPT          SCOTT      UPDATE       YES          NO
ZHANG      SCOTT    DEPT          SCOTT      INSERT       YES          NO
```

7.4　角色管理

角色是一组相关权限的集合。DBA 可以使用角色为用户授权，也可以从用户收回角色。由于一个角色可以具有多种权限，因此在授权时可以一次授予用户多种权限，同时，还可以将同一个角色授予不同的用户。与 7.3 节介绍的直接授权相比，使用角色间接授权可以大大简化 DBA 对权限的控制与管理。

Oracle 数据库角色包含下列特点。

● 一个角色可拥有多种系统权限和对象权限，一个角色也可以授权给其他角色，但不能授予它自己，即使间接授予也不行。例如，角色 r1 不能授予 r1。如果角色 r1 已经授予了角色 r2，这时就不能再把 r2 授予 r1，否则会造成间接把角色 r1 授予自身。

● 角色授予与收回语句同系统权限的授予与收回命令相同。角色可以授权给任何数据库用户，授权给用户的每一角色可以被激活或禁止。只有当角色激活之后，该角色的权限才包含在激活它的用户的权限域中，这样可以让用户选择要使用的权限。

● 角色不是模式对象，它不包含在任何模式中。

与 Oracle 数据库内的其他操作一样，角色管理也可以使用 OEM 和 SQL 语句两种方式。

单击图 7-3 中的角色链接，进入数据库的角色页面（见图 7-13）。单击该页面中的 创建、编辑、查看 和删除按钮，即可创建新角色，或者编辑、查看、删除现有角色。从图 7-13 中可以看到 Oracle 数据库上当前已经建立的角色，这些角色包括系统预定义角色和用户创建的角色（如果已经创建的话）。选择一个角色（如 dba）后，单击 查看 按钮，进入查看角色页面（见图 7-14），即可查看授予该角色的各项系统权限、对象权限以及其他角色信息。

图 7-13　OEM 角色管理

图 7-14　查看角色信息

本节接下来将详细介绍怎样使用 SQL 语句执行与角色相关的操作。

7.4.1　创建角色

调用 SQL 语句 CREATE ROLE 创建角色，其语法格式为

```
CREATE ROLE 角色
    [NOT IDENTIFIED |
     IDENTIFIED {BY 口令 | EXTERNALLY | GLOBALLY}
    ];
```

其中：

- 角色指出所创建的角色名称，在一个数据库中，每一个角色名不能与所有数据库用户名相同，也不能与其他角色名相同；

- NOT IDENTIFIED 子句说明该角色使用数据库认证方式，但是在启用（调用 SET ROLE 语句）时不需要口令；

- IDENTIFIED 子句说明调用 SET ROLE 语句激活角色时，用户必须按照指定的方法提供验证。角色验证方法与用户验证一样，可以采用数据库口令验证（使用 BY 子句提供口令）、外部认证和全局认证。

例如，下面创建两个角色 sr_admin、sr_query，它们均采用数据库口令认证方式。

```
SYS@orcl > CREATE ROLE sr_admin
  2          IDENTIFIED BY admin;
```

角色已创建。

```
SYS@orcl > CREATE ROLE sr_query
  2          IDENTIFIED BY query;
```

角色已创建。

7.4.2　为角色授权

为角色授权非常简单，调用 GRANT 语句可以把系统权限、对象权限以及其他角色授予角色。例如，下面语句分别把系统权限（CREATE SESSION）、对象权限和角色（自定义角色 sr_query 和系统预定义角色 connect）授予前面创建的两个角色。

```
SYS@orcl > GRANT CREATE SESSION TO sr_admin;
```

授权成功。
```
SYS@orcl > GRANT INSERT,UPDATE,DELETE ON scott.dept
  2          TO sr_admin;
```

授权成功。
```
SYS@orcl > GRANT SELECT ON scott.dept TO sr_query;
```

授权成功。
```
SYS@orcl > GRANT sr_query TO sr_admin;
```

授权成功。
```
SYS@orcl > GRANT CONNECT TO sr_query;
```

授权成功。

7.4.3　管理用户角色

1. 向用户授予角色

角色创建和授权之后，要把角色授予用户，才能实现向用户间接授权的目的。向用户授予角色操作与向用户授予系统权限一样，需要调用 GRANT 语句，其语法格式为

```
GRANT 角色1[, 角色2... ]
    TO {用户1 | 角色1 | PUBLIC}
    [, {用户2 | 角色2 }... ]
    [WITH ADMIN OPTION];
```

如果将角色授予 PUBLIC，Oracle 数据库将使所有用户可以使用该角色。

上面语句中的 WITH ADMIN OPTION 子句与系统权限授权中的作用一样，它要求把角色的管理权限授予指定的用户或角色。

例如，下面语句把前面创建的 sr_admin 角色授权给用户 zhang。

```
SYS@orcl > GRANT sr_admin TO zhang;
```

授权成功。

又如，下面语句把前面创建的 sr_query 角色授权给用户 zhang，并同时向其授予该角色的管理权限。

```
SYS@orcl > GRANT sr_query TO zhang WITH ADMIN OPTION;
```

授权成功。

查询数据字典 user_role_privs 可以了解用户自己目前已加入了哪些角色。例如，用户 zhang 在连接之后执行下面语句，查询到授予自己的两个角色，它们都不是该用户的默认角色。

```
ZHANG@orcl > SELECT granted_role,default_role
   2              FROM user_role_privs;


GRANTED_ROLE                         DEF
-----------------------------        ---
SR_ADMIN                             NO
SR_QUERY                             NO
```

2. 撤销用户角色

角色授予用户或其他角色之后，可调用 REVOKE 语句撤销。例如，下面语句将撤销授予用户 zhang 的角色 sr_query：

```
SYS@orcl > REVOKE sr_query FROM zhang;
```

撤销成功。

撤销用户角色对已经启用该角色的用户会话没有影响，所以这些用户会话仍可使用被撤销角色的权限进行操作，但该用户之后不能再启用该角色。

3. 启用和禁用角色

角色授予用户之后，其默认为禁用状态，这时用户连接之后，还没有获得角色所具有的权限。用户要想获得授权给角色的权限，需要调用 SET ROLE 语句启用角色。SET ROLE 语句同时还可以禁用角色，其语法格式为

```
SET ROLE {角色1 [ IDENTIFIED BY 口令 ]
   [, 角色2[ IDENTIFIED BY 口令]]...
   | ALL [ EXCEPT 角色a[,角色b] ...]
   | NONE };
```

其中：

* 角色1、角色2等指出需要启用的角色，角色使用数据库口令认证时，需要在 IDENTIFIED BY 子句中提供相应的口令，如果没有为角色设置口令，则无需提供 IDENTIFIED BY 子句；

* ALL 指出为当前会话启用用户已加入的所有角色，而 ALL EXCEPT 子句指出启用用户已加入角色中除角色a、角色b等之外的所有角色；使用 ALL 或 ALL EXCEPT 子句时要确保所启用的所有角色均没有设置口令，否则将导致该语句执行失败；

* NONE 指出禁用当前会话的所有角色，其中包括用户的默认角色。

例如，用户 zhang 在启用角色之前执行下面语句失败，说明他没有获得角色 sr_query 所具有的权限。

```
ZHANG@orcl > SELECT * FROM scott.dept;
SELECT * FROM scott.dept
                     *
```

第 1 行出现错误：

ORA-01031: 权限不足

在执行下面语句激活角色 s_query 之后，通过该角色获得了对 scott.dept 表的查询权限，因此可以执行查询。

```
ZHANG@orcl > SET ROLE sr_query IDENTIFIED BY query;
```

角色集

```
ZHANG@orcl > SELECT * FROM scott.dept;

    DEPTNO  DNAME           LOC
---------- -------------- -------------
        10  ACCOUNTING      NEW YORK
```
......

这里需要注意的是，我们前面已经撤销了用户 zhang 的 sr_query 角色，为什么他还能启用它，并通过它获得对 scott.dept 表的查询权限？这是因为管理员通过 sr_admin 角色间接把角色 sr_query 授予了用户 zhang。所谓间接角色是指通过授予用户的另一个角色授权给用户的角色。例如，我们把角色 sr_admin 直接授权给用户 zhang，而前面已经把角色 sr_query 授权给了 sr_admin，所以 sr_admin 是用户 zhang 的直接角色，而 sr_query 成为其间接角色。用户在启用直接角色时，会自动随之启用间接角色，这时不需要为间接角色提供认证口令。

用户会话不再需要角色所提供的权限时，应该禁用角色。禁用角色不需要再提供口令，如下面语句禁用用户 zhang 当前会话中已启用的所有角色：

```
ZHANG@orcl > SET ROLE NONE;
```

角色集

4. 设置用户默认角色

用户默认角色在用户连接后被自动激活，所以用户不用显式启用角色就可立即获得它们所具有的权限。使用 ALTER USER 语句设置用户的默认角色，其语法格式为

```
ALTER USER 用户 DEFAULT ROLE
    { 角色 1 [, 角色 2 ...]
    | ALL [ EXCEPT 角色 a [,角色 b]... ]
    | NONE};
```

上面语句说明把角色 1、角色 2 等设置为用户的默认角色，或者把用户已加入角色中除角色 a、角色 b 等之外的所有角色设置为默认角色。

NONE 选项指出把用户已加入的所有角色设置为非默认角色。

```
SYS@orcl > ALTER USER zhang
  2           DEFAULT ROLE sr_admin;
```

用户已更改。

从下面查询中可以看出上面语句的设置结果：

```
ZHANG@orcl > SELECT granted_role,default_role
  2            FROM user_role_privs;

GRANTED_ROLE                     DEF
------------------------------   ---
SR_ADMIN                         YES
```

这样用户 zhang 在下次连接后将自动激活角色 sr_admin，同样也将自动激活与 sr_admin 相关的间接角色 sr_query。直接获得它具有的权限。

```
@ > conn zhang/zhang
```

已连接。

```
ZHANG@orcl > SELECT * FROM scott.dept;

    DEPTNO DNAME           LOC
---------- -------------- -------------
        10 ACCOUNTING      NEW YORK
......
```

调用 SET ROLE NONE 语句也可以禁用隐含激活的默认角色。例如：

```
ZHANG@orcl > SET ROLE NONE;
```

角色集

之后用户 zhang 失去从默认角色继承的对 scott.dept 的查询权限，因此导致下面查询语句失败：

```
ZHANG@orcl > SELECT * FROM scott.dept;
select * from scott.dept
                *
```

第 1 行出现错误：

ORA-00942：**表或视图不存在**

需要注意的是，虽然执行 SET ROLE 语句可以启用和禁用直接角色和间接角色，但调用 ALTER USER 语句设置用户默认角色时，只能把直接角色设置为用户的默认角色，而不能把间接角色设置为用户的默认角色。因此，在执行下面语句时就会产生错误：

```
SYS@orcl > ALTER USER zhang
  2          DEFAULT ROLE sr_query;
ALTER USER zhang
*
```

第 1 行出现错误：

ORA-01955: DEFAULT ROLE 'SR_QUERY' **未授予用户**

7.4.4 查询角色信息

Oracle 数据库内所创建的角色，以及与角色授权相关的信息均存储在数据字典内，与角色相关的数据字典如表 7-8 所示。

表 7-8　　　　　　　　　　　　与角色相关的数据字典

数据字典	描　　述
DBA_ROLES	列出数据库内的所有角色
USER_ROLE_PRIVS	列出授予当前用户的角色
DBA_ROLE_PRIVS	列出数据库内授予所有用户和角色的角色
SESSION_ROLES	列出会话当前已经启用的角色
DBA_CONNECT_ROLE_GRANTEES	列出被授予 CONNECT 权限用户
ROLE_ROLE_PRIVS	列出授予其他角色的角色信息
ROLE_SYS_PRIVS	列出授予角色的系统权限信息
ROLE_TAB_PRIVS	列出授予角色的表权限信息

例如，执行下面语句可以分别查询授予角色 sr_admin 的角色、系统权限和对象权限信息。

```
SELECT * FROM role_role_privs WHERE ROLE='SR_ADMIN';
SELECT * FROM role_sys_privs WHERE ROLE='SR_ADMIN';
SELECT * FROM role_tab_privs WHERE ROLE='SR_ADMIN';
```

又如，下面语句从数据字典 dba_role_privs 查询授予用户 zhang 的角色信息，该字典内各列的作用如下。

- GRANTEE：被授予角色的用户或角色名称；
- GRANTED_ROLE：授予的角色名称；
- ADMIN_OPTION：说明授予角色时是否带有 ADMIN OPTION；
- DEFAULT_ROLE：指出该角色是否被指定为用户的默认角色。

```
SYS@orcl > SELECT * FROM dba_role_privs WHERE grantee='ZHANG';

GRANTEE          GRANTED_ROLE       ADMIN_OPTION      DEFAULT_ROLE
------------     ---------------    ------------      -------------
ZHANG            SR_ADMIN           NO                YES
```

7.4.5 修改和删除角色

创建角色后，调用 ALTER ROLE 语句可以修改角色。ALTER ROLE 语句中的各子句与 CREATE ROLE 语句的相同，这里不再重复列出。例如，下面语句把前面创建的 sr_query 角色从口令认证方式修改为无需口令认证。

```
SYS@orcl > ALTER ROLE sr_query NOT IDENTIFIED;
```

角色已丢弃。

修改角色对已经启用该角色的用户会话没有影响，它只影响之后所建立的用户会话。

调用 SQL 语句 DROP ROLE 可以删除数据库内的角色，其语法格式非常简单：

```
DROP ROLE 角色;
```

在删除角色时，Oracle 将把它从被授予到的所有用户和角色中撤销，并从数据库中删除。删除角色不仅会影响之后所建立的用户会话，还会对已经启用该角色的用户会话立即产生影响。Oracle Database SQL Language Reference 11g Release 2 (11.2)文档中 DROP ROLE 语句说明部分指出删除角色对已经启用该角色的用户会话不会产生影响，而从下面实际操作看，这一说明与事实不符。

```
@ > set time on
00:39:13 @ > conn zhang/zhang
已连接。
00:39:28 ZHANG@orcl > SELECT * FROM scott.dept;

    DEPTNO DNAME          LOC
---------- -------------- -------------
        10 ACCOUNTING     NEW YORK
        20 RESEARCH       DALLAS
        30 SALES          CHICAGO
        40 OPERATIONS     BOSTON

00:39:44 ZHANG@orcl > DELETE FROM scott.dept WHERE deptno=40;
```

已删除 1 行。

以上语句能够成功执行说明用户 zhang 已经获得了角色 sr_admin 和 sr_query 的权限。接下来，DBA 删除角色 sr_admin。

```
SYS@orcl > set time on
00:40:30 SYS@orcl > DROP ROLE sr_admin;
```

角色已删除。

```
00:40:41 SYS@orcl >
```

此后，用户 zhang 在不重新登录的情况下执行下面语句失败，说明删除角色 sr_admin 影响到已经启用该角色的用户会话。

```
00:40:57 ZHANG@orcl > DELETE FROM scott.dept WHERE deptno=30;
DELETE FROM scott.dept WHERE deptno=30
                       *
```

第 1 行出现错误：

ORA-01031: 权限不足

但此时，用户 zhang 仍能执行下面查询，这说明虽然删除了角色 sr_admin，但已经建立的用户会话通过间接角色 sr_query 得到的权限不受 sr_admin 删除的影响。

```
00:41:02 ZHANG@orcl > SELECT * FROM scott.dept;

    DEPTNO  DNAME              LOC
---------- --------------- -------------
        10  ACCOUNTING         NEW YORK
        20  RESEARCH           DALLAS
        30  SALES              CHICAGO
```

接下来，DBA 删除角色 sr_query：

```
00:41:50 SYS@orcl > DROP ROLE sr_query;
```

角色已删除。

此后，用户 zhang 无法成功执行下面语句，这说明无论角色是用户的直接角色还是间接角色，只要删除它们，就会对用户立即产生影响（包括已经建立的会话）。

```
00:42:35 ZHANG@orcl > SELECT * FROM scott.dept;
SELECT * FROM scott.dept
                 *
```

第 1 行出现错误：

ORA-01031: 权限不足

7.4.6 预定义角色

除用户创建的自定义角色之外，Oracle 数据库还提供一些预定义角色。在创建数据库时，随选择安装的组件不同，Oracle 数据库内创建的预定义角色也不同。常用的预定义角色如表 7-9 所示，建议尽量不要使用预定义角色，而通过直接授权或自定义角色方式为用户授权，因为 Oracle 数据库在未来版本中可能更改或删除为预定义角色定义的权限。例如，CONNECT 角色在前期版本中有多种权限，而在 Oracle Database 11g 中只剩下 CREATE SESSION 权限。

表 7-9 常用预定义角色

预定义角色	描　　述
CONNECT	当前版本中该角色只有 CREATE SESSION 权限，常把该角色授予需要访问数据库的所有用户
RESOURCE	使用户能够在自己的模式内创建某些而不是所有类型的模式对象，具体授予了创建哪些对象的权限，可从 dba_role_privs 中查询。该角色只需授予需要创建模式对象的开发人员或用户
DBA	使用户能够执行大多数管理功能，如创建用户和授权，创建和授予角色，在所有模式内创建、修改和删除模式对象等。它具有除启动和关闭数据库实例外的所有系统权限。sys 和 system 用户默认被授予 DBA 权限

例如，下面语句查询到预定义角色 resource 具有创建 8 种对象的系统权限。

```
SYS@orcl > SELECT role,privilege FROM role_sys_privs
```

```
2           WHERE role='RESOURCE';

ROLE                      PRIVILEGE
------------------------  ----------------------------
RESOURCE                  CREATE SEQUENCE
RESOURCE                  CREATE TRIGGER
RESOURCE                  CREATE CLUSTER
RESOURCE                  CREATE PROCEDURE
RESOURCE                  CREATE TYPE
RESOURCE                  CREATE OPERATOR
RESOURCE                  CREATE TABLE
RESOURCE                  CREATE INDEXTYPE
```

已选择 8 行。

执行类似的语句，我们可以查询 dba 角色具有的系统权限，从下面语句的执行结果可以看出 Oracle Database 11g 中定义的 dba 角色具有 202 项系统权限。

```
SYS@orcl > SELECT role,privilege FROM role_sys_privs
2           WHERE role='DBA';

ROLE                      PRIVILEGE
------------------------  ----------------------------
DBA                       CREATE SEQUENCE
DBA                       CREATE TRIGGER
......
DBA                       CREATE CUBE BUILD PROCESS
DBA                       FLASHBACK ARCHIVE ADMINISTER
```

已选择 202 行。

还可以从 role_tab_privs 和 role_role_privs 中进一步查询 dba 角色所具有的对象权限和其他角色。

本章小结

本章介绍了 Oracle 数据库中的用户、权限、角色、概要文件管理等内容。

Oracle Database 使用用户账户控制对数据库服务器的连接，用户的口令认证可以采用数据库认证、口令文件认证、操作系统认证、外部认证等方式。使用概要文件可以控制用户对数据库服务器上资源的使用，以及口令设置策略等。

用户连接 Oracle 数据库服务器后，在数据库上可以执行哪些操作由其获得的权限决定。Oracle 数据库权限分为系统权限和对象权限两种。向用户授权可以采用直接授权和间接授权两种方式。所谓间接授权，就是把权限授予角色，之后让用户加入角色。用户加入角色后，在会话中需要激活角色才能获得角色权限。

习　题

一、填空题

1. Oracle 数据库用户口令认证可以采用＿＿＿＿＿＿＿、＿＿＿＿＿＿＿、＿＿＿＿＿＿＿认证等几种方式。

2. Oracle 数据库概要文件的主要用于_____、_____等。

3. Oracle 数据库的中的权限分为_____和_____两种类型，向用户直接授权需调用_____ SQL 语句。

4. 用户连接 Oracle 数据库后希望得到角色权限，这有两种实现方法：一种方法是让管理员把角色设置为用户默认角色，另一种方法是_____，需调用的 SQL 语句是_____。

二、简答题

1. 简要说明在 Oracle 数据库内普通用户口令认证和管理员口令认证都有哪些方法。

2. 简述用户通过默认角色和非默认角色获得权限有何异同。

三、实训题

1. 请创建一个用户 books_pub，要求他第一次登录时必须修改口令，将其默认表空间和默认临时表空间分别设置为 books_pub 和 temp，并在表空间 users、demots 和 books_pub 上分别为他分配 10MB、10MB 和 50MB 的存储空间。

2. 把创建会话的系统权限，以及 scott 用户 dept 表和 emp 表上的所有对象授予用户 books_pub。

3. 创建一个角色，把创建常用数据库对象（如表、索引、视图、同义词、序列）的权限授予角色。之后，把用户 books_pub 加入到该角色，并设置为其默认角色。

4. 创建一个概要文件，使用它对用户做出以下限制：

- 用户账户并发会话数量最多为 5；
- 用户会话空闲 15min 后断开；
- 用户登录连续失败 3 次后锁定其账户。

把该概要文件指派给用户 books_pub，并使用该账户连接测试以上限制。

第二部分
Oracle 数据库应用开发

- 序列和同义词
- 表
- 索引
- 视图
- PL/SQL 语言基础
- 游标、存储过程和函数
- 触发器
- 动态 SQL 操作
- 对象
- 包
- Java 开发中的应用

第二部分
Oracle 数据库应用开发

第8章
序列和同义词

序列是 Oracle 数据库中一个生成整数序号的模式对象。由序列产生的一组整数可以用作表的主键值，这个特性在数据库开发的过程中经常会遇到。如果没有这个生成器，那么只能够在前台应用程序控制。这不仅会增加应用系统的开发工作量，而且也难以控制并发访问。

同义词是数据库模式对象的一个别名，经常用于简化对象访问和提高对象访问的安全性。在使用同义词时，Oracle 数据库将它翻译成相应模式对象的名字。

本章将介绍序列和同义词的创建、使用、修改、删除等内容。

8.1 序列

序列（sequence）是一个序列号生成器，它可以自动生成序列值，产生一组等间隔的数值。其主要作用是生成表的主键，可以在插入语句中引用，也可以通过查询检查当前值，或使序列增至下一个值。

8.1.1 创建序列

使用 CREATE SEQUENCE 语句创建序列，其语法如下：

```
CREATE SEQUENCE [schema.] sequence_name
  [INCREMENT BY {1 | n}]
  [START WITH n]
  [MAXVALUE n | NOMAXVALUE]
  [MINVALUE n | NOMINVALUE]
  [CYCLE | NOCYCLE]
  [CACHE  n | NOCACHE]
  [ORDER | NOORDER];
```

其中：

- sequence_name 指出创建的序列名称；
- INCREMENT BY 定义序列递增的步长，默认为 1。如果 n 是负值，则代表序列值是按照步长递减；
- START WITH 指定序列的起始值，默认为 1；
- MAXVALUE 指定序列的最大值，选项 NOMAXVALUE 是默认选项，代表没有最大值限制；
- MINVALUE 指定序列的最小值，选项 NOMINVALUE 是默认选项，代表没有最小值限制；
- CYCLE 和 NOCYCLE 指定该序列在达到最大值或最小值后是否循环，CYCLE 代表循环，NOCYCLE 代表不循环；如果循环，则当递增序列达到最大值时，循环到最小值；当递减序列达到

最小值时, 循环到最大值; 如果不循环, 达到限制值后, 继续产生新值就会发生错误;

- CACHE 和 NOCACHE 指出数据库是否在内存中预分配一定数量的序列值进行缓存, 预分配序列值可以加快访问速度, 提高性能; 参数 n 的最小值是 2, 其默认值是 20; 对于循环序列, 缓存的序列值数量一定要小于该序列循环的值数量, 因此可以缓存的序列值个数最多为

```
CELL ( MAXVALUE - MINVALUE ) / ABS ( INCREMENT )
```

- ORDER 和 NOORDER 指出是否确保按照请求顺序生成序列号, 默认为 NOORDER。

例如, 以 books_pub 用户连接到数据库后, 创建序列 books_seq。该序列的初始值为 10, 递增步长为 1, 最大值是 100000。

```
BOOKS_PUB@orcl_dbs >CREATE SEQUENCE books_seq
  2     START WITH 10
  3     INCREMENT BY 1
  4     MAXVALUE 100000
  5     CACHE 10
  6     NOCYCLE;
```

序列已创建。

又如, 下面语句创建序列 books_seq1, 它从 100000 开始计数, 增量为-5。

```
BOOKS_PUB@orcl_dbs >CREATE SEQUENCE books_seq1
  2     START WITH 100000
  3     INCREMENT BY -5
  4     MINVALUE 1
  5     MAXVALUE 100000
  6     NOCYCLE
  7     CACHE 5;
```

序列已创建。

8.1.2　使用序列

序列创建后, 可以通过序列的两个属性——currval 和 nextval 来引用序列的值, 它们分别用来获取序列的当前值和下一个值。调用方式为

序列名.nextval/currval

在首次查询序列的当前值之前, 必须通过查询序列的下一个值对序列进行初始化。例如, 下面语句在查询 books_seq1.nextval 时, 将该序列初始化。

```
BOOKS_PUB@orcl_dbs >SELECT books_seq.nextval
  2     FROM dual;

   NEXTVAL
----------
    10
```

序列 books_seq 的第一个值为 10, 经过上述初始化之后, 就可以使用 currval 来获取该序列的当前值。

```
BOOKS_PUB@orcl_dbs >SELECT books_seq.currval
  2     FROM dual;

   CURRVAL
----------
    10
```

在 Oracle 数据库内，常常使用序列为表的主键列提供列值。例如，下面语句首先创建一个表：

```
BOOKS_PUB@orcl_dbs >CREATE TABLE books(
  2    bookid NUMBER(6) PRIMARY KEY,
  3    booknum VARCHAR2(6),
  4    bookname VARCHAR2(60),
  5    author VARCHAR2(50),
  6    publish VARCHAR2(50),
  7    bookprice NUMBER(8,2),
  8    category CHAR(10),
  9    booktime DATE
 10  );
```

接下来，在向表 books 中插入记录时，即可使用前面创建的 books_seq 序列来为 bookid 赋值。例如：

```
BOOKS_PUB@orcl_dbs > INSERT INTO books
  2   VALUES (books_seq.currval, 'DB1001', '数据库原理', '高伟',
  3   '清华大学出版社', 40.8, 'XX-COM', SYSDATE);
```

已创建 1 行。

 　　上面语句向表 books 中插入第 1 条数据时，使用的是 books_seq.currval 对 bookid 列进行赋值。如果继续向表 books 中插入数据，则应该使用 books_seq.nextval 让序列产生下一个序列值，对 bookid 列赋值，保证主键列值的唯一性。

```
BOOKS_PUB@orcl_dbs > INSERT INTO books
  2   VALUES(books_seq.nextval, 'DB1006', '大型数据库技术', '王逸轩',
  3   '中国铁道出版社', 30.5, 'XX-COM', '');
```

已创建 1 行。

```
BOOKS_PUB@orcl_dbs > INSERT INTO books
  2   VALUES(books_seq.nextval, 'DB1007', 'Oracle Database 11g基础教程',
  3   '张君宝','电子工业出版社', 34.6, 'XX-COM', '');
```

已创建 1 行。

经过上面的插入操作，表 books 中已经有 3 条记录，下面查询该表的数据，即可看到序列产生的主键值。

```
BOOKS_PUB@orcl_dbs > SELECT bookid, booknum, bookname
  2  FROM books;

    BOOKID   BOOKNU   BOOKNAME
 ---------   ------   ------------------------------------------------
        10   DB1001   数据库原理
        11   DB1006   大型数据库技术
        12   DB1007   Oracle Database 11g基础教程
```

用序列值作为主键值时，不允许重复，因此，前面创建序列 books_seq 时采用 NOCYCLE 方式。

8.1.3　修改序列

序列建立后，可以使用 ALTER SEQUENCE 语句进行修改，该语句的语法格式与 CREATE SEQUENCE 基本一致，这里不再重复列出。

例如，下面语句把上面创建的序列 books_seq1 修改为递增序列。

```
BOOKS_PUB@orcl_dbs > ALTER SEQUENCE books_seq1
  2   INCREMENT BY 10;
```

序列已更改。

但在调用 ALTER SEQUENCE 语句修改序列时应注意，序列的起始值不能修改。例如：

```
BOOKS_PUB@orcl_dbs > ALTER SEQUENCE books_seq1
  2   START WITH 100
  3   INCREMENT BY 10;
 START WITH 100
    *
```

第 2 行出现错误：

ORA-02283：无法变更启动序列号

8.1.4　删除序列

使用 DROP SEQUENCE 语句来删除序列。例如，下面语句删除前面创建的序列 books_seq1。

```
BOOKS_PUB@orcl_dbs > DROP SEQUENCE books_seq1;
```

序列已删除。

8.2　同义词

同义词是对象的别名，它可以使用户在访问其他用户对象时不用在对象名称前添加模式（Schema）前缀，从而简化语句的书写。同义词不占用任何实际的存储空间，只是在 Oracle 的数据字典中保存其定义描述。Oracle 同义词有公有和私有两种。

公有同义词，为一个特殊的用户组 Public 所拥有，数据库中所有用户都可以使用公有同义词。公有同义词一般用来标识一些比较普通的数据库对象，这些对象往往大家都需要引用。私有同义词，由创建它的用户拥有，创建者可以通过授权控制其他用户是否有权使用该同义词。

创建和删除同义词的 SQL 语句及语法格式分别为

```
CREATE [PUBLIC] SYNONYM 同义词名
    FOR [模式.]对象名[@数据库链接];

DROP [PUBLIC] SYNONYM 同义词名;
```

下面语句为 books_pub 用户的 books 表创建一个公有同义词，名称为 pubbooks。

```
BOOKS_PUB@orcl_dbs > CREATE PUBLIC SYNONYM pubbooks FOR books_pub.books;
```

同义词已创建。

使用同义词只能简化 SQL 语句的书写，使用它访问数据库对象时，仍然需要正常的授权。

例如，scott 用户在被授权之前，通过同义词 pubbooks 无法访问 books_pub.books。

```
SCOTT@orcl > SELECT bookid,bookname FROM pubbooks;
SELECT bookid,bookname FROM pubbooks
                               *
```

第 1 行出现错误：

ORA-01031：**权限不足**

用户 books_pub 向 scott 授权后，上面语句即可正常执行（从提示符可以看出当前用户）。

```
BOOKS_PUB@orcl_dbs > GRANT SELECT ON books TO scott;
```

授权成功。

```
SCOTT@orcl > SELECT bookid,bookname FROM pubbooks;

    BOOKID   BOOKNAME
---------- ------------------------------------------------
        10 数据库原理
        11 大型数据库技术
        12 Oracle Database 11g 基础教程
```

同义词的作用如下。

* 多用户协同开发中，可以屏蔽对象的名字及其持有者。如果没有同义词，当操作其他用户对象时，必须通过"模式.对象"的形式访问，采用了同义词之后就可以隐藏掉模式名，从而简化 SQL 语句的书写。

* 同义词可以指向远程 Oracle 数据库服务器上的对象，这为访问分布式数据库上的远程对象提供位置透明性。

本章小结

本章主要介绍了序列和同义词的创建和使用。

序列是生成一个整数序列号的生成器，可以作为表的主键，利用这一特性可以减少应用系统的开发工作量。创建序列时可以设置应用系统编号的初始值、增量、递增/递减等，以确保编号的连续性。

同义词可以简化 SQL 语句的书写，还可以提供位置透明性，当数据库对象改变时，只需修改同义词而不需要修改应用程序。

习　题

一、选择题

1. 不能使用 currval 或 nextval 属性的是（　　　）。

   A. 查询语句的 SELECT 选择列表中

B. UPDATE 语句的 SET 子句中

C. INSERT 语句的 VALUES 子句中

D. 任何 SQL 语句中都可以使用

2. 创建一个序列用于表的主键值，则在创建序列时不应该指定（　　）参数。

A. CACHE 20 　　　　　　　　B. CYCLE

C. MINVALUE 2 　　　　　　　D. MAXVALUE 1000

3. 公有同义词由（　　）用户组拥有。

A. Public 　　　　　　　　　B. SYS

C. DBA 　　　　　　　　　　D. SYSTEM

二、简答题

1. 试说明创建序列时，设置 CACHE 20 和 NOCACHE 的区别。

2. 使用同义词有哪些好处?

三、实训题

1. 创建一个序列 type_seq，该序列的起始值是 1，最大为 10000，其他参数均采用默认设置。

2. 创建一个序列 books_seq，将该序列作为表 books 的主键列，从 1 开始取值，最大为 100000，其他参数均采用默认设置。

第**9**章
表

在 Oracle 数据库系统中，表是数据库的基本对象，数据库中所有数据都是以表的形式存在的。本章将对 Oracle Database 11g 中表的类型、创建和管理进行全面介绍。

9.1　创建表

早期的数据库只有一种类型的表，随着 Oracle 数据库的发展，又增加了一些复杂的表。本节首先介绍 Oracle Database 11g 中各种表的类型，然后介绍标准的堆组织表的创建，其他类型表的创建在本章后面的小节中介绍。

9.1.1　表的类型

Oracle 数据库系统中经常使用的表包括堆组织表、索引组织表、聚簇表（索引、散列、有序散列）、嵌套表、临时表、外部表、分区表、对象表等类型。

1．堆组织表

在 Oracle 系统中，普通的标准数据库表就是堆组织表，其中的数据以堆的方式管理。堆的含义就是：以随机方式存储数据的一组空间。对于堆组织表而言，当进行数据行写入时，数据库会使用段中第一个足够的自由空间。当进行数据删除时，系统允许以后的插入和更新操作重用这部分空间。

2．索引组织表

索引组织表（Index Organized Table，IOT）是按照索引结构存储数据的表，这样可以提高查询性能。与堆组织表的随意性不同，索引组织表要求数据行本身具有某种物理顺序，数据只能根据主键有序地存储。这样当在索引组织表中执行查询操作时，使用主键列将会得到较好的读取性能。

3．聚簇表

聚簇，是指一个或多个表组成的组，这些表物理地存储在相同的数据块上，有相同聚簇键值的所有行会相邻地物理存储。利用聚簇表可以实现将多个表的相关数据存储在一个数据块中，还可以实现把相同聚簇键值的所有数据预先存储在一起，如果多个表经常做链接操作，采用聚簇表可以大大提高检索性能。Oracle Database 11g 中提供 3 种类型的聚簇表。

- 索引聚簇表（Index Cluster Table）：基于 B-树索引聚簇键而创建的聚簇表。聚簇键指向一个 ORACLE 块，而不是一行数据。
- 散列聚簇表（Hash Cluster Table）：使用散列函数代替 B-树索引的聚簇键索引，表中的数据就是索引。在散列聚簇表中，首先通过内部函数或者自定义的函数进行散列计算，然后将计算得到的码值用于定位表中的数据行。如果经常使用有相同的包含相等条件的查询子句访问表时，使用散列聚簇表很合适。

- 有序散列聚簇表（Sorted Hash Cluster Table）：这种散列聚簇表是 Oracle 10g 新增加的，它不仅有散列聚簇的性质，还结合了 IOT 的一些性质。如果需要按照某个键获取数据，但是要求这些数据按另外一个列排序，这种情况下适合用有序散列聚簇表。通过使用有序散列聚簇表，Oracle 可以不用排序而查询到数据，因为其中的数据是按照键的有序物理存储的。

4. 嵌套表

嵌套表是表中之表，是 Oracle 对象关系扩展的一部分，它们是系统生成和维护的父/子关系中的子表。嵌套表和子表的区别是：子表是"独立"表，而嵌套表则不是。一个嵌套表是某些行的集合，它在父表中表示为其中的一列。对父表中的每一条记录，嵌套表可以包含多个行。嵌套表的优点是能够对它们进行索引（与对象表相反）和不需要连接（与聚簇类似），缺点是，尽管有级联删除形式（主行删除时将删除所有从属行），但是引用完整性约束是不可能的。

5. 临时表

临时表中存储的是事务处理期间或会话期间的临时数据，当事务处理完毕或会话结束，临时表中的数据就被删除。临时表一旦创建就可以在需要时使用，并且只有向表中插入数据时系统才从当前用户的临时表空间为它分配存储区段。

6. 外部表

这是从 Oracle 9i 开始增加的表类型，外部表中的数据并不存储在数据库本身中，而是放在数据库之外的文件系统中。利用外部表可以查询数据库之外的一个文件，可以向数据库加载数据以及卸载数据。在 Oracle 10g 中对外部表做了进一步的改进，引入了卸载功能，这样可以在不使用数据库链接的情况下，为数据库之间移动数据提供了一种简单的方法。

7. 分区表

分区，就是将一个非常大的表分成若干个独立的较小的组成部分进行存储和管理。对表进行分区后，表中的记录将根据分区的条件分散存储到不同分区中，用户可以对整个表进行操作，也可以针对特定的分区进行操作。一般表的大小超过 2GB 时，应该使用分区表；此外，如果表中包含历史数据，则新的数据被增加到新的分区中。

8. 对象表

对象表是基于对象类型创建的表，而不是作为列的集合。对象表中的每一行都是一个对象；每一个对象都有一个对象标识符（Object Identifier，OID）来唯一标识。在对象表之间没有主外键关联的概念，为了体现这层关系，Oracle 使用 REF 对象来实现。使用对象表可以简化对象的使用，此外，对象表是使用对象类型作为模板来创建表的一种便捷方式，它可以确保多个表具有相同的结构。

9.1.2 表的特性

表的特性将决定怎样创建表、怎样在磁盘上存储表，以及当表生成和可以使用之后，应用中最终执行的方式。表的特性主要包括以下几个方面。

1. TABLESPACE 子句

Oracle 数据库中新建的表都必须要放在某个表空间上，默认情况下，用户创建的表位于用户或数据库的默认表空间上（USERS 表空间）。但是用户可以在创建表时，使用 TABLESPACE 子句指定待建立的表位于哪个表空间。

2. STORAGE 子句

STORAGE 子句多数是在创建表空间时，用来设置表空间的存储属性的。默认情况下，创建在该表空间中的数据库对象，都会继承表空间的存储属性。用户可以在创建表的时候使用 STORAGE 子句来另外设置表的存储属性，在 Oracle Database 11g 数据库中，用户可以使用以下这些参数。

- INITIAL：指出为对象分配的第一个区的大小。
- NEXT：指出为对象分配的下一个区的字节长度。
- PCTINCREASE：在本地管理表空间内，Oracle Database 在创建段时使用该参数的值确定初始段的大小，而在后续空间分配中将忽略该参数的值。在字典管理表空间内，该参数的值指出第三个及其后续区比前一个区增长的百分比。
- MINEXTENTS：在本地管理表空间内，它与前面 3 个参数一起决定初始段的大小。在字典管理表空间内，其值指出对象创建时分配的区的总数。
- MAXEXTENTS：该参数只用于字典管理表空间，它指出 Oracle 可分配给对象的总区数。

3. LOGGING 和 NOLOGGING

在创建表时，使用 LOGGING 或 NOLOGGING 子句指定表是否是日志记录表。使用 LOGGING 子句时，系统会记录数据库中所有数据的改变，一旦发生故障，可以从重做日志中获取这些改变，防止数据丢失，提高了数据库的可靠性。

使用 NOLOGGING 子句时，则不会记录该表上的某些操作日志，这样就只产生很少的日志记录。注意，并不是说使用 NOLOGGING 子句后，在表上的操作就不会产生重做日志。一般 NOLOGGING 子句只对以下操作起作用：

- CREATE TABLE AS SELECT；
- SQL*Loader 直接路径加载；
- 直接路径插入。

4. CACHE 和 NOCACHE

CACHE 子句用来设置对表进行全表搜索时，将数据块读入缓冲区，并且放置到最近最常使用的一端。如果使用 NOCACHE 子句来创建表，则表示读入缓冲区的数据块被放置到最近最少使用列表的最近最少使用的一端，默认情况下，创建的表都是 NOCACHE 的。对于频繁进行全表搜索的表，可以设置为 CACHE。

9.1.3　表的创建

为了在数据库中存储和管理数据，理解怎样创建和维护表是非常重要的。本小节详细介绍 Oracle Database 11g 中堆组织表和临时表的创建方法。

1. 基本语法

Oracle 数据库中使用 CREATE TABLE 语句创建表，该语句的简化表述如下：

```
CREATE TABLE [schema.]table_name(
 column_name datatype [DEFAULT expr]
  [[CONSTRAINT constraint_name] constraint_def]
  [, column_name datatype [DEFAULT expr]
  [[CONSTRAINT constraint_name] constraint_def], ... ]
  [,[CONSTRAINT constraint_name] constraint_def]
)
[PCTFREE n]
[PCTUSED n]
[INITRANS n]
[STORAGE storage]
[TABLESPACE table_space]
[AS sub_query];
```

其中：

- schema 指示表所属的模式名（缺省时为当前用户）；
- table_name 指出要创建的表的名称，表名在当前模式中必须唯一，长度不能超过 30 字节，以字母开头，可以包含字母、数字、下画线、美元符号和"#"；
- column_name 指定表中列的名称（字段名），可以定义多个列，各列之间用逗号（,）分隔；
- datatype 指定列的数据类型，Oracle Database 11g 中提供的数据类型如表 9-1 所示：

表 9-1　　　　　　　　　　　Oracle Database 11g 中常用数据类型

数据类型	描　　述
CHAR[(n [BYTE | CHAR])]	固定长度的字符串。n 设置字符串的最大长度，单位是 BYTE（字节）或 CHAR（字符），默认是 BYTE。可以设置的最小长度为 1BYTE，最大为 2000BYTE。如果实际保存的字符串的长度大于 n，Oracle 会产生错误信息
NCHAR[(n)]	固定长度的 Unicode 字符串。n 设置字符串的最大长度，对于 AL16UTF16 编码，存储的字节数为 2n；对于 UTF8 编码，存储的字节数为 3n。默认长度为 1 字符，最大为 2000 字节
VARCHAR2(n [BYTE | CHAR])	可变长度的字符串。参数的含义与 CHAR 一样，不过，n 的最大值可以达到 4000BYTE。存储空间的分配根据实际保存的字符串的长度进行
NVARCHAR2(n)	可变长度的 Unicode 字符串。n 设置字符串的最大长度，对于 AL16UTF16 编码，存储的字节数为 2n；对于 UTF8 编码，存储的字节数为 3n。最大为 4000 字节，必须设置 n 值
NUMBER[(p[, s])]	十进制整数或实数。P 设置数据的最大位数，范围为 1～38；s 设置数据的小数位数，范围为 -84～127。如果不指定 p 和 s，则表示小数点前后共 38 位的数字
FLOAT[(p)]	NUMBER 的子类型，在 Oracle 系统内部一个 FLOAT 值被替换成 NUMBER 类型。P 设置位数，范围为 1～126
BINARY_FLOAT	32 位浮点数。该类型需要 4 字节
BINARY_DOUBLE	64 为浮点数。该类型需要 8 字节
INT、INTEGER 和 SMALLINT	NUMBER 的子类型。38 位精度的整数
DATE	日期和时间。包括世纪、4 位年份、月、日、小时、分和秒。可以存储公元前 4712 年 1 月 1 日—公元后 9999 年 12 月 31 日之间的日期和时间。默认的格式由 NLS_DATE_FORMAT 参数指定。该数据类型不包括小数秒或时区
TIMESTAMP[(n)]	日期和时间。包括世纪、4 位年份、月、日、小时、分和秒，n 设置小数秒的位数，范围为 0～9，默认值为 6。默认的格式由 NLS_TIMESTAMP_FORMAT 参数指定。该数据类型不包括时区
TIMESTAMP[(n)] WITH TIME ZONE	对 TIMESTAMP 类型的扩展，存储时区偏差。时区偏差值为相对于通用协调时间的时差
TIMESTAMP[(n)] WITH LOCAL TIME ZONE	与 TIMESTAMP WITH TIME ZONE 的区别在于 • 存储数据时直接被转换为数据库时区日期 • 读取数据时，用户看到的是会话时区日期

续表

数据类型	描 述
INTERVAL YEAR[(n)] TO MONTH	存储以年份和月份表示的时间间隔。n 设置年份的数字位数，范围为 0～9，默认值为 2
INTERVAL DAY[(m)] TO SECOND[(n)]	存储以天、小时、分和秒表示的时间间隔。m 设置天的数字位数，范围为 0～9，默认值为 2；n 设置秒的小数位数，范围为 0～9，默认值为 6
CLOB	可变长度的字符数据。该类型支持定长和变长字符集，也可用于数据库字符集。最大存储 128TB
NCLOB	可变长度的 Unicode 字符数据。该类型支持定长和变长字符集，也可用于数据库字符集。最大存储 128TB
BLOB	二进制大对象类型。最大存储 128TB
BFILE	指向二进制文件的定位器。该二进制文件保存在数据库外部的操作系统中，文件最大为 4GB
ROWID	行标识符，表中行的物理地址的伪列类型。该数据类型主要用于由 ROWID 伪列返回的值
UROWID[(size)]	行标识符，表示索引化表中行的逻辑地址
LONG	可变长度字符串，最大长度为 2GB。在 Oracle Database 11g 中该类型已经被 CLOB 和 NCLOB 替代，仍然提供该类型是为了向后兼容
RAW(size)	可变长度的二进制数据，最大长度为 2000 字节
LONG RAW	可变长度的二进制数据，最大长度为 2GB。在 Oracle Database 11g 中该类型已经被 BLOB 替代，仍然提供该类型是为了向后兼容

- DEFAULT 指定当前列的默认值；
- CONSTRAINT 为约束命名，定义列级约束时，如果不使用该子句，Oracle 系统会自动为约束命名；定义表级约束，必须使用该子句为约束命名；
- constraint_def 指定约束类型，如 UNIQUE、NOT NULL 等；
- PCTFREE 用于的空间百分比（1～99），0 表示在插入时完全填满数据块，缺省为 10；
- PCTUSED 为表的每个数据块保留的可用空间的最小百分比，取值 1～99，缺省为 40，PCTFREE 和 PCTUSED 的组合决定了将插入的数据放入已存在的数据块还是放入一个新的块中；
- INITRANS 指出在分配给数据库对象的每个数据块内分配的最初并发事务项数，其取值为 1～255，默认为 1；
- STORAGE 指定存储分配参数；
- TABLESPACE 指定存储的表空间，如果缺省则表建在用户缺省的表空间（如果建立用户不指定表空间则建立在数据库的默认表空间上）；
- AS sub_query 指定表的创建通过子查询进行。

例如，下面语句创建表 books：

```
BOOKS_PUB@orcl_dbs > CREATE TABLE books(
  2    bookid NUMBER(6) PRIMARY KEY,
  3    booknum VARCHAR2(6),
  4    bookname VARCHAR2(60),
  5    author VARCHAR2(50),
```

```
 6      publish VARCHAR2(50),
 7      bookprice NUMBER(8,2),
 8      category CHAR(10),
 9      booktime DATE DEFAULT SYSDATE
10    )
11    STORAGE(INITIAL 200K NEXT 200K PCTINCREASE 20 MAXEXTENTS 15)
12    TABLESPACE users;
```

表已创建。

该例中创建的 books 表包括 8 列，并且为该表重新指定了存储参数及存储表空间。

又如，下面语句创建另一个表 orders，其中在定义主键和外键时，命名了这些约束。

```
BOOKS_PUB@orcl_dbs > CREATE TABLE orders(
  2   order_id VARCHAR2(20) CONSTRAINT O_PK PRIMARY KEY,
  3   order_date DATE DEFAULT SYSDATE,
  4   qty INTEGER,
  5   payterms VARCHAR2(12),
  6   book_id NUMBER(6) CONSTRAINT O_FK REFERENCES books(bookid)
  7   );
```

表已创建。

2. 创建临时表

利用 CREATE TABLE 创建的是永久性表，在 Oracle 数据库中，可以使用 CREATE GLOBAL TEMPORARY TALBE 语句来创建临时表。临时表创建后，其结构将一直存在，但是其中的数据在特定条件下自动释放。依据数据释放的时间不同，临时表分为事务级别的临时表和会话级别的临时表。

创建临时表的 SQL 语句语法如下：

```
CREATE GLOBAL TEMPORARY TABLE [schema.]table_name(
 column_name datatype [DEFAULT expr]
  [[CONSTRAINT constraint_name] constraint_def]
  [, column_name datatype [DEFAULT expr]
  [[CONSTRAINT constraint_name] constraint_def], ... ]
  [,[CONSTRAINT constraint_name] constraint_def]
 )
ON COMMIT{DELETE|PRESERVE}ROWS
[AS sub_query];
```

CREATE GLOBAL TEMPORARY TABLE 语句中有关临时表的结构定义与 CREATE TABLE 基本一致，其 ON COMMIT 子句说明该语句所创建的临时表类型：

- DELETE ROWS：说明创建的是事务级临时表，表中的数据在事务提交时才被删除；
- PRESERVE ROWS：说明创建的是会话级临时表，表中的数据在会话结束时被删除。

例如，下面代码向 books 表插入数据，之后基于 books 表的部分列创建一个会话级的临时表 books_temp1 和一个事务级临时表 books_temp2。

```
BOOKS_PUB@orcl_dbs > INSERT INTO books(bookid,booknum,bookname)
  2   VALUES(books_seq.nextval, 'DB1006', '大型数据库技术');
```

已创建 1 行。

```
BOOKS_PUB@orcl_dbs > CREATE GLOBAL TEMPORARY TABLE books_temp1
  2   ON COMMIT PRESERVE ROWS
  3   AS
  4   SELECT bookid,booknum,bookname FROM books;
```

表已创建。

```
BOOKS_PUB@orcl_dbs > CREATE GLOBAL TEMPORARY TABLE books_temp2
   2    ON COMMIT DELETE ROWS
   3    AS
   4    SELECT bookid,booknum,bookname FROM books;
```

表已创建。

以下操作验证会话级临时表与事务级临时表之间的差异。首先，在创建两个临时表后查询二者内的数据：

```
BOOKS_PUB@orcl_dbs > SELECT bookid,bookname FROM books_temp1;

     BOOKID    BOOKNAME
   ----------  ----------------------------------------
         10    大型数据库技术

BOOKS_PUB@orcl_dbs > SELECT bookid,bookname FROM books_temp2;
```

未选定行

由以上两条语句的查询结果可以看出：会话级临时表在会话没有断开之前，其中的数据不会自动删除。而第二条查询语句未查询到数据，这是因为在创建 books_temp2 临时表时，虽然把 books中的数据插入到其中，但该语句是一条 DDL 语句，其执行后会隐含提交事务，在事务提交时，事务级临时表的数据会被系统自动删除，因此未查询到数据。

下面断开连接，结束会话，之后重新连接后再查询 book_temp1 表。

```
BOOKS_PUB@orcl_dbs > DISCONNECT
从 Oracle Database 11g Enterprise Edition Release 11.2.0.1.0 - Production
With the Partitioning option 断开
@ > CONNECT books_pub/books_pub@orcl_dbs
已连接。
BOOKS_PUB@orcl_dbs > SELECT bookid,bookname FROM books_temp1;
```

未选定行

此时，从 books_temp1 中也查询不到任何数据了。原因就在于，会话级别的临时表中存储的数据会在会话结束时，被系统自动删除。

9.2　修改表

使用 ALTER TABLE 语句修改表，它对已经创建的表的结构进行修改，其实现的修改包括列的添加、删除、修改，表的重命名，表的特性修改、添加注释等。

9.2.1　列的添加、删除和修改

1. 添加列

使用 ALTER TABLE … ADD…向表中添加列，其语法为

```
ALTER TABLE [schema.]table_name
 ADD (new_column datatype [DEFAULT expr]
```

```
        [[CONSTRAINT constraint_name] constraint_def]
        [,new_column datatype [DEFAULT expr]
        [[CONSTRAINT constraint_name] constraint_def], ...]);
```

其中的列定义与 CREATE TABLE 语句中相同，这里不再介绍。

例如，下面代码向表 books 添加两列：

```
BOOKS_PUB@orcl_dbs > ALTER TABLE books
  2  ADD(salescount INTEGER,
  3  content LONG);
```

表已更改。

2. 添加虚拟列

在 Oracle Database 11g 中增加了一个新的特性——虚拟列，虚拟列通过引用表中的其他列来计算结果，而其中的数据没有真正地保存在数据文件中。

例如，用户希望用 orders 表中的 qty 列值来标识一个订单的销量情况：高、中或低。此时，只需为 orders 表添加一个虚拟列，就可以实现这样的操作。

```
BOOKS_PUB@orcl_dbs > ALTER TABLE orders
  2  ADD (qty_category CHAR(2) AS (
  3      CASE
  4        WHEN qty >= 1000 THEN '高'
  5        WHEN qty >= 500  THEN '中'
  6        ELSE '低'
  7      END
  8    ));
```

表已更改。

下面向 order 表中插入数据并查询，可以看到新增加的虚拟列 qty_category 及其列值。

```
BOOKS_PUB@orcl_dbs > INSERT INTO orders(order_id,qty,book_id)
  2  VALUES('20120315-DBC', 600, 10);
```

已创建 1 行。

```
BOOKS_PUB@orcl_dbs > INSERT INTO orders(order_id,qty,book_id)
  2  VALUES('20120316-DBC', 100, 10);
```

已创建 1 行。

```
BOOKS_PUB@orcl_dbs > SELECT order_id, qty, qty_category
  2  FROM orders;

ORDER_ID                         QTY  QT
-------------------       ----------  --
20120315-DBC                     600  中
20120316-DBC                     100  低

BOOKS_PUB@orcl_dbs >
```

使用虚拟列时应该注意：

- 虚拟列可以用在 UPDATE 和 DELETE 的 WHERE 语句中，但不能被 DML 语句修改；
- 可对虚拟列统计；
- 可当用作分区主键进行基于虚拟列分区；

- 可以对虚拟列创建索引；
- 可以对虚拟列创建主键约束；
- 虚拟列计算公式不能参考其他的虚拟列；
- 虚拟列只能在普通数据表中创建，不能在索引组织表、外部表、对象表或临时表中创建。

3. 修改列的类型及长度

可以使用 ALTER TABLE...MODIFY...语句对列的类型或长度进行修改，其语法为

```
ALTER TABLE [schema.]table_name
  MODIFY column new_datatype;
```

例如，下面代码把 orders 表中 order_id 列的数据长度修改为 25 个字节。

```
BOOKS_PUB@orcl_dbs > ALTER TABLE orders
  2   MODIFY order_id VARCHAR2(25);
```

表已更改。

修改列数据类型及长度时应该注意：

- 可以增大字符类型列的长度和数值类型列的精度；
- 只有在表中没有任何数据时才可以减小列的长度和降低数值类型列的精度；
- 把列数据类型更改为另一种不同系列的类型时，则列中数据必须为空；
- 不能修改虚拟列的数据类型。

4. 修改列名

使用 ALTER TABLE...RENAME...语句修改列的名称，其语法格式为

```
ALTER TABLE [schema.]table_name
  RENAME COLUMN oldname TO newname;
```

例如，下面代码把 orders 表中虚拟列 qty_category 的名称修改为 qty_Cat。

```
BOOKS_PUB@orcl_dbs > ALTER TABLE orders
  2  RENAME COLUMN qty_category TO qty_Cat;
```

表已更改。

修改列名时应该注意：如果表中的列已被虚拟列表达式中使用，则不能再重命名该列。例如，orders 表中的虚拟列表达式中引用了 qty 列，所以不能再重命名 qty 列。

5. 删除列

当不再需要某些列时，可以使用 ALTER TABLE...DROP...语句将其删除。具体删除的方法有两种，一种是直接删除，另一种是将待删除的列先标记为 UNUSED，然后再删除。

（1）直接删除列。使用 ALTER TABLE...DROP COLUMN...语句删除，其语法为

```
ALTER TABLE [schema.]table_name
  DROP COLUMN colum1 | (column1, column2, …)
    [CASCADE CONSTRAINTS | INVALIDATE];
```

其中：

- column1 指定一次删除一列，如果需要删除多了，可以用列表形式 (column1, column2, …) 指定需要删除的所有列；
- CASCADE CONSTRAINTS 子句说明删除列的同时，删除与这些列相关的约束，如果被删除的列是多列约束的组成部分，则必须使用该子句；
- INVALIDATE 子句说明删除列的同时，将与该列有约束关系的列置为不可用状态。

例如，下面代码删除 orders 表中的 qty_Cat 列。

```
BOOKS_PUB@orcl_dbs > ALTER TABLE orders
  2  DROP COLUMN qty_Cat;
```

表已更改。

（2）将待删除的列先标记为 UNUSED，然后再删除。对于比较大的表，直接删除其中的列时，由于需要对每个记录进行处理，并写入重做日志文件，这样需要较长的处理时间。为了避免占用过多系统资源，可以先将待删除的列标记为 UNUSED，等到空闲时再使用 ALTER TABLE...DROP UNUSED COLUMNS...语句来删除列。

ALTER TABLE 设置 UNUSED 列的语法格式为

```
ALTER TABLE [schema.]table_name
  SET UNUSED COLUMN column | (column1, column2, ...)
    [CASCADE CONSTRAINTS | INVALIDATE];
```

例如，下面代码将表 orders 中 order_date、qty 列设置为 UNUSED 状态，然后再删除。

```
BOOKS_PUB@orcl_dbs > ALTER TABLE orders
  2    SET UNUSED(order_date, qty);
```

表已更改。

```
BOOKS_PUB@orcl_dbs > ALTER TABLE orders DROP UNUSED COLUMNS;
```

表已更改。

需要注意的是，标记为 UNUSED 的列依然存在，并占用存储空间，但是用户不能查询该列。

9.2.2　重命名表

使用 RENAME 语句，或者 ALTER TABLE...RENAME TO 语句可以对表进行重命名。

例如，下面代码分别调用 RENAME 和 ALTER TABLE 语句重命名前面创建的两个临时表。

```
BOOKS_PUB@orcl_dbs > RENAME books_temp1 TO books_sesst;
```

表已重命名。

```
BOOKS_PUB@orcl_dbs > ALTER TABLE books_temp2
  2    RENAME TO books_trant;
```

表已更改。

9.2.3　改变表的特性

表的特性包括存储表空间、CACHE/NOCACHE、LOGGING/NOLOGGING 等，调用 ALTER TABLE 语句可以修改这些特性。

ALTER TABLE 语句的语法格式为

```
ALTER TABLE [schema.]table_name
[CACHE|NOCACHE] |
[LOGGING | NOLOGGING] |
[MOVE TABLESPACE table_space];
```

其中，CACHE、NOCACHE、LOGGING、NO LOGGING 的作用与 CREATE TABLE 语句中的相同。而 MOVE TABLESPACE 选项用于修改存储表的表空间。

例如，下面代码分别对表 orders 进行结构重组，以及将它从当前表空间迁移到了另一个表空间 demots。

```
BOOKS_PUB@orcl_dbs > ALTER TABLE orders MOVE;
```

表已更改。

```
BOOKS_PUB@orcl_dbs > ALTER TABLE orders
  2  MOVE TABLESPACE demots;
```

表已更改。

9.2.4 添加注释

向表中添加注释有助于记住表或列的用途，可以使用 COMMENT ON 语句为表或列添加注释。其语法为

```
COMMENT ON TALBE table_name IS...;
COMMENT ON COLUMN table_name.column IS...;
```

例如，下面代码为表 orders 以及其中的 payterms 列和 book_id 列添加注释。

```
BOOKS_PUB@orcl_dbs >COMMENT ON TABLE orders IS '订单信息表';
```

注释已创建。

```
BOOKS_PUB@orcl_dbs >COMMENT ON COLUMN orders.payterms IS '付款方式';
```

注释已创建。

```
BOOKS_PUB@orcl_dbs >COMMENT ON COLUMN orders.book_id IS '图书编号';
```

注释已创建。

为表或列添加了注释后，可以通过查询数据字典视图 USER_TAB_COMMENTS 以及 USER_COL_COMMENTS 来获取注释信息。例如，下面语句查询 orders 表中列上的注释信息。

```
BOOKS_PUB@orcl_dbs > SELECT *
  2  FROM USER_COL_COMMENTS
  3  WHERE table_name='ORDERS' AND comments IS NOT NULL;
```

TABLE_NAME	COLUMN_NAME	COMMENTS
ORDERS	PAYTERMS	付款方式
ORDERS	BOOK_ID	图书编号

9.3　删除和查看表

9.3.1 删除表

对于不再需要的表，可以调用 DROP TABLE 语句将其删除，其语法为

```
DROP TABLE [schema.]table_name
  [CASCADE CONSTRAINTS] [PURGE];
```

其中：

- CASCADE CONSTRAINTS 指出在删除表时首先删除基于该表主键或唯一键所建立的所有参照完整性约束，如果省略该子句，而又存在这样的参照完整性约束，将导致该语句执行失败；
- PURGE 指定删除表的同时，回收该表的存储空间。

例如，下面语句删除表 orders。

```
BOOKS_PUB@orcl_dbs > DROP TABLE orders;
```

表已删除。

该例中，删除表 orders 时，没有使用 PURGE 子句，则该表不会被 Oracle 系统立即从数据库中删除，而是将该表保存到 Oracle Database 回收站中，以便可以利用闪回技术将表还原。因此，该例中的删除操作执行完后，表 orders 的存储空间并没有被释放掉。

9.3.2 查看表结构

通过查询数据字典，或执行 SQL*Plus 命令 DESCRIBE，可以获得有关表的定义信息。例如，下面用 SQL*Plus 命令查看表 books 的结构。

```
BOOKS_PUB@orcl_dbs > DESCRIBE books
```

名称	是否为空?	类型
BOOKID	NOT NULL	NUMBER(6)
BOOKNUM		VARCHAR2(6)
BOOKNAME		VARCHAR2(60)
AUTHOR		VARCHAR2(50)
PUBLISH		VARCHAR2(50)
BOOKPRICE		NUMBER(8,2)
CATEGORY		CHAR(10)
BOOKTIME		DATE
SALESCOUNT		NUMBER(38)
CONTENT		LONG

数据字典 DBA_TAB_COLUMNS 记录 Oracle Database 内所有表、视图、聚簇的列定义信息，USER_TAB_COLUMNS 则记录当前用户的所有表、视图、聚簇的列定义信息。查询这些视图也可了解表的结构。

例如，下面语句实现与上面 SQL*Plus 命令 DESCRIBE 类似的功能，得到相同的输出结果。

```
BOOKS_PUB@orcl_dbs > SELECT column_name 名称,
  2      (CASE nullable WHEN 'N' THEN 'NOT NULL' END) 是否为空,
  3      (data_type ||
  4        CASE
  5        WHEN data_scale > 0
  6          THEN '(' || data_precision || ',' || data_scale || ')'
  7          ELSE '(' || data_length || ')'
  8        END
  9      ) 类型
 10   FROM user_tab_columns
 11   WHERE table_name='BOOKS';
```

名称	是否为空	类型
BOOKID	NOT NULL	NUMBER(22)
BOOKNUM		VARCHAR2(6)
BOOKNAME		VARCHAR2(60)
AUTHOR		VARCHAR2(50)
PUBLISH		VARCHAR2(50)
BOOKPRICE		NUMBER(8,2)
CATEGORY		CHAR(10)
BOOKTIME		DATE(7)

SALESCOUNT	NUMBER(22)
CONTENT	LONG(0)

已选择 10 行。

9.4　数据完整性约束

Oracle Database 系统中，用数据完整性约束防止在执行 DML 操作时，将不符合要求的数据插入表中，从而确保数据的约束完整性。所谓约束，就是在表中定义的用于维护数据库完整性的一些规则。依据约束的作用范围，可以将 Oracle 数据库中的约束分为列级约束和表级约束。下面详细介绍约束的类别、定义以及修改等。

9.4.1　约束的类别

依据约束的用途，Oracle 数据库中的常用约束主要有 5 种类型。

1. 主键约束（PRIMARY KEY）

主键可以确保在一个表中没有重复主键值的数据行。作为主键的列或列的组合，其值必须唯一，且不能为 NULL。一个表只能定义一个主键约束，同时 Oracle Database 自动为主键列建立一个唯一性索引，用户可以为该索引指定存储位置和存储参数。主键约束可以定义在列级，也可以定义在表级。

由多列组成的主键称作复合主键，一个复合主键中列的数量不能超过 32 个。

2. 唯一性约束（UNIQUE）

唯一性约束确保表中值为非 NULL 的某列或列的组合的具有唯一值。如果唯一性约束的列或列的组合没有定义非空约束，则该列或列的组合可以取 NULL。与主键约束一样，Oracle Database 自动为唯一性列建立一个唯一性索引，用户可以为该索引指定存储位置和存储参数。唯一性约束可以定义在列级或表级。

3. 检查约束（CHECK）

检查约束限制列的取值范围，利用该约束可以实现对数据的自动检查。一个列可以定义多个检查约束，其表达式中必须引用相应的列，且表达式中不能包含子查询、SYSDATE、USER 等 SQL 函数和 ROWID、ROWNUM 等伪列。检查约束可以定义在列级或表级。

4. 外键约束（FOREIGN KEY）

外键约束的定义使得数据库中表和表之间建立了父子关系。外键约束用来定义子表中列的取值只能是父表中参照列的值，或者为空。父表中被参照的列必须有唯一性约束或主键约束，外键约束可以定义在一列或多列组合上，可以定义在列级或表级。

外键可以是自参照约束，即外键可以指向同一个表。

5. 非空约束（NOT NULL）

非空约束限制列的取值不能为 NULL，一个表中可以定义多个非空约束。非空约束只能定义在列级。

9.4.2　定义约束

约束的定义可以在 CREATE TABLE 语句中，也可以在表建立后，使用 ALTER TABLE 语句来进行添加。此处仅讨论 CREATE TABLE 语句中定义约束的方法，下一节再详细讨论 ALTER

TABLE 语句的方法。

    CREATE TABLE 语句中定义列级约束的语法为

```
CREATE TABLE [schema.]table_name(
  column1 datatype [CONSTRAINT constraint_name]
    constraint_type [condition],
  column2 datatype [CONSTRAINT constraint_name]
    constraint_type [condition],
  ...
);
```

    列级约束是针对某一个特定列，因此，它的定义是包含在列的定义中。例如，在以 books_pub 用户连接数据库后，执行下面语句创建表 orders，同时定义约束。

```
BOOKS_PUB@orcl_dbs > CREATE TABLE orders(
  2  order_id VARCHAR2(20) CONSTRAINT O_PK PRIMARY KEY,
  3  order_date DATE DEFAULT SYSDATE,
  4  qty INTEGER,
  5  payterms VARCHAR2(12),
  6  book_id NUMBER(6) CONSTRAINT O_FK REFERENCES books(bookid)
  7  );
```

    表已创建。

    该例中，在 order_id 列上定义了一个名为 O_PK 的主键约束，为列级约束；在 book_id 列上定义了一个名为 O_FK 的外键约束，它参照表 books 的 bookid 列，也为列级约束。

    又如，下面语句创建表 authors 的同时定义主键约束。

```
BOOKS_PUB@orcl_dbs > CREATE TABLE authors(
  2  author_id VARCHAR2(15) CONSTRAINT A_PK PRIMARY KEY
  3    USING INDEX TABLESPACE indx,
  4  author_fname VARCHAR2(20) NOT NULL,
  5  author_lname VARCHAR2(40) NOT NULL,
  6  phone CHAR(20) NOT NULL,
  7  addr VARCHAR2(50),
  8  city VARCHAR2(20),
  9  state CHAR(10),
 10  zip CHAR(10)
 11  );
```

    表已创建。

    该例中，在 author_id 列上定义了一个名为 A_PK 的主键约束，为列级约束。此时，还为系统自动创建的唯一性索引设置了存储位置；分别在 author_fname 列、author_lname 列和 phone 列定义了未命名的 3 个非空约束。

    如果在定义约束时没有为约束命名，Oracle 数据库将自动为约束命名。建议用户自己为约束命名，这样，当应用系统中出现约束相关的错误时，容易查找问题。

    CREATE TABLE 语句中定义表级约束，语法为

```
CREATE TABLE [schema.]table_name(
  column1 datatype [CONSTRAINT constraint_name]
    constraint_type [condition],
  column2 datatype [CONSTRAINT constraint_name]
    constraint_type [condition],
  ...,
  [CONSTRAINT constraint_name]
  constraint_type ([column1, column2,...]| [condition])
```

```
);
```

表级约束通常是针对多个列建立的约束，因此，它的定义是独立于列的定义，以逗号（,）与列的定义分隔。例如，下面例子创建表 bookauthors，同时定义表级约束。

```
BOOKS_PUB@orcl_dbs > CREATE TABLE bookauthors(
  2  author_id VARCHAR2(15) REFERENCES authors(author_id),
  3  book_id NUMBER(6) REFERENCES books(bookid),
  4  author_ord NUMBER,
  5  royalty INTEGER,
  6  CONSTRAINT BA_PK PRIMARY KEY(author_id, book_id)
  7  );
```

表已创建。

该例中，在 author_id 列和 book_id 列分别定义了外键约束，均为列级约束；在 author_id 列和 book_id 列组合上定义了主键约束，它为表级约束。

定义外键约束时，如果是列级约束，则可以省略 FOREIGN KEY，上面在创建表 orders 和 bookauthors 时就是采用这种形式；如果是表级外键约束，则必须使用关键字 FOREIGN KEY，其形式如下：

```
[CONSTRAINT constraint_name] FOREIGN KEY (column_name1)
  REFERENCES table_name2 (column_name2)
```

9.4.3　添加和删除约束

约束的定义还可以在表创建后，使用 ALTER TABLE 语句添加和删除。

ALTER TABLE 语句添加约束的语法格式为

```
ALTER TABLE [schema.]table_name
  ADD [CONSTRAINT constraint_name]
  constraint_type(column1, column2, ...)[condition];
```

以下操作以 employees 表为例添加和删除约束。employees 表的定义如下：

```
BOOKS_PUB@orcl_dbs > CREATE TABLE employees(
  2  emp_id CHAR(10),
  3  lname VARCHAR2(30),
  4  fname VARCHAR2(20),
  5  job_id NUMBER(6),
  6  job_lv INTEGER,
  7  pub_id CHAR(4),
  8  hiredate DATE
  9  );
```

表已创建。

下面演示中还需要用到的另一个表是 jobs，其定义如下：

```
BOOKS_PUB@orcl_dbs > CREATE TABLE jobs(
  2  jobid NUMBER(6) PRIMARY KEY,
  3  jobname VARCHAR2(20) NOT NULL,
  4  minlvl INTEGER,
  5  maxlvl INTEGER
  6  );
```

表已创建。

1. 添加主键约束

为表 employees 的 emp_id 列添加一个主键约束：

```
BOOKS_PUB@orcl_dbs > ALTER TABLE employees
  2   ADD CONSTRAINT E_PK PRIMARY KEY (emp_id)
```

表已更改。

2. 添加外键约束

为表 employees 的 job_id 列添加一个外键约束，它参照表 jobs 的 job_id 列：

```
BOOKS_PUB@orcl_dbs > ALTER TABLE employees
  2   ADD CONSTRAINT E_FK FOREIGN KEY (job_id)
  3       REFERENCES jobs(jobid)
  4   ON DELETE CASCADE;
```

表已更改。

该例中，使用了 ON DELETE CASCADE 子句，表示当删除父表中被引用列的数据时，将子表中相应的数据行删除。

定义外键约束时，ON DELETE 子句设置引用行为类型，即当删除父表中一条记录时，子表中参照该行的所有数据行是被删除（CASCADE），还是把它们的外键值设置为空（SET NULL）。如果省略该子句，在删除父表中已经被引用的数据行时，将导致语句执行失败。

3. 添加非空约束

为表 employees 的 lname 列和 fname 列分别添加一个非空约束：

```
BOOKS_PUB@orcl_dbs > ALTER TABLE employees
  2   MODIFY lname CONSTRAINT E_NK1 NOT NULL;
```

表已更改。

```
BOOKS_PUB@orcl_dbs > ALTER TABLE employees
  2   MODIFY fname CONSTRAINT E_NK2 NOT NULL;
```

表已更改。

请注意：为表添加非空约束时，必须使用 MODIFY 子句，而不是 ADD 子句。

4. 删除约束

删除约束可以通过以下两种方式进行。

- 指定约束名称删除约束。例如，下面语句删除前面创建的非空约束 E_NK1：

```
BOOKS_PUB@orcl_dbs >ALTER TABLE employees DROP CONSTRAINT E_NK1;
```

表已更改。

- 指定约束内容删除约束。例如，下面语句删除 employees 表上的主键约束：

```
ALTER TABLE employees DROP PRIMARY KEY;
```

上面语句与下面语句等价：

```
ALTER TABLE employees DROP CONSTRAINT E_PK;
```

删除主键约束时，如果该主键被其他外键参照，可以使用 CASCADE 关键字指出删除主键约束的同时把参照该主键的外键一起删除：

```
ALTER TABLE employees DROP CONSTRAINT E_PK CASCADE;
```

在删除 PRIMARY KEY 和 UNIQUE 约束时会将它们对应的唯一性索引一并删除，如果想保留唯一性索引，可以使用 KEEP INDEX 子句。例如：

```
ALTER TABLE employees DROP CONSTRAINT E_PK KEEP INDEX;
```

9.4.4　约束的状态和延迟检查

1. 约束的状态

默认情况下，Oracle 数据库表中的约束处于激活状态，即约束对表的插入或更新操作进行检查，不符合约束的操作被回退。但是，当进行一些特殊操作时，需要将约束的状态设置为禁用，这样可以提高操作的效率。约束的禁用可以在创建表时进行，也可以在表建立后，用 ALTER TABLE…DISABLE…语句来修改。

ALTER TABLE…DISABLE…语句的语法如下：

```
ALTER TABLE [schema.]table_name
  {ENABLE | DISABLE }
  {CONSTRAINT constraint_name |
   PRIMARY KEY |
   UNIQUE(column1[, column2...])};
```

或者

```
ALTER TABLE [schema.]table_name MODIFY
  CONSTRAINT constraint_name {ENABLE | DISABLE};
```

下面给出几个禁用和启用约束的例子：

```
BOOKS_PUB@orcl_dbs > ALTER TABLE employees DISABLE CONSTRAINT E_NK2;
```

表已更改。

```
BOOKS_PUB@orcl_dbs > ALTER TABLE employees
  2  MODIFY CONSTRAINT E_NK2 ENABLE;
```

表已更改。

```
BOOKS_PUB@orcl_dbs > ALTER TABLE employees DISABLE PRIMARY KEY  CASCADE;
```

表已更改。

 　　最后一个例子中使用 CASCADE 子句的目的是，避免由于该主键被其他表引用为外键，而导致该主键约束无法禁用。

禁用 PRIMARY KEY 和 UNIQUE 约束时，系统会将它们对应的唯一性索引删除，并且，在重新激活时，系统重新建立相应的唯一性索引。如果希望保留对应的唯一性索引，可以在禁用约束时使用 KEEP INDEX 子句。

2. 约束的检查状态

约束的"激活"和"禁用"状态只对设置状态后的数据操作起作用，要想对表中已经存储的数据也进行约束检查，则必须结合检查状态——VALIDATE（检查）和 NOVALIDATE（非检查）。设置约束的检查状态的语法如下：

```
ALTER TABLE table_name
  MODIFY CONSTRAINT constraint_name VALIDATE | NOVALIDATE;
```

将检查状态与前面的"激活"和"禁用"状态进行组合，就可以得到约束的 4 种状态。

- ENABLE VALIDATE：激活检查状态，Oracle 数据库默认的约束状态。该状态对表中所有的数据（已经存在的和将要更新或插入的）都进行约束条件的检查，保证数据符合约束。

- ENABLE NOVALIDATE：激活非检查状态，只对更新或新插入的数据进行约束检查，不对表中已经存在的数据检查。

- **DISABLE VALIDATE**：禁用检查状态，此状态下 Oracle 数据库不允许用户进行更新或插入操作。因为此时约束已经被禁用，无法进行检查。
- **DISABLE NOVALIDATE**：禁用非检查状态，不对数据进行约束检查。

通常情况下，对表中的约束都采用 Oracle 数据库默认的状态设置——ENABLE VALIDATE，这样可以保证表中所有数据均满足约束条件。

3. 约束的延迟检查

约束的检查时间点有两种：一种是在每一条 DML 语句执行后检验数据是否满足约束条件，这种称为立即约束检查；另一种是在事务处理完成之后对数据进行检验，这种称为延迟约束检查。在默认情况下，Oracle 数据库约束采用的是立即约束检查，但用户可以在定义约束时使用 DEFERRABLE 关键字，创建可延迟的约束。对于可延迟的约束，设置它的以下两个选项可以改变约束的检查时机。

- **INITIALLY IMMEDIATE**：立即检查，默认为该选项，即在执行完一个 DML 语句后立即检验；
- **INITIALLY DEFERRED**：延迟检查，即当事务提交时或调用 SET CONSTRAINT IMMEDIATE 语句时才检验。

对于约束：

- 如果约束定义为延迟检查，之后可以将该约束改为立即检查；反之，则不能；
- "事务提交时"检验和"调用 SET CONSTRAINT IMMEDIATE 时"检验的区别为：前者验证不通过时，会立即回滚事务，而后者则不会。

SET CONSTRAINT 语句的语法格式为

```
SET {CONSTRAINT | CONSTRAINTS}
    {constraint_name1[,constraint_name2…] | ALL}
    {DEFERRED | IMMEDIATE};
```

该语句适用于用户不是很清楚系统中约束名称的情况下调用。

下面举例说明约束延迟检查的应用。

首先创建表 publishers，并重建表 employees，然后通过执行 DML 语句来验证约束的延迟检查。

```
BOOKS_PUB@orcl_dbs > CREATE TABLE publishers(
  2    pub_id CHAR(5) PRIMARY KEY DEFERRABLE INITIALLY IMMEDIATE,
  3    pub_name VARCHAR2(40),
  4    city VARCHAR2(20),
  5    state CHAR(15),
  6    country VARCHAR2(30)
  7  );
```

表已创建。

```
BOOKS_PUB@orcl_dbs > CREATE TABLE employees(
  2    emp_id CHAR(10) PRIMARY KEY,
  3    lname VARCHAR2(30) NOT NULL,
  4    fname VARCHAR2(20) NOT NULL,
  5    job_id NUMBER(6) CONSTRAINT E_FK1 REFERENCES jobs(jobid)
  6       ON DELETE CASCADE DEFERRABLE INITIALLY DEFERRED,
  7    job_lv INTEGER NOT NULL,
  8    pub_id CHAR(4) CONSTRAINT E_FK2 REFERENCES publishers(pub_id)
  9       DEFERRABLE,
 10    hiredate DATE NOT NULL
 11  );
```

表已创建。

执行以下语句插入数据到 employees 表中：

```
BOOKS_PUB@orcl_dbs > INSERT INTO employees
  2 VALUES ('G1001', 'TOMMY', 'GREGENSE', 1010, 2, 'XM11', SYSDATE);
INSERT INTO employees
*
```

第 1 行出现错误：

ORA-02291：违反完整约束条件 (BOOKS_PUB.E_FK2) - 未找到父项关键字

虽然 employees 表中的外键约束 E_FK2 被定义为可延迟的约束，但是它的检查时间点为"立即检查"。所以，当执行插入操作时，由于表 publishers 中没有 pub_id 为'XM11'的值，则引发了 ORA-02291 的 Oracle 错误。下面，把外键约束 E_FK2 的检查点改为"INITIALLY DEFERRED"，使它与 E_FK1 约束一样延迟检查，然后再执行插入操作。

```
BOOKS_PUB@orcl_dbs > ALTER TABLE employees
  2 MODIFY CONSTRAINT E_FK2 INITIALLY DEFERRED;
```

表已更改。

```
BOOKS_PUB@orcl_dbs > INSERT INTO employees
  2 VALUES ('G1001', 'TOMMY', 'GREGENSE', 1010, 2, 'XM11', SYSDATE);
```

已创建 1 行。

此时，如果提交事务，Oracle Database 将对两个延迟检查的约束进行检查，由于它们违反参照完整性，因此导致提交失败，事务被回滚。

```
BOOKS_PUB@orcl_dbs > COMMIT;
commit
*
```

第 1 行出现错误：

ORA-02091：事务处理已回退

ORA-02291：违反完整约束条件 (BOOKS_PUB.E_FK1) - 未找到父项关键字

而如果在执行插入操作后调用 SET CONSTRAINTS 语句要求 Oracle 数据库对插入的数据进行约束检查，同样能够发现它违反完整性约束，但不同的是，此时不会回滚事务。

```
BOOKS_PUB@orcl_dbs > INSERT INTO employees
  2 VALUES ('G1001', 'TOMMY', 'GREGENSE', 1010, 2, 'XM11', SYSDATE);
```

已创建 1 行。

```
BOOKS_PUB@orcl_dbs > SET CONSTRAINTS ALL IMMEDIATE;
SET CONSTRAINTS ALL IMMEDIATE
*
```

第 1 行出现错误：

ORA-02291：违反完整约束条件 (BOOKS_PUB.E_FK1) - 未找到父项关键字

要想使上面的插入操作成功提交，需要在提交之前向 publishers 和 jobs 表中插入相应的主键值。

9.5　分区表

从 Oracle 7 开始提出分区的方法，到 Oracle 8 后，分区技术已经提供了非常完善的功能，这使得大型应用系统的处理成为可能。通过对表或索引进行分区，可以提高针对大量数据的读写和查询操作的速度，从而改善大型应用系统的性能。

分区就是将一个非常大的表或索引物理地分解为多个较小的、可独立管理的部分。分区表或索引在逻辑上是一个表或一个索引，但是在物理上由多个物理分区组成。分区功能通过改善可管理性、性能和可用性，为各种应用系统带来了极大的好处。

- 增强数据的可用性：如果表的一个分区由于系统故障或者维护而得不到使用时，表的其余部分仍是可用的；
- 维护方便：如果系统故障只影响表的某些部分，那么只有这部分需要修复，因此独立地管理各个分区比单个大型表的操作要轻松得多；
- 均衡 I/O：可以把不同分区映射到磁盘以平衡 I/O，显著改善性能；
- 改善查询的性能：对已分区对象的某些查询可以运行更快，因为搜索仅限于关心的分区。

本小节将详细介绍 Oracle Database 11g 中分区表的创建和管理操作。

9.5.1 创建分区表

Oracle Database 11g 提供 6 种表分区方法：范围分区、散列分区、列表分区、复合分区、间隔分区和引用分区。以下详细介绍各种分区表的创建方法。

1. 范围分区

按表中某个列值的范围进行分区，根据该列值决定将数据存储在哪个分区上，如根据记录的时间或序号进行分区等。创建范围分区时要注意以下几点。

- 指明分区方法、分区列和分区描述。
- 每一个分区都必须有一个 VALUES LESS THEN 子句，它指定一个不包括在该分区中的上限值。分区键的任何值等于或者大于这个上限值的记录都会被加入到下一个高一些的分区中。
- 在最高的分区中定义 MAXVALUE。MAXVALUE 代表了一个不确定的值。这个值高于其他分区中的任何分区键的值，也可以理解为高于任何分区中指定的 VALUE LESS THEN 的值，同时包括空值。

下面以表 range_orders 为例说明分区表的创建。该表中可能有千万级的数据记录，为了提高查询效率，我们可以根据订单的日期来创建分区表：将 2012 年 1 月 1 日前的订单信息保存在第 1 个分区中，2012 年 1 月 1 日到 2012 年 6 月 1 日之间的订单信息保存在第 2 个分区中，其他的保存在第 3 个分区中。

```
BOOKS_PUB@orcl_dbs > CREATE TABLE range_orders (
  2  order_id VARCHAR2(20) CONSTRAINT OR_PK PRIMARY KEY,
  3  order_date DATE DEFAULT SYSDATE,
  4  qty INTEGER,
  5  payterms VARCHAR2(12),
  6  book_id NUMBER(6) CONSTRAINT OR_FK REFERENCES books(bookid)
  7  )
  8  PARTITION BY RANGE(order_date)
  9  (  PARTITION p1 VALUES LESS THAN(TO_DATE('2012-1-1', 'YYYY-MM-DD'))
 10          TABLESPACE users01,
 11    PARTITION p2 VALUES LESS THAN(TO_DATE('2012-6-1', 'YYYY-MM-DD'))
 12          TABLESPACE users02,
 13    PARTITION p3 VALUES LESS THAN(MAXVALUE)
 14          TABLESPACE users03
 15  );
```

表已创建。

创建范围分区表时，PARTITION BY RANGE 子句说明根据范围进行分区，其后括号中的列是分区列。每个分区描述以 PARTITION 关键字开头，其后是该分区的名称。

2. 散列分区

指在一个列（或多个列）上应用一个散列函数，数据依据该散列值存放在不同的分区中。通过散列分区，可以将数据比较均匀地分布到各个分区中。

下面例子将 hash_orders 表的数据根据订单的 ID 散列地存放在指定的两个表空间中。

```
BOOKS_PUB@orcl_dbs > CREATE TABLE hash_orders (
  2  order_id VARCHAR2(20) CONSTRAINT HO_PK PRIMARY KEY,
  3  order_date DATE DEFAULT SYSDATE,
  4  qty INTEGER,
  5  payterms VARCHAR2(12),
  6  book_id NUMBER(6) CONSTRAINT HO_FK REFERENCES books(bookid)
  7  )
  8  PARTITION BY HASH(order_id)
  9  ( PARTITION p1 TABLESPACE users01,
 10    PARTITION p2 TABLESPACE users02
 11 );
```

表已创建。

创建散列分区表时，通过 PARTITION BY HASH 子句说明根据散列分区进行分区，其后括号中的列指出分区列，即 HASH 函数应用的列。每个分区描述以 PARTITION 关键字开头，其后是该分区的名称。也可以使用 PARTITIONS 子句指定分区的数量，然后用 STORE IN 子句指定分区的存储表空间。

所以，上例中，从第 8 行到第 11 行的分区设置还可以用以下形式：

```
  8  PARTITION BY HASH(order_id)
  9  PARTITION 2
 10  STORE IN (users01, users02);
```

创建散列分区时，只需指定分区的数量。建议分区数量采用 2 的 n 次方，这样可以使得各个分区间数据分布更加均匀。

3. 列表分区

当表中某列的值只有几个的时候，可以采用列表分区，即指定一个离散值集来确定数据的存放区域。

下面的例子将 list_orders 表的数据根据订单的付款方式存放在指定的 3 个表空间中。

```
BOOKS_PUB@orcl_dbs > CREATE TABLE list_orders (
  2  order_id VARCHAR2(20) CONSTRAINT LO_PK PRIMARY KEY,
  3  order_date DATE DEFAULT SYSDATE,
  4  qty INTEGER,
  5  payterms VARCHAR2(12),
  6  book_id NUMBER(6) CONSTRAINT LO_FK REFERENCES books(bookid)
  7  )
  8  PARTITION BY LIST(payterms)
  9  ( PARTITION p1 VALUES('货到付款') TABLESPACE users01,
 10    PARTITION p2 VALUES('支付宝')   TABLESPACE users02,
 11    PARTITION p3 VALUES('信用卡')   TABLESPACE users03
 12 );
```

表已创建。

创建列表分区表时，通过 PARTITION BY LIST 子句说明根据列表分区进行分区，其后括号中指定分区列。每个分区描述以 PARTITION 关键字开头，其后是该分区的名称。VALUES 子句用于设置分区所对应的分区列的取值。

4. 复合分区

这种分区是基于范围分区和列表分区的组合，或者范围分区和散列分区的组合。使用复合分区可以先对某些数据应用分区机制，然后再利用某种分区机制将分区分为子分区。

下面例子创建一个范围—列表复合分区表（其他复合分区表的创建请读者自己练习），将 2012 年 1 月 1 日前的货到付款的、支付宝付款的、信用卡付款的数据分别保存在 3 个表空间中，2012 年 1 月 1 日到 2012 年 6 月 1 日之间的货到付款的、支付宝付款的、信用卡付款的数据分别保存在另外 3 个表空间中，其他数据保存在第 7 个表空间中。

```
BOOKS_PUB@orcl_dbs > CREATE TABLE comp_orders (
 2   order_id VARCHAR2(20) CONSTRAINT CO_PK PRIMARY KEY,
 3   order_date DATE DEFAULT SYSDATE,
 4   qty INTEGER,
 5   payterms VARCHAR2(12),
 6   book_id NUMBER(6) CONSTRAINT CO_FK REFERENCES books(bookid)
 7   )
 8   PARTITION BY RANGE(order_date)
 9   SUBPARTITION BY LIST(payterms)
10   (  PARTITION p1 VALUES LESS THAN(TO_DATE('2012-1-1', 'YYYY-MM-DD'))
11       (SUBPARTITION p1_sub1 VALUES('货到付款') TABLESPACE users01,
12        SUBPARTITION p1_sub2 VALUES('支付宝')   TABLESPACE users02,
13        SUBPARTITION p1_sub3 VALUES('信用卡')   TABLESPACE users03
14        ),
15     PARTITION p2 VALUES LESS THAN(TO_DATE('2012-6-1', 'YYYY-MM-DD'))
16       (SUBPARTITION p2_sub1 VALUES('货到付款') TABLESPACE users04,
17        SUBPARTITION p2_sub2 VALUES('支付宝')   TABLESPACE users05,
18        SUBPARTITION p2_sub3 VALUES('信用卡')   TABLESPACE users06
19        ),
20     PARTITION p3 VALUES LESS THAN(MAXVALUE)     TABLESPACE users07
21 );
```

表已创建。

创建复合分区表时，通过 PARTITION BY RANGE 子句指定分区方法，其后括号中指定分区列。子分区的方法由 SUBPARTITION BY LIST/HASH 子句指定。Oracle Database 11g Release 2 之后的版本中支持 9 种组合的复合分区。

5. 间隔分区

间隔分区是 Oracle Database 11g Release 1 以后版本中新增的特性，它是对范围分区的扩展，可以自动进行等距离范围分区。间隔分区以一个范围分区为"起点"，并定义一个间隔，当有数据到来时数据库依据该间隔为附加的数据创建新的分区。下面通过例子说明间隔分区的创建机制。

如果先将前面创建的范围分区表 range_orders 中的 p3 分区删除，即分区表 range_orders 只有两个分区 p1 和 p2，此时，向表 range_orders 中插入一条日期为 2012 年 7 月的记录，该插入操作会失败。如果采用间隔分区机制来创建 intvl_orders 表，并指定一个区间（2012 年 1 月 1 日之前）和一个间隔（假设时长为 6 个月），数据库就会在数据到来时创建相应的分区，而不会导致语句执行失败。

下面代码创建间隔分区表 intvl_orders：

```
BOOKS_PUB@orcl_dbs > CREATE TABLE intvl_orders (
  2    order_id VARCHAR2(20) CONSTRAINT IO_PK PRIMARY KEY,
  3    order_date DATE DEFAULT SYSDATE,
  4    qty INTEGER,
  5    payterms VARCHAR2(12),
  6    book_id NUMBER(6) CONSTRAINT IO_FK REFERENCES books(bookid)
  7    )
  8    PARTITION BY RANGE(order_date)
  9    INTERVAL(NUMTOYMINTERVAL(6, 'MONTH'))
 10    STORE IN(users01, users02, users03)
 11    (
 12     PARTITION p1 VALUES LESS THAN(TO_DATE('2012-1-1', 'YYYY-MM-DD'))
 13    );
```

表已创建。

创建间隔分区表时，通过 PARTITION BY RANGE 子句指定分区方法，其后括号中指定分区
列。INTERVAL 子句指定时间间隔。STORE IN 子句用于说明用于存储分区的表空间，其中列出
的表空间以循环方式使用。

6. 引用分区

引用分区也是 Oracle Database 11g Release 1 以上版本中新增的特性，通过从父表继承分区键
（而非复制键列），可以在逻辑上均分具有父子关系的表。分区键通过现有的父子关系解析，由现
行的主键或外键约束实施。逻辑相关性还可以自动级联分区维护操作，从而使应用程序开发更轻
松且更不易出错。下面通过例子说明引用分区的创建机制。

假设在图书出版管理系统中，希望依据图书的出版时间将一定数量的数据保存在线，而且要
确保相关联的子表数据也在线。books 表中有一个 booktime 列，以此列按月分区，但是子表 orders
中没有这个列，采用引用分区就可以解决该问题。

首先，创建图书的范围分区表 range_books：

```
BOOKS_PUB@orcl_dbs > CREATE TABLE range_books(
  2    bookid NUMBER(6) PRIMARY KEY,
  3    booknum VARCHAR2(6),
  4    bookname VARCHAR2(60) NOT NULL,
  5    author VARCHAR2(50),
  6    publish VARCHAR2(50),
  7    bookprice NUMBER(8,2),
  8    category CHAR(10),
  9    booktime DATE DEFAULT SYSDATE,
 10    salescount INTEGER
 11    )
 12    PARTITION BY RANGE(booktime)
 13     (PARTITION p1 VALUES LESS THAN (TO_DATE('2012-1-1', 'YYYY-MM-DD')),
 14      PARTITION p2 VALUES LESS THAN (TO_DATE('2013-1-1', 'YYYY-MM-DD'))
 15    );
```

表已创建。

然后，创建引用分区表 refer_orders：

```
BOOKS_PUB@orcl_dbs > CREATE TABLE refer_orders(
  2    order_id VARCHAR2(20) CONSTRAINT RFO_PK PRIMARY KEY,
  3    order_date DATE DEFAULT SYSDATE,
  4    qty INTEGER,
  5    payterms VARCHAR2(12),
  6    book_id NUMBER(6) NOT NULL,
```

```
 7  CONSTRAINT RFO_FK FOREIGN KEY (book_id)
 8  REFERENCES range_books(bookid)
 9  )
10  PARTITION BY REFERENCE (RFO_FK);
```

表已创建。

上例中，通过使用外键约束可以发现分区机制，外键 RFO_FK 指向父表 range_books，它有两个分区，因此，子表 refer_orders 就按照父表的分区方式进行相应的分区。

创建引用分区表时，通过 PARTITION BY REFERENCE 子句指定分区方法，其后括号中指定分区使用的约束。外键约束引用的列必须具有 NOT NULL 约束。如上例中 refer_orders 表中的 book_id 列。

9.5.2　维护分区表

对于已经创建的分区表，可以使用 ALTER TABLE 语句进行维护，包括添加分区、回收分区、删除分区、交换分区、合并分区、修改分区、移动分区、更名分区、分割分区等。

1．删除分区

使用 ALTER TABLE...DROP PARTITION/SUBPARTITION...语句删除分区/子分区。例如，下面代码将范围分区表 range_orders 中的 p3 分区删除。

```
BOOKS_PUB@orcl_dbs > ALTER TABLE range_orders DROP PARTITION p3;
```

表已更改。

如果删除的分区是表中唯一的分区，那么此分区不能被删除，要想删除此分区，必须删除表。删除分区后，其中的数据一同被删除。

2．添加分区

使用 ALTER TABLE... ADD PARTITION...语句为分区表添加分区。例如，下面代码为范围分区表 range_orders 添加一个分区。

```
BOOKS_PUB@orcl_dbs > ALTER TABLE range_orders
  2  ADD PARTITION p3
  3     VALUES LESS THAN (TO_DATE('2013-1-1', 'YYYY-MM-DD'))
  4     TABLESPACE users03;
```

表已更改。

新添加的分区的界限必须高于已经存在的最后一个分区的界限。

3．合并分区

合并分区是将相邻的分区合并成一个分区，结果分区将采用较高分区的界限。需要注意的是，不能将分区合并到界限较低的分区。

例如，下面代码将范围分区表 range_orders 的 p1 和 p2 分区合并。

```
BOOKS_PUB@orcl_dbs > ALTER TABLE range_orders
  2  MERGE PARTITIONS p1, p2 INTO PARTITION p2;
```

表已更改。

4．移动分区

为了减少存储碎片、修改分区创建时的属性设置、进行表中数据压缩，或将分区移动到一个新的表空间，可以使用 ALTER TABLE...MOVE PARTITION...语句或 ALTER TABLE...MOVE SUBPARTITION...语句移动分区或子分区。

例如，下面代码将范围分区表 range_orders 的 p1 分区移动到 users05 表空间中。

```
BOOKS_PUB@orcl_dbs > ALTER TABLE range_orders
  2  MOVE PARTITION p1 TABLESPACE users05;
```

表已更改。

5. 重命名分区

使用 ALTER TABLE…RENAME PARTITION…TO…语句重命名分区。例如，下面代码将范围分区表 range_orders 的 p2 分区重命名为 first_part。

```
BOOKS_PUB@orcl_dbs > ALTER TABLE range_orders
  2  RENAME PARTITION p2 TO first_pat;
```

表已更改。

6. 截断分区

截断某个分区是指删除该分区中的数据，并不会删除分区，也不会删除其他分区中的数据。当表中即使只有一个分区时，也可以截断该分区。

例如，下面代码将分区表 range_orders 的 first_pat 分区中的数据删除。

```
BOOKS_PUB@orcl_dbs > ALTER TABLE range_orders
  2  TRUNCATE PARTITION first_pat;
```

表被截断。

9.6　外部表

外部表是从 Oracle 9i 开始引入的一种特殊的表，其数据不存在数据库中。通过向 Oracle 数据库提供描述外部表的源数据，我们可以把一个操作系统文件当成一个只读的数据库表，就像这些数据存储在一个普通数据库表中一样来访问它。

外部表是对数据库表的延伸，它具有以下特性：

- 位于文件系统之中，按一定格式分割，如文本文件或者其他类型的表可以作为外部表；
- 对外部表的访问可以通过 SQL 语句来完成，而不需要先将外部表中的数据装载入数据库中；
- 外部数据表都是只读的，因此在外部表上不能执行 DML 操作，也不能创建索引；
- ANALYZE 语句不支持采集外部表的统计数据，应该使用 DMBS_STATS 包来采集外部表的统计数据。

9.6.1　创建外部表

使用 CREATE TABLE…ORGANIZATION EXTERNAL…语句创建外部表，其基本语法格式为

```
CREATE TABLE table_name(
  column1[, column2, …]
)
ORGANIZATION EXTERNAL
(
  [TYPE access_driver_type]
  DEFAULT DIRECTORY directory
  [ACCESS PARAMETER(
    RECORDS DELIMITED BY [newline | string]
```

```
        [BADFILE bad_directory:"bad_filename" | NOBADFILE]
        [LOGFILE log_directory:"log_filename" | NOLOGFILE]
        [DISCARDFILE discard_directory:"discard_filename" | NODISCARDFILE]
        [MISSING FIELD VALUES ARE NULL]
        FIELDS TERMINATED BY string
        (column1[, column2, …])
    )]
    LOCATION (data_directory:"data_filename")
)
[REJECT LIMIT integer | UNLIMITED ]
[PARALLEL];
```

其中：

- ORGANIZATION EXTERNAL：说明创建外部表；

- TYPE：指出外部表的访问驱动程序，访问驱动程序是为数据库解释外部数据的 API，Oracle Database 提供两种访问驱动程序：ORACLE_LOADER 和 ORACLE_DATAPUMP，默认为 ORALCE_LOADER；

- DEFAULT DIRECTORY：指定外部数据源在文件系统上的默认目录；

- ACCESS PARAMETER：设置外部表访问驱动程序的具体参数，这些参数告诉 Oracle Database 如何处理外部表文件；

- RECORD DELIMITED BY：设置文件中的记录分隔符；

- BADFILE：设置坏文件的存放目录和文件名，无法处理的记录均存储到这个文件中；

- LOGFILE：设置日志文件的存放目录和文件名；

- DISCARDFILE：设置废弃文件的存放目录和文件名；

- MISSING FIELD VALUES ARE NULL：设置文件中无值字段的处理；

- FIELDS TERMINATED BY：设置文件中字段分隔符及字段名称；

- LOCATION：数据源文件的文件名；

- REJECT：设置多少行转换失败时返回 Oracle 错误，默认为 0；

- PARALLEL：支持外部数据源文件的并行查询。

下面举例说明外部表的创建过程。

下面例子基于一个文本文件 books.txt 创建外部表 ext_books，该文件是从 Excel 文件转换得到的，其中存储图书信息，具体内容如下：

```
201101   9787302243670     Oracle 入门很简单    59.5 清华大学出版社  张朝明
201005   9787121106262     21 天学编程系列-21 天学通 Oracle(含 DVD 光盘 1 张)  49.8 电子工业出
版社  张朝明
201101   9787111324485     Oracle 从入门到精通(视频实战版)  59    机械工业出版社  秦靖
201012   9787302224983     Oracle 完全学习手册 79.5 清华大学出版社  "郭郑州,陈军红"
201006   9787302225034     Oracle DBA 教程:从基础到实践(附光盘) 65   清华大学出版社  林树泽
201104   9787302251118     品悟性能优化-ORACLE 资深技术顾问 10 年铸剑 59    清华大学出版社  罗敏
201006   9787113111953     Oracle PL/SQL 完全自学手册  59   中国铁道出版社  "宫生文,肖建"
200907   9787302202097     Oracle DBA 基础培训教程-从实践中学习 Oracle 数据库管理与维护(第 2
版)(附教学视频光盘) 69.8 清华大学出版社  何明
201009   9787121116964     宝典丛书-Oracle 10g 宝典(第 2 版)   89    电子工业出版社  路川
201012   9787302242505     OCP/OCA 认证考试指南全册-Oracle Database 11g(1Z0-051.
1Z0-052.1Z0-053)
        99.8       清华大学出版社  沃森
    ……
```

创建外部表 ext_books 的过程如下。

（1）在 SQL*Plus 中以 SYSDBA 身份登录，创建 3 个目录对象，分别用于存放数据源文件、日志文件和坏记录文件。之后将这些目录对象的相应权限授予 books_pub 用户。

```
SYS@orcl_dbs > CREATE OR REPLACE DIRECTORY datadir
  2    AS 'D:\ORACLE\PUBLISH\DATA';

目录已创建。
SYS@orcl_dbs > CREATE OR REPLACE DIRECTORY logdir
  2    AS 'D:\ORACLE\PUBLISH\LOG';

目录已创建。
SYS@orcl_dbs > CREATE OR REPLACE DIRECTORY baddir
  2    AS 'D:\ORACLE\PUBLISH\BAD';

目录已创建。
SYS@orcl_dbs > GRANT READ ON DIRECTORY datadir TO BOOKS_PUB;

授权成功。
SYS@orcl_dbs > GRANT WRITE ON DIRECTORY logdir TO BOOKS_PUB;

授权成功。
SYS@orcl_dbs > GRANT WRITE ON DIRECTORY baddir TO BOOKS_PUB;

授权成功。
```

　　数据源文件 books.txt 要放在 D:\ORACLE\PUBLISH\DATA 目录下。

（2）以 books_pub 用户登录数据库，创建外部表 ext_books。

```
BOOKS_PUB@orcl_dbs > CREATE TABLE ext_books(
  2    上市日期    VARCHAR2(6),
  3    ISBN    VARCHAR2(20),
  4    书名    VARCHAR2(50),
  5    定价    NUMBER(4, 2),
  6    出版社名称    VARCHAR2(20),
  7    作者    VARCHAR2(30)
  8  )
  9  ORGANIZATION EXTERNAL
 10  (
 11    TYPE ORACLE_LOADER
 12    DEFAULT DIRECTORY datadir
 13    ACCESS PARAMETERS
 14    (
 15     RECORDS DELIMITED BY newline
 16     BADFILE baddir:'empxt%a_p.bad'
 17     LOGFILE logdir:'empxt%a_p.log'
 18     FIELDS TERMINATED BY ' '
 19     MISSING FIELD VALUES ARE NULL
 20     (
 21       上市日期, ISBN, 书名, 定价, 出版社名称, 作者
```

```
22   )
23  )
24  LOCATION ('books.txt')
25 )
26 PARALLEL
27 REJECT LIMIT UNLIMITED;
```

表已创建。

（3）通过查询验证外部表创建成功。

```
BOOKS_PUB@orcl_dbs > SELECT 上市日期, ISBN, 定价, 出版社名称, 作者
  2  FROM ext_books;
```

上市日	ISBN	定价	出版社名称	作者
201101	9787302243670	59.5	清华大学出版社	张朝明
201005	9787121106262	49.8	电子工业出版社	张朝明
201101	9787111324485	59	机械工业出版社	秦靖
201012	9787302224983	79.5	清华大学出版社	"郭郑州,陈军红"
...

已选择 51 行。

创建外部表时，一定要先建立目录对象，并且数据源文件要有固定格式，不能有列标题。另外，创建外部表只是在数据字典中创建了表结构，并没有在数据库中创建表，数据库存储的只是与外部数据源文件的一种对应关系。

9.6.2　用外部表导出数据

用外部表可以实现把外部文件数据加载到数据库，或者把数据库数据导出到操作系统文件，进而实现数据从一个数据库移动到另一个数据库。下面例子说明怎样把数据库表中的数据导出到外部表。

```
BOOKS_PUB@orcl_dbs > CREATE TABLE books_ext
  2  (book_id, book_name, author, price)
  3  ORGANIZATION EXTERNAL
  4  (
  5    TYPE ORACLE_DATADUMP
  6    DEFAULT DIRECTORY datadir
  7    LOCATION('books_a.dat')
  8  )
  9  AS
 10  SELECT bookid, bookname, author, bookprice
 11  FROM books;
```

表已创建。

该例中通过 Oracle Database 11g 提供的驱动程序 ORACLE_DATADUMP 实现了在创建外部表的同时将数据库中的数据导出到 books_a.dat 文件中。

9.6.3　维护外部表

针对外部表的维护操作主要是修改和删除外部表。

1. 修改外部表

外部表的修改与标准表一样是调用 ALTER TABLE 语句，但修改的内容则完全不同。下面几个例子分别修改外部表的几个不同访问参数。

例如，下面代码修改外部表中允许拒绝的数据行数。

```
BOOKS_PUB@orcl_dbs > ALTER TABLE ext_books
  2  REJECT LIMIT 6;
```

表已更改。

又如，下面例子修改通过外部表访问的外部文件的存储目录。

```
BOOKS_PUB@orcl_dbs > ALTER TABLE ext_books
  2  DEFAULT DIRECTORY datadir1;
```

表已更改。

注意，此处 datadir1 目录为通过 CREATE DIRECTORY 命令创建的目录。

再如，下面例子修改外部表访问的文件，添加一个新的数据源文件 new_books1.txt 到外部表 ext_books 访问的文件列表中。可以把新文件添加到列表，或者修改外部表访问文件的顺序。

```
BOOKS_PUB@orcl_dbs > ALTER TABLE ext_books
  2  LOCATION ('books.txt', 'new_books1.txt');
```

表已更改。

2. 查看外部表的定义

外部表的定义信息可以通过查询以下数据字典视图来获得：

● DBA_EXTERNAL_TABLES、USER_EXTERNAL_TABLES：包含数据库中外部表参数设置等信息；

● DBA_EXTERNAL_LOCATIONS、USER_EXTERNAL_LOCATIONS：包含外部表所对应的外部数据源文件信息。

例如，下面代码查询当前用户的外部表信息。

```
BOOKS_PUB@orcl_dbs>SELECT table_name,type_name,default_directory_name
  2  FROM USER_EXTERNAL_TABLES;


TABLE_NAME        TYPE_NAME            DEFAULT_DIRECTORY_NAME
------------      ---------------      ----------------------------
EXT_BOOKS         ORACLE_LOADER        DATADIR
```

3. 删除外部表

删除外部表只是删除了数据字典中外部表的结构定义，不会影响数据源文件中的数据。例如：

```
BOOKS_PUB@orcl_dbs > DROP TABLE ext_books;
```

表已删除。

删除外部表时请注意：如果要删除外部表和目录对象，应该先删除外部表，然后再删除目录对象，如果目录对象中有多个表，则应删除所有表之后再删除目录对象。

本章小结

本章主要介绍了数据库对象中最重要的一个对象——表。

Oracle Database 11g 数据库中的表分为堆组织表、索引组织表、聚簇表（索引、散列、有序散列）、嵌套表、临时表、外部表、分区表、对象表等类型。其中，堆组织表就是普通的标准数据库表，本章重点介绍了这种表的创建、修改和管理的相关操作。数据完整性约束用来防止在执行 DML 操作时，将不符合要求的数据插入表中，从而确保数据的正确。

分区表可以提高针对大量数据的读写和查询操作的速度，从而改善大型应用系统的性能。分区能够增强数据的可用性、使系统维护方便、均衡 I/O 以及改善查询的性能。Oracle Database 11g 提供了 6 种表分区方法：范围分区、散列分区、列表分区、复合分区、间隔分区和引用分区。

外部表是指数据不存在数据库内的表。通过外部表，可以实现从外部文件加载数据到数据库，或者从数据库导出数据到操作系统文件，进而实现数据从一个数据库移动到另一个数据库。

习　题

一、选择题

1. 创建表时，要指定该表存储的表空间为 PUBLISH，应该使用（　　）子句。
   A. CLUSTER
   B. STORAGE
   C. TABLESPACE
   D. INITRANS

2. 如果表中需要存储的数据为 450.23，可以使用（　　）数据类型定义列。
   A. INTEGER
   B. NUMBER
   C. NUMBER(5)
   D. NUMBER(5,2)

3. 以下关于为表添加虚拟列的说法中，正确的是（　　）。
   A. 虚拟列通过引用表中的其他列来计算结果，而其中的数据没有保存在数据文件中
   B. 虚拟列可以被 DML 语句修改
   C. 不能对虚拟列创建索引
   D. 可以对虚拟列创建主键约束

4. 在删除表中的列时，使用 UNUSED 进行标记的作用是（　　）。
   A. 对系统来说，被标记为 UNUSED 的列就是被删除了
   B. 对系统来说，被标记为 UNUSED 的列依然存在，并占用存储空间
   C. 对用户来说，被标记为 UNUSED 的列就像是被删除了，无法进行查询
   D. 使用 UNUSED 标记的作用和直接使用 DROP 是一样的

5. 以下（　　）约束的定义不会自动创建索引。
   A. PRIMARY KEY
   B. UNIQUE
   C. NOT NULL
   D. FOREIGN KEY

6. 为列定义一个 CHECK 约束，要使用该约束对表中的数据（已经存储的和后续修改的）进行检查，则应该将该约束设置为（　　）状态。
   A. ENABLE NOVALIDATE
   B. ENABLE VALIDATE
   C. DISABLE NOVALIDATE
   D. DISABLE VALIDATE

7. Oracle Database 11g 新增的分区方法有（　　）。
   A. 范围分区
   B. 间隔分区
   C. 复合分区
   D. 引用分区

8. 外部表的访问驱动方式包括（　　）。

A. ORACLE_LOADER　　　　　　B. ORACLE_DATAPUMP

C. JDBC　　　　　　　　　　　D. DATA PUMP

二、简答题

1. Oracle 数据库中有哪些类型的表？各有什么特征？

2. 表的约束有几种？分别起什么作用？

3. 试说明 VARCHAR2 和 CHAR 的区别，举例说明它们分别用在什么场合下。

4. 约束的状态有几种？如何保证数据库表中数据满足约束条件？

5. 分区的作用是什么，请说明间隔分区和范围分区的区别。

6. 举例说明外部表的应用。

三、实训题

1. 按照下列表中给出的结构，利用 SQL 语句创建 type、books、publishers 和 orders 4 个表。

type 表的结构

编号	字段名	类　　型	描　　述
1	typeid	NUMBER(6)	分类 ID，主键列
2	typename	VARCHAR2(20)	分类名称，唯一且非空

books 表的结构

编号	字段名	类　　型	描　　述
1	bookid	NUMBER(6)	图书 ID，主键列
2	booknum	VARCHAR2(6)	图书编号
3	bookname	VARCHAR2(60)	图书名称，非空
4	pubid	NUMBER(6)	发行 ID
5	bookprice	NUMBER(8,2)	图书价格
6	typeid	NUMBER(6)	类别 ID，外键
7	booktime	DATE	出版日期
8	salescount	INTEGER	销售数量

publishers 表的结构

编号	字段名	类　　型	描　　述
1	pubid	NUMBER(6)	出版商 ID，主键列
2	pubname	VARCHAR2(40)	出版社名称，非空
3	city	VARCHAR2(20)	出版社所在市
4	state	VARCHAR2(10)	出版社所在省
5	country	VARCHAR2(30)	出版社所在国家

orders 表的结构

编号	字段名	类　　型	描　　述
1	orderid	NUMBER(6)	订单 ID，主键列
2	ordernum	VARCHAR2(20)	订单编号，非空

编号	字段名	类　型	描　述
3	orddate	DATE	订单日期
4	qty	INTEGER	数量
5	payterms	VARCHAR2(12)	付款方式
6	bookid	NUMBER(6)	图书 ID

2. 为表 books 添加两列 content 和 img，这两列的类型和描述如下表。

Books 中 content 和 img 列

编号	字段名	类　型	描　述
9	content	LONG	图书简介
10	img	VARCHAR2(50)	图片文件存储路径

3. 为表 books 的 booknum 列添加唯一性约束和非空约束。为列 pubid 添加可延迟的外键约束，该列参照表 publishers 的 pubid 列。

4. 修改表 orders，为列 orddate 设置默认值，其取值来自 SYSDATE，为列 bookid 添加外键约束，它参照 books 表中的 bookid 列。

5. 创建一个范围分区表 rag_books（结构与 books 表相同），按照图书的价格分 4 个区，低于等于 20 元的图书信息存入 part1 区，存储在 BOOKSPUB1 表空间中；20～50 元的图书信息存入 part2 区，存储在 BOOKSPUB2 表空间中；50～100 元的图书信息存入 part3 区，存储在 BOOKSPUB3 表空间中；其他数据存入 part4 区，存储在 BOOKSPUB4 表空间中。

第 10 章
索引

索引是关系数据库中的一种基本对象，它是表中数据与相应存储位置的列表。利用索引可以加快数据的检索速度，并实现对完整性的检查。因此，对于表中经常被作为关键字进行检索的列，应该对该列建立索引。本章将介绍 Oracle Database 11g 中索引的基本概念、创建、维护等内容。

10.1　概述

索引是建立在表列上的数据库对象。数据库中的表上是否建立索引、建立什么类型索引以及建立多少索引，会直接影响到应用的性能。如果没有索引或索引建立不正确，则会影响查询数据的速度，因为此时可能不得不进行全表扫描；如果索引数量太多，则会影响更新的速度，因为此时要花费更多的时间来更新索引。因此，索引的创建要遵循以下原则。

- 依据表的大小创建索引。一般来说小表不必建立索引，可以通过全表扫描的性能分析来判断建立索引后是否改善了数据库性能。
- 依据表和列的特征创建索引。在经常进行查询的列上建立索引可以提高搜索的速度；在经常进行连接查询的列上建立索引，可以提高搜索的速度；在取值范围较小的列上可以建立位图索引，取值范围较大的列上可以建立 B-树索引。
- 限制表中索引的数量。过多或过少的索引都会影响系统的性能。
- 要合理安排复合索引中列的顺序，将频繁使用的列放在其他列的前面。

Oracle Database 11g 中提供了多种类型的索引：B-树索引、位图索引、基于函数的索引、反向键值索引、域索引等。下面介绍各种类型索引的特点和创建方法。

10.2　创建索引

使用 CREATE INDEX 语句创建索引，其基本语法格式为

```
CREATE [UNIQUE | BITMAP] INDEX [schema.]index_name
ON [schema.]table_name (column1 [ASC | DESC] [,column2[ASC | DESC] ] ... )
[TABLESPACE table_space | DEFAULT]
[SORT | NOSORT]
[REVERSE]
```

```
[VISIBLE | INVISIBLE]
[PARALLEL [n] | NOPARALLEL];
```

其中：

- UNIQUE、BITMAP：分别指出创建的索引为唯一索引和位图索引，如果未指定这两个选项，创建的则是 B-树索引；
- schema：指出所建索引属于哪个模式，缺省为当前用户；
- index_name：创建的索引名；
- column1：指出基表中索引列的列名，一个索引最多可基于 16 列，long 列、long raw 列不能建索引；
- ASC、DESC：指出索引值的排列顺序是升序还是降序，缺省为 ASC 即升序；
- ON：指出在创建索引期间允许对表进行 DML 操作；
- TABLESPACE：指定索储索引的表空间；
- SORT、NOSORT：默认时，Oracle Database 在创建索引时将按升序排序索引。如果确认数据库内的数据行已经按升序排序，则可以指定 NOSORT，要求在创建索引时不再排序数据行，但此时，如果索引列未按升序排序，则将导致索引创建失败；
- REVERSE：表示建立反向键值索引；
- VISIBLE、INVISIBLE：指定索引对优化器是否可见。

下面结合各种类型的索引详细介绍索引的创建。

10.2.1　B-树索引

B-树索引是 Oracle 数据库中最常用的一种索引结构，它按照平衡树算法来构造索引，这种索引中的叶子结点保存索引键值和一个指向索引行的 ROWID 信息。默认情况下，Oracle 数据库中创建的索引就是 B-树索引。

例如，下面代码在 books 表的 bookname 列上创建一个非唯一 B-索引。

```
BOOKS_PUB@orcl_dbs > CREATE INDEX book_name_idx ON books(bookname)
  2  TABLESPACE USERS;
```

索引已创建。

Oracle 数据库会自动在表的主键约束列和唯一性约束列上创建唯一索引，用户也可以自己进行创建唯一索引。例如，下面代码在 books 表的 booknum 列上创建一个唯一索引。

```
BOOKS_PUB@orcl_dbs > CREATE UNIQUE INDEX booknum_idx ON books(booknum);
```

索引已创建。

10.2.2　位图索引

与 B-树索引不同，位图索引不存储 ROWID 值，也不存储键值，它用一个索引键条目存储指向多行的指针，即每个索引条目指向多行。位图索引占用空间小，适合索引值基数少，高度重复而且只读的应用环境使用，所以适合于数据仓库等环境。

例如，下面代码在 orders 表的 payterms 列上创建一个位图索引。

```
BOOKS_PUB@orcl_dbs > CREATE BITMAP INDEX order_pay_idx
  2  ON orders(payterms);
```

索引已创建。

order_pay_idx 位图索引实际上是一个二维数组，数组的列数由表 orders 内的记录数决定，行数由索引值的基数决定，数组元素的值为 1 表示与该位元对应的 ROWID 是一个包含该位图索引值的记录。

10.2.3 基于函数的索引

基于函数的索引是在 B-树索引或位图索引的基础上，将一个函数计算得到的结果作为索引值而创建的索引。因此，可以把基于函数的索引看做一个虚拟列上的索引。

例如，下面代码在 authors 表的 author_lname 列创建一个基于函数的索引，以便在该列上执行大小写无关的查询。

```
BOOKS_PUB@orcl_dbs > CREATE INDEX author_lname_idx
  2 ON authors(UPPER(author_lname));
```

索引已创建。

这样当我们执行下面的查询操作时，就可以加快速度。因为 UPPER(author_lname) 的值已经提前计算并存储在索引中了：

```
BOOKS_PUB@orcl_dbs > SELECT * FROM authors
  2 WHERE UPPER(author_lname) LIKE 'SM%';
```

10.2.4 反向键值索引

反向键值索引通过反向键值保持在索引所有叶子节点上的插入分布。利用反向键值索引可以避免不平衡的索引，使索引条目在索引中的分布更均匀。通过 CREATE INDEX 命令直接创建反向键值索引，或在 ALTER INDEX 命令后加 REBUILD NOREVERSE 或 REBUILD REVERSE 子句把索引修改为普通索引或反向键值索引。

例如，下面代码在 authors 表的 phone 列上创建一个反向键值索引。

```
BOOKS_PUB@orcl_dbs > CREATE INDEX author_phn_idx
  2  ON authors(phone) REVERSE;
```

索引已创建。

10.2.5 域索引

域索引就是用户自己构建和存储的索引，优化器根据索引的选择和执行的开销决定是否使用该索引。Oracle 文本索引就是一种域索引，用于对大量的文本项提供关键字搜索。要完成基于文本的搜索，需要安装 Oracle Database 11g 中的 Oracle Text 组件，这里不再详细介绍。

10.3 修改索引

索引的修改使用 ALTER INDEX 语句，其中包括合并索引、重构索引、重命名索引等。

10.3.1 合并索引

数据库在使用过程中，表的数据不断被更新，就会在索引中产生越来越多的存储碎片，DBA

可以通过索引的合并操作来清理这些存储碎片。SQL 语句的语法为

```
ALTER INDEX index_name COALESCE [DEALLOCATE UNUSED];
```

其中：

- COALESCE 表示合并索引；
- DEALLOCATE UNUSED 表示合并索引的同时，释放合并后多余的存储空间。

合并的操作只是将 B-树索引的叶子节点中的存储碎片合并在一起，并没有改变索引的物理组织结构。

10.3.2　重构索引

跟合并操作类似，重构索引也可以清除存储碎片，并且重构操作可以改变索引的存储位置，其语法为：

```
ALTER INDEX index_name REBUILD
  [TABLESPACE table_space];
```

其中，Tablespace 子句为索引指定新的存储表空间。

例如，下面语句对 books 表中 bookname 列上的 book_name_idx 索引进行重构，并把重构后的索引存储到 bookspub 表空间上。

```
BOOKS_PUB@orcl_dbs > ALTER INDEX book_name_idx
  2  REBUILD
  3  TABLESPACE BOOKSPUB;
```

索引已更改。

重构索引是根据原来的索引结构重新建立索引，实际是删除原来的索引后再重新建立。DBA 经常用重构索引来减少索引存储空间碎片，提高应用系统的性能。

10.3.3　重命名索引

使用 ALTER INDEX ... RENAME TO ...语句可以对索引进行重命名。

例如，下面代码将索引 book_name_idx 重命名为 bk_idx。

```
BOOKS_PUB@orcl_dbs > ALTER INDEX book_name_idx RENAME TO bk_idx;
```

索引已更改。

10.4　删除索引

对于不再使用或者使用率不高的索引，应该及时删除。使用 DROP INDEX 语句删除指定的索引。

例如，下面语句删除索引 bk_idx：

```
BOOKS_PUB@orcl_dbs > DROP INDEX bk_idx;
```

索引已删除。

如果索引是在定义约束时由系统自动建立的，则在禁用或删除约束时，该索引会被自动删除；此外，当表结构被删除时，与其相关的所有索引也随之被删除。

10.5　索引的监视和查询

索引可以提高检索数据的性能，但同时又会降低更新的速度，因此，对于已经建立的索引，管理员应该经常查看其工作情况。通过对索引进行监视和查询能够有效判断索引的使用效率。

10.5.1　监视索引

要查看某个索引的使用情况，需要对该索引打开监视，然后通过查看动态性能视图 V\$OBJECT_USAGE 获取索引的使用情况。下面例子说明索引监视的过程。

首先打开索引监视，以了解索引 booknum_idx 的使用情况：

```
BOOKS_PUB@orcl_dbs > ALTER INDEX booknum_idx MONITORING USAGE;
```

索引已更改。

之后，查询 V\$OBJECT_USAGE 获得索引使用情况信息：

```
BOOKS_PUB@orcl_dbs > SELECT index_name, used, start_monitoring
  2  FROM V$OBJECT_USAGE;

INDEX_NAME       USED    START_MONITORING
--------------   -----   --------------------
BOOKNUM_IDX      NO      11/10/2012 16:57:53
```

其中，index_name 列、start_monitoring 列和 used 列分别指出所监视的索引名称，监视的开始时间，以及索引是否被使用过。以上查询结果说明 BOOKNUM_IDX 索引从建立开始还未被用到过。

我们执行下面查询：

```
BOOKS_PUB@orcl_dbs > SELECT * FROM books WHERE booknum = 'DB1002';
```

之后，再次查看索引的使用情况，从查询结果看出，boonum_idx 索引已经被使用过：

```
BOOKS_PUB@orcl_dbs > SELECT index_name, used, start_monitoring
  2  FROM V$OBJECT_USAGE;

INDEX_NAME       USED    START_MONITORING
--------------   -----   --------------------
BOOKNUM_IDX      YES     11/10/2012 16:57:53
```

当不需要对索引进行监视时，可以调用 ALTER INDEX ... NOMONITORING USAGE 语句关闭监视。例如：

```
BOOKS_PUB@orcl_dbs > ALTER INDEX booknum_idx NOMONITORING USAGE;
```

索引已更改。

10.5.2　查询索引信息

索引定义信息存储在 Oracle 数据库的数据字典内，与索引相关的数据字典和动态性能视图如表 10-1 所示。

表 10-1　　　　　　　　　　　　　　与索引定义相关的数据字典和性能视图

数据字典	描　　述
DBA_INDEXES ALL_INDEXES USER_INDEXES	分别描述数据库内的所有索引、当前用户可访问的表上的索引、当前用户拥有的索引
DBA_IND_COLUMNS ALL_IND_COLUMNS USER_IND_COLUMNS	分别描述数据库内所有表上的索引列、当前用户可访问的所有表上的索引列、当前用户拥有的索引的列
DBA_IND_EXPRESSIONS ALL_IND_EXPRESSIONS USER_IND_EXPRESSIONS	分别描述数据库内所有基于函数的索引的表达式、当前用户可访问的基于函数的索引的表达式、当前用户拥有的基于函数的索引的表达式
DBA_INDEXTYPES ALL_INDEXTYPES USER_INDEXTYPES	分别显示数据库内所有索引类型、当前用户可访问的索引类型和当前用户拥有的索引类型
INDEX_STATS	存储最后一次执行 ANALYZE INDEX ... VALIDATE STRUCTURE 语句分析索引结构所产生的信息
V$OBJECT_USAGE	存储从数据库搜集到的有关当前用户所拥有索引的使用统计信息

例如，下面语句查询当前用户在 books 表上拥有的索引信息。

```
BOOKS_PUB@orcl_dbs > SELECT INDEX_NAME, INDEX_TYPE
  2  FROM USER_INDEXES
  3  WHERE TABLE_NAME = 'BOOKS';


INDEX_NAME                        INDEX_TYPE
------------------------------    ---------------------------
BOOKS_CONT_IDX                    DOMAIN
BOOK_NAME_IDX                     NORMAL
BOOKNUM_IDX                       NORMAL
SYS_C0010823                      NORMAL
```

本章小结

本章主要介绍了索引的分类和管理操作。

索引是 Oracle 数据库模式对象的一种，其主要作用是提高数据的查询效率。Oracle Database 11g 中提供的索引类型如下。

- B-树索引。这是 Oracle 数据库默认建立的索引类型，适合于索引列值基数高、重复率低的应用。

- 位图索引。在位图内用一个索引键条目存储指向多行的指针，这种索引适合于索引列值基数少，高度重复而且只读的应用环境。

- 基于函数的索引。在 B-树索引或位图索引的基础上，将一个表达式计算得到的结果作为索引值而创建的索引。

- 域索引。Oracle 的可扩展索引，利用域索引可以构建用户自定义索引，文本索引就是 Oracle 实现的一个域索引的例子。

习 题

一、选择题

1. 在 Oracle 数据库系统中，最常用的索引是（   ）。

    A. B-树索引 　　 B. 位图索引 　　 C. 反向键值索引 　　 D. 文本索引

2. 创建位图索引时要使用（   ）关键字。

    A. UNIQUE 　　 B. BITMAP 　　 C. REVERSE 　　 D. SORT

3. 清除索引中的存储碎片，可以对索引进行（   ）操作。

    A. 重命名 　　 B. 合并 　　 C. 重构 　　 D. 删除

4. 针对表中的主键约束和唯一性约束，Oracle 系统会自动创建（   ）索引。

    A. 位图 　　 B. 反向键 　　 C. 文本 　　 D. 唯一 B-树

二、简答题

1. 简要分析 B-树索引和位图索引的异同。

2. 简要分析合并索引和重构索引的区别。

三、实训题

1. 在 orders 表的 ordernum 列上创建一个唯一性索引。

2. 查看当前用户可访问的所有索引。

第11章
视图

视图是一个虚拟的表，它是查看表中数据的一种方式，其中并没有物理存储数据。视图是建立在一个或多个表（或其他视图）上并从中读取数据，但是不占用实际的存储空间，因此，视图中并不包含任何数据。利用视图可以简化查询语句，实现安全和保密的目的。本章将介绍视图的管理，包括创建视图、修改视图、删除视图等。

11.1　创建视图

使用 CREATE VIEW 语句创建视图，其语法格式如下：

```
CREATE [OR REPLACE] [FORCE | NOFORCE] VIEW [schema.]view_name
   [(column1, column2, …)]
   AS subquery
   [WITH {CHECK OPTION | READ ONLY} [CONSTRAINT constraint_name] ];
```

其中：

- OR REPLACE：如果视图已存在，替换原来的视图（不需删除）；
- FORCE：强行创建视图，无论视图的基表是否存在或拥有者是否有权限；NO FORCE 表示只有基表存在，并且视图的所有者在这些基表上拥有相应权限时才创建视图，默认为 NOFORCE；
- AS subquery：生成视图数据的子查询，它可以基于一个或多个表（或视图）；
- WITH READ ONLY：表示通过视图只能读取基表中的数据行，不能进行 DML 操作；
- WITH CHECK OPTION：通过视图对基表做 DML 操作时，只有当修改产生的数据行包含在视图子查询时，Oracle Database 才允许执行；
- CONSTRAINT：为 CHECK OPTION 或 READ ONLY 约束定义约束名称，省略该选项时，Oracle 自动为该约束指定一个名称 SYS_Cn，其中 n 是整数，它保证数据库内每个约束名称是唯一的。

例如，下面代码创建图书信息视图 book_view。

```
BOOKS_PUB@orcl_dbs > CREATE VIEW book_view
  2 AS
  3 SELECT booknum, bookname, author, bookprice
  4 FROM books
  5 WHERE bookprice > 32;
```

视图已创建。

该例中创建了一个名为 book_view 的视图，该视图的子查询检索 books 表中的 booknum、bookname、author 和 bookprice 列，要求 bookprice 列值大于 32。因此，当我们检索视图时，就可以看到如下数据：

```
BOOKS_PUB@orcl_dbs > SELECT * FROM book_view;
```

BOOKNU	BOOKNAME	AUTHOR	BOOKPRICE
DB1003	数据库原理基础教程	王海涛	37.8
DB1002	Oracle 10g 入门与提高	陈鸿远	32.31
DB1004	Oracle 10g PL/SQL 开发人员指南	彭俊	40.72
DB3001	数据结构（C 语言版）	李明伟	37.8
SX2001	高等数学	李映雪	40.2

...

又如，下面代码创建订单信息视图 orders_view，使用了 CHECK OPTION 约束，这样可以限制通过视图对基表所做的修改。

```
BOOKS_PUB@orcl_dbs > CREATE VIEW orders_view
  2  AS
  3  SELECT order_id, qty, book_id
  4  FROM orders
  5  WHERE qty > 100
  6  WITH CHECK OPTION;
```

视图已创建。

再如，下面代码基于 books 和 orders 两个表创建视图，检索信息包括图书 ID、名称和订购数量信息。

```
BOOKS_PUB@orcl_dbs > CREATE VIEW bo_view
  2  AS
  3  SELECT bookid, bookname, qty
  4  FROM books b, orders ord
  5  WHERE b.bookid = ord.book_id;
```

视图已创建。

该例中，通过多表连接子查询创建视图 bo_view，因此查询该视图可以看到来自两个基表的信息。例如：

```
BOOKS_PUB@orcl_dbs > SELECT * FROM bo_view;
```

BOOKID	BOOKNAME	QTY
10	数据库原理	150
10	数据库原理	50
10	数据库原理	120
10	数据库原理	10
11	大型数据库技术	120

......

已选择 10 行。

11.2　修改视图

调用 ALTER VIEW 语句可以添加、删除视图上的约束，要求 Oracle Database 重新编译视图等，当视图基表发生改变后应重新编译视图。

例如，下面代码要求重新编译前面创建的视图 bo_view。

```
BOOKS_PUB@orcl_dbs > ALTER VIEW bo_view COMPILE;
```

视图已变更。

ALTER VIEW 语句无法修改视图的结构，如果需要修改视图结构，只能调用 CREATE OR REPLACE VIEW 语句，删除原来的视图并重建该视图。

例如，下面代码修改视图 book_view，添加图书类别。

```
BOOKS_PUB@orcl_dbs > CREATE OR REPLACE VIEW book_view
  2  AS
  3  SELECT booknum, bookname, category, author, bookprice
  4  FROM books
  5  WHERE bookprice > 32;
```

视图已创建。

11.3　查看视图定义

视图创建后，查询数据字典 DBA_VIEWS、ALL_VIEWS 和 USER_VIEWS 可以了解 Oracle 数据库内的视图信息、用户可访问的视图信息，以及用户拥有的视图信息。

例如，下面语句查询 book_view 视图的定义信息。

```
BOOKS_PUB@orcl_dbs > SELECT view_name, text
  2  FROM USER_VIEWS
  3  WHERE view_name = 'BOOK_VIEW';


VIEW_NAME    TEXT
-----------  ---------------------------------------------------------
BOOK_VIEW    SELECT booknum, bookname, category, author, bookprice
             FROM books1
             WHERE bookpric
```

11.4　视图的 DML 操作

对视图可以执行 DML 操作，这些操作实质上是作用在基表上。一般而言，对简单视图可以完全执行数据查询、插入、更新、删除等操作。但是，对于较复杂的视图，如果其查询中包含了分组函数、GROUP BY 子句、DISTINCT 关键字、表达式定义的列或 ROWNUM 伪列等，就不能执行 DML 操作。

查询数据字典视图 USER_UPDATABLE_COLUMNS，可以了解视图中哪些列支持 DML 操作。

例如，下面代码查看视图 book_view 中的列是否支持 DML 操作。

```
BOOKS_PUB@orcl_dbs > SELECT column_name, insertable, updatable, deletable
  2  FROM USER_UPDATABLE_COLUMNS
  3* WHERE table_name='BOOK_VIEW';

COLUMN_NAME                         INS UPD DEL
----------------------------------- --- --- ---
BOOKNUM                             YES YES YES
BOOKNAME                            YES YES YES
CATEGORY                            YES YES YES
AUTHOR                              YES YES YES
BOOKPRICE                           YES YES YES
```

从查询结果可知，book_view 视图中的所有列都支持 DML 操作，因此，可以对所有列执行 DML 操作，操作的结果直接反映到基表中。

例如，下面语句通过 book_view 视图向基表中插入数据。

```
BOOKS_PUB@orcl_dbs >INSERT INTO book_view
  2  VALUES('PL4003', 'C语言程序设计', 'COM-PL', '黄立伟', 29.8);
```

已创建 1 行。

该例中，通过视图 book_view 向基表 books 插入了一条记录，其中图书价格为 29.8 元（小于 32 元），所以从 book_view 视图查询不到插入的数据。之所以上面语句能够成功执行，这是因为在创建 book_view 视图时没有使用 WITH CHECK OPTION 子句。

如果在创建视图时使用 WITH CHECK OPTION 子句，则将限定对视图执行 DML 操作产生的结果必须满足视图子查询的条件；否则，将导致 DML 语句执行失败。

例如，前面创建视图 orders_view 时使用了 CHECK OPTION 约束，所以在该视图上执行 DML 操作时，要求 DML 产生的结果数据要满足视图子查询的条件（即 qty > 100），而下面语句插入的 qty 值是 90，违反了视图定义的 CHECK OPTION 约束，所以导致该 SQL 语句执行失败：

```
BOOKS_PUB@orcl_dbs > INSERT INTO orders_view
  2  VALUES('141622940', 90, 400300);
INSERT INTO orders_view
            *
```

第 1 **行出现错误：**
ORA-01402: **视图** WITH CHECK OPTION where **子句违规**

11.5　删除视图

对于不再需要的视图可以使用 DROP VIEW 删除，删除后，视图的定义从数据字典中删除，但是不影响数据库中基表的数据。

例如，下面语句删除视图 book_view。

```
BOOKS_PUB@orcl_dbs > DROP VIEW book_view;
```

视图已删除。

11.6 其他视图

除本章前面介绍的简单视图之外，Oracle 数据库还支持内嵌视图、对象视图等。下面简要介绍这两种视图的使用。

11.6.1 内嵌视图

内嵌的意义在于，视图定义嵌入在复杂查询语句中。内嵌视图不使用 CREATE VIEW 命令创建，因此，数据字典中无其定义信息。内嵌视图是子查询的一种，可以与数据表、视图一样作为查询语句的数据源存在，但在形式上有较大的区别——内嵌视图是以 SQL 查询语句的形式存在。

内嵌视图可以应用于查询、更新及插入语句中。其中最常用的就是 Top-N-Analysis 查询，通过伪列 ROWNUM，为查询结果集排序，并返回符合条件的记录。

例如，下面代码使用内嵌视图查询销售量排在前 5 名的图书 ID、图书名、作者以及单价的信息。

```
BOOKS_PUB@orcl_dbs > SELECT *
  2  FROM (SELECT ROWNUM num, salnum, nest_order1.book_id,
  3               b.bookname, b.author, b.bookprice
  4        FROM (SELECT SUM(qty) salnum, book_id
  5              FROM orders GROUP BY book_id) nest_order1, books b
  6        WHERE nest_order1.book_id = b.bookid
  7        ORDER BY salnum DESC) nest_order2
  8  WHERE num < 6;
```

NUM	SALNUM	BOOK_I	BOOKNAME	AUTHOR	PRICE
1	400	DB1004	Oracle 10g PL/SQL 开发人员指南	彭俊	40.72
2	200	DB1001	数据库原理	高伟	27.68
3	120	SX2001	高等数学	李映雪	40.2
4	50	DB1002	Oracle 10g 入门与提高	陈鸿远	32.31
5	10	SX2002	离散数学	刘艳	23.6

11.6.2 对象视图

在 Oracle 数据库系统中，用户可以创建对象类型、创建这种类型的对象，并且在数据库表中存储对象实例。Oracle 的对象—关系技术是构建在关系结构上的对象层，对象层以下的数据需要存储在关系表中，Oracle 允许用户将这些数据封装在对象类型中。

如果用户已经创建了一个关系数据库应用程序，现在想要在该应用程序中实现对象—关系的概念，但又不想重建整个应用程序，那么应该怎么办呢？为了做到这一点，需要在已有关系表上覆盖面向对象（OO）的结构，如对象类型。Oracle 用对象视图作为定义已有关系表使用对象的一种方法，通过对象视图可以查询并修改数据。下面通过例子说明对象视图的使用。

要创建基于关系表的对象视图，其操作步骤如下：

- 创建关系表（如果它不存在）；
- 创建对象类型；
- 用已经定义的数据类型创建对象视图。

下面例子基于表 authors 实现对象视图 authors_ov。

（1）创建 address_type 对象类型：

```
BOOKS_PUB@orcl_dbs > CREATE OR REPLACE TYPE address_type AS OBJECT(
  2    addr VARCHAR2(50),
  3    city VARCHAR2(20),
  4    state CHAR(10),
  5    zip VARCHAR2(10)
  6  );
```

类型已创建。

（2）使用 address_type 类型创建 person_type 对象类型：

```
BOOKS_PUB@orcl_dbs > CREATE OR REPLACE TYPE person_type AS OBJECT(
  2    author_fname VARCHAR2(20),
  3    author_lname VARCHAR2(40),
  4    phone CHAR(20),
  5    address address_type
  6  );
```

类型已创建。

（3）使用已创建的对象类型创建基于 authors 表的对象视图：

```
BOOKS_PUB@orcl_dbs > CREATE VIEW authors_ov(author_id, person)
  2  AS
  3  SELECT author_id, person_type(author_fname, author_lname, phone,
  4    address_type(addr, city, state, zip))
  5  FROM authors;
```

视图已创建。

使用对象视图有两大好处。首先，它允许在已有表中创建对象类型。由于可以在应用程序的多个表中使用相同的对象类型，因此可以提高应用程序数据表示的一致性和重用已有对象的能力。由于可以定义对象类型的方法，因此这些方法将应用到任何新表及已有表的数据中。

其次，对象视图用两种不同的方法将数据输入基表中。对象视图的数据操作灵活性（能够视基表为关系表或对象表）给应用程序开发人员带来了很大的好处。

本章小结

Oracle Database 11g 中有多种不同类型的视图，它们各有不同的作用。本章主要介绍了简单的关系视图。

关系视图可以帮助视图编写者查询数据的复杂性，还能够用来隐藏列和行。内嵌视图允许开发人员在不需要提前创建视图的情况下利用视图。对象视图为开发人员提供了将关系数据封装到单独对象的能力。

习　　题

一、选择题

1. 创建视图时使用（　　）子句，可以限制对视图执行的 DML 操作必须满足视图子查询的条件。

  A. FORCE   B. WITH OBJECT OID

  C. WITH CHECK OPTION   D. WITH READ ONLY

2. 通过（　　）数据字典，可以了解视图中哪些列是可以更新的。

  A. USER_VIEWS   B. USER_UPDATABLE_COLUMNS

  C. DESC   D. DBA_VIEWS

3. 以下选项中，（　　）不能使用 CREATE VIEW 语句创建。

  A. 关系视图   B. 对象视图   C. 内嵌视图   D. 物化视图

4. 使用如下语句创建视图：

```
CREATE VIEW bo_view
AS
SELECT b.book_id, book_name, qty
FROM book b, orders ord
WHERE b.book_id=ord.book_id;
```

则视图 bo_view 中（　　）列是可以更新的。

  A. book_id   B. book_id，book_name

  C. book_id，qty   D. book_id，book_name，qty

二、简答题

1. 简述视图的作用，它和表有什么区别和联系。

2. 试分析内嵌视图的特点和作用。

三、实训题

1. 创建一个视图包含价格高于 36.8 元的图书 ID、图书编号、出版社 ID 和出版社名称。

2. 创建一个视图包含价格高于 36.8 元的图书 ID、图书编号、出版社 ID 和出版社名称，并且限制对视图的 DML 操作必须满足子查询的条件。

3. 对以上两个视图分别进行 INSERT、UPDATE 和 DELETE 操作，看看会发生什么问题，并分析原因。

第 12 章
PL/SQL 基础

SQL（Structure Query Language）能够实现与数据库的各种交互，但是，仅有 SQL 难以实现对复杂业务逻辑的处理，因此，必须对 SQL 进行扩展。PL/SQL（Procedural Language extensions to SQL）就是 Oracle 对 SQL 的过程化扩展，是专门用于 Oracle 产品的数据库编程语言。本章将介绍 PL/SQL 程序设计语言的基本概念、PL/SQL 程序设计和开发等内容。

12.1 PL/SQL 基础

PL/SQL 是 Oracle 数据库专用的一种高级程序设计语言，它是对标准 SQL 进行了过程化扩展。在 PL/SQL 中，既可以通过 SQL 实现对数据库的操作，也可以通过过程化语言中的复杂结构完成复杂的业务逻辑。本节将介绍 PL/SQL 程序块的结构、各种数据类型、声明与使用常量和变量的方法以及 PL/SQL 异常处理方法等。

12.1.1 程序结构

PL/SQL 程序的基本结构是块，所有 PL/SQL 程序都是以块为单位。一个完整的 PL/SQL 块由 3 个部分组成：声明部分、执行部分和异常处理部分。具体描述如下：

```
[DECLARE]
/*声明部分，声明变量、数据类型、异常、局部子程序等*/
…
BEGIN
/*执行部分，实现块的功能*/
…
[EXCEPTION]
/*异常处理部分，处理程序执行过程中产生的异常*/
…
END;/*程序结束标记*/
```

其中：

- DECLARE 部分和 EXCEPTION 部分是可选的，BEGIN…END 间的执行部分是必须的；
- 所有 PL/SQL 程序块都以"END;"结束，因此，需要使用斜杠（/）结尾以结束编辑状态并执行程序块。

例如，下面代码定义一个 PL/SQL 程序块，以输出图书的作者名。

```
BOOKS_PUB@orcl_dbs > DECLARE
   2    v_authorfname VARCHAR2(20);
```

```
 3    v_authorlname VARCHAR2(40);
 4  BEGIN
 5    SELECT author_fname, author_lname
 6    INTO v_authorfname, v_authorlname
 7    FROM authors
 8    WHERE author_id = '810001';
 9    DBMS_OUTPUT.PUT_LINE(v_authorlname || v_authorfname);
10  END;
11  /
欧阳平
```

PL/SQL 过程已成功完成。

该例中，在 DECLARE 部分声明了两个变量 v_authorfname 和 v_authorlname，然后在执行的 BEGIN 部分用 SELECT...INTO...语句对这两个变量进行赋值，并调用 Oracle 数据库预定义包 DBMS_OUTPUT 内的 PUT_LINE 函数输出变量的值。

请注意：要将函数 DBMS_OUTPUT.PUT_LINE 的执行结果在 SQL*PLUS 中显示出来，必须在执行程序块之前进行如下设置：

```
BOOKS_PUB@orcl_dbs > SET SERVEROUTPUT ON
```

12.1.2　数据类型

PL/SQL 数据类型与 SQL 数据类型有很多相同之处，除此之外，PL/SQL 还有一些特定的数据类型，这些数据类型如表 12-1 所示。

表 12-1　　　　　　　　　　　　　　　PL/SQL 特有数据类型

数据类型	描　　　述
BOOLEAN	布尔型，这是 PL/SQL 程序块中才能使用的数据类型，在数据库列上不能使用这种数据类型。BOOLEAN 变量的取值为 TRUE、FALSE 或 NULL
BINARY_INTEGER	带符号整数，取值范围为 $-2^{31} \sim 2^{31}$。这种类型的数据是以 2 的补码二进制格式存储的，当不需要在数据库中存储整个数值，但是要在算术运算中使用这个数值时，建议使用这种数据类型
PLS_INTEGER	带符号整数，取值范围为 $-2^{31} \sim 2^{31}$。它与 BINARY_INTEGER 类似，都比 NUMBER 类型表示的范围小，占用更少的内存。当使用 PLS_INTEGER 值时，如果算法发生溢出，会触发异常
SIMPLE_INTEGER	这是 Oracle Database 11g 新增的数据类型，它是 BINARY_INTEGER 的子类型，其取值范围与 BINARY_INTEGER 相同，但不能存储 NULL 值。当使用 SIMPLE_INTEGER 值时，如果算法发生溢出，不会触发异常，只会简单地截断结果
STRING	与 VARCHAR2 相同，主要用于存储本地数据库字符集的字符，可以使用该类型与 ANSI/ISO 类型兼容
RECORD	记录类型，类似于 C 语言中的结构体，是一个包含一组其他类型的复合类型。在 PL/SQL 中使用 RECORD 类型时，要先在声明部分定义 RECORD 结构以及设置该类型的变量，然后在执行部分引用该记录变量或成员分量
REF CURSOR	游标引用类型，类似于其他高级程序设计语言中的指针。REF CURSOR 是指向一个行集的指针。利用引用类型变量可以使应用程序共享相同的存储空间，提高程序的运行效率
%TYPE、%ROWTYPE	严格来说，%TYPE 和%ROWTYPE 并不属于一种数据类型，在 PL/SQL 中声明变量时使用它们来取其他变量或列的类型，其中，%TYPE 类型用于隐式地将变量的数据类型声明为与其他变量或数据库表中对应列类型相同的数据类型；在声明记录类型变量时使用%ROWTYPE 把该变量声明为与另一记录变量或表的结构相同

12.1.3　声明变量与常量

在 PL/SQL 块的声明部分可以定义变量和常量，变量在声明时可以选择是否初始化，其值可在程序中根据需要改变；而常量必须在声明的时候进行赋值，并且其值在程序中不可改变。定义变量或常量的语法为

```
variable_name [CONSTANT] datatype [NOT NULL] [{:= | DEFAULT} value];
```

其中：

- variable_name：指出声明的变量或常量名，它必须符合 Oracle 标识符命名规范；
- CONSTANT：说明声明的是常量，此时必须赋初值；
- NOT NULL：要求声明的变量非空，这时必须为变量赋初值；
- :=、DEFAULT：为变量或常量进行初始化。

例如，在下面 PL/SQL 程序块中的声明部分声明几个变量和常量。

```
DECLARE
  v_booknum CONSTANT VARCHAR2(6):= 'DB1001';
  v_bookname VARCHAR2(60);
  v_bookcategory CHAR(10);
  v_author VARCHAR2(50);
  v_publish VARCHAR2(50);
  v_price books.bookprice%TYPE;
BEGIN
  ......
```

该例中，声明部分定义了一个常量 v_booknum，并为该常量赋初值；另外定义了 5 个变量，声明最后一个变量时用到%TYPE，也就是取 books 表内的 bookprice 列的数据类型来声明 v_price 变量。声明变量时使用%TYPE 指定数据类型，不仅可以确保所声明的变量与其他变量或列的数据类型完全相同，而且还可以保证在其他变量或列的数据类型修改时，该变量的数据类型能够随之更改，从而减少 PL/SQL 代码的维护工作量。

12.1.4　变量的赋值

PL/SQL 语句块内的变量可以采用以下几种方法赋值。

（1）变量声明时直接初始化。例如：

```
DECLARE
  v_booknum VARCHAR2(6) := 'DB1001';
  v_bookcategory CHAR(10) DEFAULT '图像处理';
  ......
```

（2）在执行部分用赋值操作符:=为单个变量赋值。例如；

```
DECLARE
  v_bookcategory CHAR(10);
BEGIN
  v_bookcategory := '图像处理';
  ......
```

（3）在执行部分，用 SELECT、FETCH 语句同时为多个变量赋值，这种方法又称作集体赋值。例如：

```
DECLARE
  v_booknum CONSTANT VARCHAR2(6):= 'DB1001';
  v_bookname VARCHAR2(60);
```

```
    v_price books.bookprice%TYPE;
BEGIN
  SELECT bookname, bookprice INTO v_bookname, v_price
    FROM books
    WHERE booknum = v_booknum;
......
```

12.1.5　PL/SQL 中的 SQL 语句

PL/SQL 在设计时采用了早期绑定变量的方式, 也就是所有的数据库对象在运行前都已经被编译器所确定, 因此, 在 PL/SQL 中可以直接使用的 SQL 语句只有 DML (除了 EXPLAIN PLAIN) 和事务控制语句。如果要使用 DDL 语句, 则必须使用动态 SQL 技术。

本小节介绍 PL/SQL 中可以使用的 SQL 语句, 动态 SQL 将在后续章节中详细介绍。

1. 使用 SELECT 语句

在 PL/SQL 中, 可以使用 SELECT … INTO 语句把单行查询结果返回到变量中。如果查询语句返回多行数据, 则会产生 TOO_MANY_ROWS 异常。

PL/SQL 语句块内使用的 SELECT … INTO 语句的语法格式为

```
SELECT select_list INTO {variable_list | record_variable}
    FROM table_name
    WHERE condition;
```

例如, 下面代码使用 SELECT… INTO 语句把根据图书编号查询到的图书信息存入变量中。

```
DECLARE
    v_bookname books.bookname%TYPE;
    v_author   books.author%TYPE;
BEGIN
    SELECT bookname, author INTO v_bookname, v_author
    FROM books
    WHERE booknum='DB1007';
    DBMS_OUTPUT.PUT_LINE(v_bookname || ' ' || v_author);
END;
/
```

该例中, 在 PL/SQL 块的执行部分通过 SELECT…INTO…语句对变量 v_bookname 和 v_author 进行赋值, 然后, 再将这两个变量的值输出。

使用 SELECT…INTO 语句时请注意: INTO 子句后的变量用于接收查询的结果, 其变量的个数、顺序和类型应该与查询的目标数据相匹配。

2. 使用 DML 语句

在 PL/SQL 中调用 DML 语句时, 可以直接使用 PL/SQL 块中声明的变量。下面例子说明在 PL/SQL 语句块中如何调用 INSERT、UPDATE 和 DELETE 语句。

```
DECLARE
    v_booknum VARCHAR2(6) := 'DB1005';
BEGIN
    INSERT INTO books(bookid, booknum, bookname)
        VALUES(books_seq.nextval, v_booknum, '数据库原理基础教程');
    UPDATE books SET bookprice = 55.2
        WHERE booknum = v_booknum;
    DELETE FROM books
        WHERE booknum = v_booknum;
END;
/
```

3. 事务控制

Oracle 数据库的事务控制语句包括 COMMIT、ROLLBACK 和 SAVEPOINT。当我们在 Oracle 数据库中执行第 1 条 DML 语句时，一个新的事务就开始了，成功执行 COMMIT（提交）或 ROLLBACK（回滚）语句后事务结束。需要注意的是，ROLLBACK 语句有两种形式：

```
ROLLBACK;
ROLLBACK TO [SAVEPOINT] savepoint_name;
```

第 1 条语句全部回滚并结束事务，而第 2 条语句只是部分回滚事务，它回滚从指定存储点（由 SAVEPOINT 语句建立）到当前位置之间的 DML 操作，指定存储点之前的 DML 操作结果仍然保留，所以当前事务并没有结束。

在 PL/SQL 程序块中，可以在一系列 DML 语句之后使用事务控制语句来控制事务的执行。例如，下面例子用 ROLLBACK TO 语句只回滚 DELETE 语句的操作结果，最后用 COMMIT 语句提交 INSERT 和 UPDATE 语句的操作。

```
DECLARE
    v_booknum VARCHAR2(6) := 'DB1005';
BEGIN
    INSERT INTO books(bookid, booknum, bookname)
        VALUES(books_seq.nextval, v_booknum, '数据库原理基础教程');
    SAVEPOINT sp1;
    DELETE FROM books
        WHERE booknum = v_booknum;
    ROLLBACK TO SAVEPOINT sp1;
    UPDATE books SET bookprice = 55.2
        WHERE booknum = v_booknum;
    COMMIT;
END;
/
```

12.2　PL/SQL 控制结构

在 PL/SQL 程序中，要使程序能按照逻辑进行处理，只有 SQL 语句还不够，因此，Oracle 数据库引入了能进行过程控制的语句。这些语句包括条件控制、循环控制和跳转、返回语句等。本节详细介绍这些控制结构的使用。

12.2.1　条件结构

PL/SQL 中的条件控制语句有 IF 语句、CASE 语句等，用它们可以实现条件选择。

1. IF 语句

IF 条件包括 IF、ELSIF、ELSE、THEN 和 END IF 等关键字。语法为

```
IF condition1 THEN
    statements1;
[ ELSIF condition2 THEN
    statements2;
...]
[ ELSE
    statements3; ]
END IF;
```

请注意：IF 语句中的 ELSIF 子句和 ELSE 子句均为选项，并且可以用多个 ELSIF 子句实现多条件分支判断。在 IF、ELSIF 和 ELSE 子句中可以嵌入其他 IF 条件语句。

例如，下面例子用 IF 语句统计 orders 表中图书的销售量，以判断图书的销售情况。程序如下：

```
DECLARE
    v_num INTEGER;
    v_booknum VARCHAR2(6) := 'DB1004';
    v_str VARCHAR2(60);
BEGIN
    SELECT SUM(qty) INTO v_num
        FROM orders
        WHERE book_id = v_booknum;
    IF v_num >= 100000 THEN
        v_str := v_booknum || '的销量为: ' || v_num || '册, 畅销的书! ';
    ELSIF v_num >= 50000 THEN
        v_str := v_booknum ||'的销量为: '|| v_num ||  '册, 比较畅销的书! ';
    ELSIF v_num >= 5000 THEN
        v_str := v_booknum || '的销量为: '|| v_num ||  '册, 销售一般的书! ';
    ELSE
        v_str := v_booknum || '的销量为: ' || v_num || '册, 滞销的书! ';
    END IF;
    DBMS_OUTPUT.PUT_LINE(v_str);
END;
/
```

2. CASE 语句

事实上，PL/SQL 中的 CASE 语句可以实现 IF 语句的所有功能，并且其代码结构具有更好的可读性。因此，在多条件分支判断时，建议尽量使用 CASE 语句代替 IF 语句。

PL/SQL 中在的 CASE 语句有两种形式。

- 简单 CASE 语句：只进行等值比较，用表达式确定返回值；
- 搜索 CASE 语句：可以进行多种条件的比较，用条件确定返回值。

（1）简单 CASE 语句

简单 CASE 语句的语法为

```
CASE search_expression
    WHEN expression1 THEN result1;
    [WHEN expression2 THEN result2;
    ...]
    [ELSE default_result;]
END CASE;
```

其中：

- search_expression 为待求值的表达式；
- expression1、expression2 等是要与 search_expression 进行比较的表达式，如果二者的值相等，则返回相应 WHEN 子句后的 result；如果 search_expression 与所有 WHEN 子句中 expression 的值都不相等，则返回 default_result。

例如，用简单 CASE 语句判断显示不同销售情况的书所对应的销售量，程序如下：

```
DECLARE
    v_salstatus VARCHAR2(10) := '&a';
    v_str VARCHAR2(60);
BEGIN
    v_str := v_salstatus || '书的售出册数大于等于';
```

```
CASE v_salstatus
    WHEN '畅销'    THEN v_str := v_str || 100000;
    WHEN '比较畅销' THEN v_str := v_str || 50000;
    WHEN '销售一般' THEN v_str := v_str || 5000;
    WHEN '滞销'    THEN v_str := v_salstatus || '书的售出册数小于 5000';
    ELSE v_str := '此状态不对应任何售出数量等级';
END CASE;
DBMS_OUTPUT.PUT_LINE(v_str);
END;
/
```

该代码执行时，取 SQL*Plus 环境变量 a 的值，并将它赋予变量 v_salstatus。如果未定义该环境变量，则要求用户输入。之后计算 CASE 关键字后表达式的值，然后将该值与 WHEN 子句后表达式的值进行匹配，如果匹配成功，则执行相应的 THEN 子句后面的语句。

（2）搜索 CASE 语句

搜索 CASE 语句的语法为

```
CASE
  WHEN condition1 THEN result1;
  [WHEN condition2 THEN result2;
  ...... ]
  [ELSE default_result;]
END CASE;
```

在搜索型 CASE 语句中，CASE 关键字后没有表达式。此时，CASE 语句对每一个 WHEN 子句中的条件进行判断，当条件为真时，执行其后的语句；如果所有条件都不为真，则执行 ELSE 子句后的语句。

例如，下面代码实现与上面 IF 语句例子相同的功能，但这里用搜索 CASE 语句实现。

```
DECLARE
    v_num INTEGER;
    v_booknum VARCHAR2(6) := 'DB1004';
    v_str VARCHAR2(60);
BEGIN
    SELECT SUM(qty) INTO v_num
      FROM orders
      WHERE book_id = v_booknum;
    CASE
      WHEN  v_num >= 100000 THEN
       v_str := v_booknum || '的销量为: ' || v_num || '册，畅销! ';
      WHEN  v_num >= 50000 THEN
       v_str := v_booknum || '的销量为: ' || v_num ||  '册，比较畅销! ';
      WHEN  v_num >= 5000 THEN
       v_str := v_booknum || '的销量为: ' || v_num ||  '册，销售一般! ';
      ELSE
       v_str := v_booknum || '的销量为: ' || v_num || '册，滞销! ';
    END CASE;
    DBMS_OUTPUT.PUT_LINE(v_str);
END;
/
```

该例中，直接判断每一个 WHEN 子句后条件表达式的真假，如果为真，则执行相应 THEN 子句后的语句。

12.2.2　循环结构

循环控制结构可以重复执行程序中一些具有规律性的操作，PL/SQL 中提供了 3 种循环结构：简单 LOOP 循环、WHILE 循环和 FOR 循环。

1. 简单 LOOP 循环

此循环结构是 PL/SQL 中最简单的循环语句，语法为

```
LOOP
  statements;
  EXIT [WHEN condition];
END LOOP;
```

这种循环自身没有循环条件判断，所以循环体中一定要包含 EXIT 语句，否则程序将进入死循环。如果 EXIT 语句使用了 WHEN 子句，则实现有条件的退出；否则，就是无条件的退出。

例如，下面代码用基本 LOOP 循环计算 10 以内正整数的平方和。

```
DECLARE
  v_i INTEGER := 1;
  v_sum INTEGER := 0;
BEGIN
  LOOP
    v_sum := v_sum + v_i * v_i;
    v_i := v_i + 1;
    EXIT WHEN v_i > 10;
  END LOOP;
  DBMS_OUTPUT.PUT_LINE('10 以内的正整数平方和等于' || v_sum);
END;
/
```

2. WHILE 循环

WHILE 循环在基本 LOOP 循环的基础上添加了循环条件，即先判断循环条件是否满足，只有满足 WHILE 循环条件才进入循环体进行操作。WHILE 循环的语法格式为

```
WHILE condition LOOP
  statements;
END LOOP;
```

例如，下面代码用 WHILE...LOOP 实现上例的操作。

```
DECLARE
  v_i INTEGER := 1;
  v_sum INTEGER := 0;
BEGIN
  WHILE v_i <= 10 LOOP
    v_sum := v_sum + v_i * v_i;
    v_i := v_i + 1;
  END LOOP;
  DBMS_OUTPUT.PUT_LINE('10 以内的正整数平方和等于' || v_sum);
END;
/
```

3. FOR 循环

FOR 循环中，系统自动定义一个循环变量，每次循环时该变量自动减 1 或加 1，以此控制循环的次数。FOR 循环的语法格式为

```
FOR loop_variable IN [REVERSE] low_bound .. high_bound LOOP
```

```
    statements;
  END LOOP;
```

其中:

* loop_variable: 循环控制变量, 进入 FOR 循环时由 PL/SQL 隐含声明的整数型局部变量, 所以不需要在 PL/SQL 语句块的声明部分声明该变量, 循环变量只能在循环体内引用, 但不能为它赋值;

* REVERSE: 表示该 FOR 循环是逆向 FOR 循环, 省略该选项的 FOR 循环也称作正向 FOR 循环;

* low_bound: 为循环变量的下界表达式;

* high_bound: 为循环变量的上界表达式。

例如, 下面代码用 FOR 循环实现上面例子的功能。

```
DECLARE
    v_sum INTEGER := 0;
BEGIN
    FOR v_i IN 1..10 LOOP
      v_sum := v_sum + v_i * v_i;
    END LOOP;
    DBMS_OUTPUT.PUT_LINE('10 以内的正整数平方和等于' || v_sum);
END;
/
```

使用 FOR 循环时应该注意以下几点。

* FOR 循环中, 循环变量为 PL/SQL 隐含声明的局部变量, 它只在循环语句内有效, 循环结束后即被释放。所以, 用户不必在 PL/SQL 块的声明区内声明循环变量。如果用户所声明的变量与循环变量同名, 则在 FOR 循环内, 循环变量为局部变量, 用户变量为全局变量, 这时局部变量将隐藏全局变量。循环体内语句需要参照用户变量时, 必须使用变量的作用域名称进行限定。

* FOR 循环隐含声明的循环变量为整数型, 所以, 循环语句中的下界表达式和上界表达式必须为整数型表达式。

* FOR 循环的执行流程为: 进入 FOR 循环时, 首先计算下界表达式和上界表达式之值, 并且在整个循环期间, 这两个表达式的值只计算这一次。

* 对于正向 FOR 循环, 把计算出来的下界表达式的值赋予循环变量, 然后开始第一次循环条件测试, 如果循环变量值小于等于上界表达式之值, 即循环条件为 TRUE 时, 执行循环语句。执行一次循环后, 循环变量的值自动加 1, 进入下一次循环测试。在进入下一次循环测试时, 不再计算下界表达式和上界表达式的值。之后如此循环下去, 直至循环条件为 FALSE 时才结束循环。

* 对于逆向 FOR 循环, 计算下界表达式和上界表达式之值后, 把上界表达式的值赋值给循环变量, 然后开始第一次循环条件测试, 如果循环变量值大于等于下界表达式之值, 即循环条件为 TRUE 时, 执行循环语句。之后, 循环变量的值自动减 1, 进入下一次循环条件测试, 如此循环下去, 直至循环条件为 FALSE 时才结束循环。

12.2.3　GOTO 语句和 NULL 语句

1. GOTO 语句

PL/SQL 中的 GOTO 语句实现程序流程的强制跳转。例如, 下面语句在基本 LOOP 循环内使用 GOTO 语句结束循环。

```
DECLARE
```

```
    v_i INTEGER := 1;
    v_sum INTEGER := 0;
BEGIN
  LOOP
    v_sum := v_sum + v_i * v_i;
    v_i := v_i + 1;
    IF v_i > 10 THEN
      GOTO endofloop;
    END IF;
  END LOOP;
  <<endofloop>>
  DBMS_OUTPUT.PUT_LINE('10 以内的正整数平方和等于' || v_sum);
END;
/
```

需要注意：

- GOTO 语句不能转移到任何非执行语句前面；

- GOTO 语句不能跳转到条件语句、循环语句和子块内，也不能从条件语句的一个子句（如 IF 子句）调转到另外一个子句（如 ELSE 子句）内；

- 子程序内的 GOTO 语句不能转移到子程序外；

- 不能跳转到异常错误处理程序执行部分的 PL/SQL 块内。

GOTO 语句不符合结构化程序设计思想，它破坏程序的模块结构，降低程序的可读性。所以，除了对程序的代码效率要求非常严格时使用 GOTO 语句外，应尽量避免使用无条件转移语句。

2. NULL 语句

NULL 语句（空语句）只是一个占位符，它不实现任何具体操作。

12.3　集合与记录

与大多数编程语言一样，PL/SQL 也提供了声明复合数据类型的功能。PL/SQL 的复合数据类型有两种——记录类型和集合类型。其中，记录类型是多个不同类型分量的集合，类似于高级语言中的结构体，对应表中的一行数据或若干个字段的集合；集合类型是多个相同类型分量的集合，类似于高级语言中的数组，对应表中某一列的多个值的集合。

在 PL/SQL 中，集合类型又分为联合数组（Associative Array，又称作索引表，Index-By Table）、嵌套表（Nested Table）和变长数组（Varray）。本节将介绍各种集合类型的定义和使用，以及记录类型的定义和应用。

12.3.1　联合数组

联合数组类似于 Java 中的哈希表，它是一个键值对集合。联合数组中元素具有相同的类型，不同于高级语言中的数组，联合数组中的元素是稀疏分布且没有固定上下限。

1. 联合数组的定义

要创建一个联合数组，先要定义一个联合数组类型，然后再定义该类型的变量。定义联合数组类型的语法如下：

```
TYPE assoc_array IS TABLE OF elem_type
```

```
INDEX BY {BINAR_INTEGER | PLS_INTEGER | VARCHAR2(n)};
```

其中：

- assoc_array 为联合数组类型名；
- elem_type 为联合数组中元素的类型，可以是基本类型、用户定义类型、通过%TYPE 或 %ROWTYPE 获取的类型；
- INDEX BY 指定索引值的类型。

定义了联合数组类型后，就可以利用该类型定义变量。下面语句定义了一个联合数组类型，其中元素类型与 books 表的 bookname 列类型一致，然后定义了该类型的变量：

```
TYPE bookname_array IS TABLE OF books.bookname%TYPE
   INDEX BY BINARY_INTEGER;
v_bookname bookname_array;
```

2. 联合数组操作

在定义了联合数组类型和声明了该类型的变量后，就可以在 PL/SQL 程序中使用该联合数组处理数据。联合数组的使用包括：元素的赋值或引用、用元素填充表、在联合数组中执行一些操作等。

（1）元素赋值或引用

对于联合数组中的元素，通常利用索引值来引用或赋值。其语法如下：

```
assoc_array_name(index)
```

例如，下面代码为联合数组中的元素赋值，并引用输出其中的部分元素值。

```
DECLARE
   TYPE bookname_array IS TABLE OF books_pub.books.bookname%TYPE
     INDEX BY BINARY_INTEGER;
   v_bookname1 bookname_array;
   v_bookname2 bookname_array;
BEGIN
   v_bookname1(-10) := '数据结构（C语言版）';
   v_bookname1(1) := '数据库原理';
   v_bookname1(10) := 'Oracle 10g入门与提高';
   FOR i IN 20..25 LOOP
     v_bookname1(i) := '高等数学' || TO_CHAR(i);
   END LOOP;
   v_bookname2 := v_bookname1;
   DBMS_OUTPUT.PUT_LINE('v_bookname1(-10): ' || v_bookname1(-10));
   DBMS_OUTPUT.PUT_LINE('v_bookname1(1): ' || v_bookname1(1));
   DBMS_OUTPUT.PUT_LINE('v_bookname2(20): ' || v_bookname2(20));
END;
/
```

运行结果如下：

```
v_bookname1(-10)：数据结构（C语言版）
v_bookname1(1)：数据库原理
v_bookname2(20)：高等数学 20
```

PL/SQL 过程已成功完成。

该例中，需要注意赋值语句：

```
v_bookname2:= v_bookname1;
```

　　这里用第 1 个联合数组 v_bookname1 为第 2 个数组赋值。此外，从该例还可以看出，同一个联合数组中数据元素的索引值可以连续，也可以不连续。

　　使用联合数组时请注意：

- 联合数组类型是 PL/SQL 特有的，即只能在 PL/SQL 中使用，不能在 SQL 中使用；
- 当为不存在的元素赋值时，系统会自动创建该元素；
- 当引用不存在的元素时，会导致 Oracle 预定义异常 NO_DATA_FOUND。

　　（2）添加、删除元素

　　为联合数组添加元素的方法就是为一个不存在的元素赋值，删除联合数组中的元素则需要调用集合方法 delete。delete 方法有以下 3 种调用形式：

- DELETE：删除集合内的所有元素；
- DELETE(n)：删除集合内的第 n 个元素；
- DELETE(m, n)：删除集合内范围在 m 到 n 之间的所有元素。

　　例如，下面代码调用集合方法 DELETE 删除索引值为 20 和索引值为 22～24 的元素。

```
v_bookname1.DELETE(20);
v_bookname1.DELETE(22,24);
```

3. 集合方法

　　PL/SQL 提供了一些集合方法（见表 12-2），在 PL/SQL 程序块中可以直接调用这些方法，实现相应的集合操作。

表 12-2　　　　　　　　　　　　　　　PL/SQL 集合常用方法

方　　法	功　　能
COUNT	返回集合中元素的个数；对于嵌套表，则返回非空元素的个数
DELETE	删除集合中所有的元素
DELETE(n)	删除集合中第 n 个元素
DELETE(n, m)	删除集合中从第 n 个到第 m 个之间的元素
EXISTS(n)	判断集合中第 n 个元素是否存在，存在则返回 TRUE；否则返回 FALSE
EXTEND	在集合末尾添加一个元素，值为 NULL
EXTEND(n)	在集合末尾添加 n 个元素，值均为 NULL
EXTEND(n, m)	在集合末尾添加 n 个元素，它们的值均为第 m 个元素的值
FIRST	返回集合中第一个元素的索引值，也就是键值。如果集合为空，则返回空值；对于嵌套表，其返回嵌套表中非空元素的最小索引值
LAST	返回集合中最后一个元素的索引值。如果集合为空，则返回空值；对于嵌套表，其返回嵌套表中非空元素的最大索引值
LIMIT	返回集合中允许的元素最大个数。对于嵌套表，如果没有声明大小，则返回空
NEXT(n)	返回集合中比 n 大的下一个有效元素的索引值。如果 n 后面没有元素，则返回空
PRIOR(n)	返回集合中比 n 小的上一个有效元素索引值。如果 n 前面没有元素，则返回空
TRIM	删除集合末尾的一个元素
TRIM(n)	删除集合末尾的 n 个元素

　　关于这些方法的使用，下面通过一个例子进行说明。

　　这个例子将图书编号（作为联合数组元素的键）和图书名称（作为联合数组元素的值）保存

到一个联合数组中，然后调用集合方法获取联合数组中元素的个数、最小索引值、下一个索引值，以及删除元素后剩余元素的个数。

```
DECLARE
  TYPE books_array IS TABLE OF VARCHAR2(60)
      INDEX BY VARCHAR2(6);
  v_books books_array;
  v_idx VARCHAR2(6);
BEGIN
   --初始化联合数组元素
   v_books('DM0001') := '数据结构（C语言版）';
   v_books('CM0002') := '数据库原理';
   v_books('AA0010') := 'Oracle 10g入门与提高';
   --取第一个元素的索引键
   v_idx := v_books.FIRST;
   --调用集合方法 COUNT 读取集合中的元素个数
   FOR i IN 1..v_books.COUNT LOOP
     --显示各个元素值
     DBMS_OUTPUT.PUT_LINE(v_idx || ':' || v_books(v_idx));
     --用 NEXT 方法取当前元素的下一个各个元素的索引键
     v_idx := v_books.NEXT(v_idx);
   END LOOP;
   --删除集合中的所有元素
   v_books.DELETE;
   DBMS_OUTPUT.PUT_LINE(' v_books 集合内的元素数:' || v_books.COUNT);
END;
/
```

其运行的结果如下：

```
AA0010:Oracle 10g入门与提高
CM0002:数据库原理
DM0001:数据结构（C语言版）
v_books 集合内的元素数:0

PL/SQL 过程已成功完成。
```

12.3.2　嵌套表

嵌套表是嵌套在另一个表中的表，可用于存储元素的无序集合。与联合数组不同的是，嵌套表元素的索引值必须是有序的，从 1 开始，没有固定的上限。因此，嵌套表中可以存储任意数量的元素。除此之外，对于嵌套表需要使用构造函数进行初始化，且嵌套表可以定义在 Oracle 数据库中。

1．嵌套表的定义

定义嵌套表类型与定义联合数组类型的语法类似，即

```
TYPE nested_tab IS TABLE OF elem_type [NOT NULL];
```

其中：

- nested_tab 为嵌套表类型名；
- elem_type 为嵌套表中元素的类型，可以是基本类型、用户定义类型、通过%TYPE 或

%ROWTYPE 获取的类型。

定义了嵌套表类型后，就可以使用该类型定义嵌套表变量。

2. 嵌套表的操作

嵌套表必须进行初始化才能被引用或赋值，否则会引发 COLLECTION_IS_NULL 异常。与联合数组不同，嵌套表的初始化使用构造函数，该函数是一个与嵌套表类型同名的函数。需要注意的是，构造函数的参数个数不确定，但类型要与嵌套表定义时指定的参数类型一致。

（1）嵌套表的初始化

下面例子说明嵌套表的初始化操作。

例如，定义一个嵌套表类型，存储图书名称，然后进行初始化操作。程序如下。

```
DECLARE
    TYPE bookname_nested IS TABLE OF books.bookname%TYPE;
    --只声明一个嵌套表变量，未初始化
    v_ntab1 bookname_nested;
    --声明一个嵌套表变量，并初始化
    v_ntab2 bookname_nested := bookname_nested();
    --声明一个嵌套表变量，初始化时为 3 个元素赋值
    v_ntab3 bookname_nested :=
            bookname_nested('高等数学','数据结构', '数据库原理');
BEGIN
    IF v_ntab1 IS NULL THEN
        DBMS_OUTPUT.PUT_LINE('v_ntab1 为没有初始化的嵌套表! ');
    ELSE
        --调用集合的 COUNT 方法查询集合内的元素数量
        DBMS_OUTPUT.PUT_LINE('v_ntab1 中的元素数: ' || v_ntab1.COUNT);
    END IF;
    IF v_ntab2 IS NULL THEN
        DBMS_OUTPUT.PUT_LINE('v_ntab2 为没有初始化的嵌套表! ');
    ELSIF v_ntab2.LAST IS NULL THEN
        DBMS_OUTPUT.PUT_LINE('v_ntab2 中的元素数: ' || v_ntab2.COUNT);
    END IF;
    IF v_ntab3 IS NULL THEN
        DBMS_OUTPUT.PUT_LINE('v_ntab3 为没有初始化的嵌套表! ');
    ELSE
        DBMS_OUTPUT.PUT_LINE('v_ntab3 中的元素数: ' || v_ntab3.COUNT);
        --依次读取、显示联合表内的各个元素
        FOR I IN v_ntab3.FIRST..v_ntab3.LAST LOOP
            DBMS_OUTPUT.PUT_LINE('v_ntab3(' || i || ')=' || v_ntab3(i));
        END LOOP;
    END IF;
END;
/
```

运行结果如下：

v_ntab1 为没有初始化的嵌套表!

v_ntab2 中的元素数: 0

v_ntab3 中的元素数: 3

v_ntab3(1)=高等数学

```
v_ntab3(2)=数据结构
v_ntab3(3)=数据库原理
```

PL/SQL 过程已成功完成。

该例中，定义了一个嵌套表类型 bookname_nested，然后，依据该类型声明了 3 个嵌套表变量 v_ntab1、v_ntab2 和 v_ntab3，并且调用构造函数 bookname_nested()分别对 v_ntab2 和 v_ntab3 进行初始化。前者不带参数，后者有 3 个参数。

由于嵌套表的元素存储不能像联合数组元素那样稀疏分布，其第一个元素的索引从 1 开始，之后依次增加。

（2）嵌套表元素的添加和删除

对嵌套表的操作除了初始化外，还包括添加元素、删除元素等。

与联合数组不同，嵌套表中元素的添加是通过调用 EXTEND 方法实现的；嵌套表元素的删除也使用 DELETE 方法，还可以使用 TRIM 方法。下面例子说明嵌套表元素的添加和删除操作。

```
DECLARE
    TYPE bookname_nested IS TABLE OF books.bookname%TYPE;
    v_ntab3 bookname_nested :=
        bookname_nested('高等数学','数据结构', '数据库原理');
    ind BINARY_INTEGER := 1;
BEGIN
  --扩展一个元素，之后为该元素赋值
  v_ntab3.EXTEND;
  v_ntab3(v_ntab3.LAST) := '软件工程';
  --扩展两个元素，同时把嵌套表内第三个元素的值复制给新扩展的两个元素
  v_ntab3.EXTEND(2,3);
  --各个元素稠密存储，因此可以逐个引用嵌套表内的元素
  FOR i IN 1..v_ntab3.COUNT LOOP
    DBMS_OUTPUT.PUT_LINE(v_ntab3(i));
  END LOOP;
  --删除嵌套表最后的两个元素
  v_ntab3.TRIM(2);
  DBMS_OUTPUT.PUT_LINE('TRIM后 v_ntab3 中的元素数：' || v_ntab3.COUNT);
  --删除嵌套表内的1到3号元素
  v_ntab3.DELETE(1,3);
  DBMS_OUTPUT.PUT_LINE('DELETE后 v_ntab3 中的元素数：' || v_ntab3.COUNT);
  v_ntab3(2) := '编译原理';
  DBMS_OUTPUT.PUT_LINE('赋值后，v_ntab3 中的元素数：' || v_ntab3.COUNT);
  --删除后重新添加元素，导致嵌套表内的元素稀疏存储，因此只能采用下面方法遍历元素
  ind := v_ntab3.FIRST;
  FOR i IN 1..v_ntab3.COUNT LOOP
    DBMS_OUTPUT.PUT_LINE(v_ntab3(ind));
    ind := v_ntab3.NEXT(ind);
  END LOOP;
END;
/
```

运行结果如下：

高等数学

数据结构

数据库原理

软件工程

数据库原理

数据库原理

TRIM 后 v_ntab3 中的元素数：4

DELETE 后 v_ntab3 中的元素数：1

v_ntab3 中的元素数：2

编译原理

软件工程

PL/SQL 过程已成功完成。

请注意：TRIM 方法删除元素后，立即释放其内存，不再为这些元素保留占位符，所以不能再为这些元素赋值。

调用不带参数的 DELETE 方法删除集合内的所有元素后，元素的存储空间被立即释放，因此不能再为元素赋值。而调用带参数的 DELETE 语句删除元素（即使是删除所有元素）后，PL/SQL 为这些元素保留占位符，没有释放它们的存储空间，因此，仍然可以重新为这些元素赋值来添加元素。这可能导致嵌套表内的元素稀疏存储，所以不能通过递增元素索引的办法来遍历嵌套表内的元素，而只能采用例子中使用的方法。

12.3.3 变长数组

变长数组用于存储有序的元素集合，它与嵌套表很相似，但是，变长数组的索引值有固定的上限，且不能删除变长数组的中间元素。

1. 变长数组的定义

使用 TYPE 语句创建变长数组类型，在创建类型的同时指定元素上限和元素类型。变长数组类型声明的语法格式为

```
TYPE varray_name IS
    {VARRAY | VARYING ARRAY}(maxsize) OF elem_type [NOT NULL];
```

其中：

- varray_name 为变长数组类型名；
- maxsize 为变长数组中元素的最大数量；
- elem_type 为变长数组元素的类型。

定义了变长数组类型后，就可以利用该类型定义变量。

例如，下面的语句首先定义一个变长数组类型，它最多可包含 5 个元素，其元素类型与 books 表的 bookname 列类型一致，然后用该类型声明变量。

```
TYPE bookname_varray IS VARRAY(5) OF books.bookname%TYPE;
v_bookname bookname_varray;
```

2. 变长数组的操作

变长数组的使用主要包括初始化、引用、修改、删除等。

（1）变长数组的初始化

对变长数组变量进行初始化就是调用与类型同名的构造函数，其中参数的类型要与类型定义的一致，而参数的个数要少于或等于类型定义中指定的元素上限。

例如，下面例子利用变长数组类型变量存储一个部门中员工的名字。

```
DECLARE
    TYPE varray_name IS VARRAY(10) OF VARCHAR2(20);
    v_name varray_name := varray_name('洪敏', '英子', '小强');
BEGIN
    DBMS_OUTPUT.PUT_LINE('部门员工总数为：' || v_name.COUNT);
    DBMS_OUTPUT.PUT_LINE('员工名字分别为：');
    FOR i IN 1..v_name.COUNT LOOP
        DBMS_OUTPUT.PUT_LINE(v_name(i));
    END LOOP;
 END;
/
```

运行结果如下：

部门员工总数为：3

员工名字分别为：

洪敏

英子

小强

PL/SQL 过程已成功完成。

（2）变长数组元素的引用、修改和删除

与嵌套表一样，当引用的变长数组没有初始化时，会导致 COLLECTION_IS_NULL（集合为空）异常。变长数组初始化之后，调用 extend 方法向变长数组添加元素。当引用的元素不存在时，会导致 SUBSCRIPT_BEYOND_COUNT（下标超出数量）的异常。变长数组的删除是通过调用集合方法 TRIM 或不带参数的 DELETE 方法实现的。由于变长数组元素不能稀疏存储，所以在删除变长数组元素时不能调用带参数的 DELETE 方法。

下面例子定义一个变长数组，用其中的元素存储 1～10 整数的平方，程序中主要语句的功能见程序内注释。

```
DECLARE
    TYPE varray_square IS VARRAY(10) OF INTEGER;
    --声明的同时初始化变长数组
    v_square varray_square := varray_square();
BEGIN
    DBMS_OUTPUT.PUT_LINE('初始化后数组中的元素数：'|| v_square.COUNT);
    FOR i IN 1..10 LOOP
      --添加数组元素后为其赋值
      v_square.EXTEND;
      v_square(i) := i * i ;
    END LOOP;
    DBMS_OUTPUT.PUT_LINE('EXTEND 后数组中的元素数：'|| v_square.COUNT);
    --删除尾部两个元素
    v_square.TRIM(2);
    DBMS_OUTPUT.PUT_LINE('TRIM  后数组中的元素数：'|| v_square.COUNT);
    --删除所有元素
    v_square.DELETE;
    DBMS_OUTPUT.PUT_LINE('DELETE 后数组中的元素数：'|| v_square.COUNT);
 END;
```

```
            /
```

运行结果如下：

初始化后数组中的元素数：0

EXTEND 后数组中的元素数：10

TRIM 后数组中的元素数：8

DELETE 后数组中的元素数：0

PL/SQL 过程已成功完成。

12.3.4 集合类型的应用

集合类型中除了联合数组外，其余两种类型（嵌套表、变长数组）既可以在 PL/SQL 中定义和使用，也可以在 Oracle 数据库中定义和使用的。为了能在数据库中使用集合类型，必须在数据库中创建集合类型，然后把该集合类型作为表中的列的类型。本小节将介绍集合类型在数据库中的应用。

1. 创建集合类型

用 CREATE TYPE 语句在数据库中创建集合类型。创建嵌套表类型时，CREATE TYPE 语句的语法格式如下：

```
CREATE OR REPLACE TYPE nested_tab {IS | AS} TABLE OF elem_type;
```

例如，下面代码创建一个嵌套表类型用于存储 address_type 对象类型，该对象是第 11 章 "对象视图" 中定义的对象类型，它用于表示地址。

```
BOOKS_PUB@orcl_dbs > CREATE OR REPLACE TYPE addr_ntab
  2  AS TABLE OF address_type
  3  /
```

类型已创建。

创建变长数组类型时，CREATE TYPE 语句的语法格式如下：

```
CREATE OR REPLACE TYPE varray_name {IS | AS}
    {VARRAY | VARYING ARRAY} (maxsize) OF elem_type;
```

例如，下面语句创建一个变长数组类型，它存储每一个图书作者的地址。

```
BOOKS_PUB@orcl_dbs > CREATE OR REPLACE TYPE addr_varray
  2  AS VARRAY(5) OF VARCHAR2(50)
  3  /
```

类型已创建。

2. 创建包含集合类型的表

在创建了集合类型后，就可以用它来定义表中列。

（1）使用嵌套表类型定义列

下面语句在创建表 authors_ntab 时，它就可以像使用基本数据类型一样使用上面创建的 addr_ntab 类型来定义列数据类型。

```
BOOKS_PUB@orcl_dbs > CREATE TABLE authors_ntab(
  2      author_id VARCHAR2(15) PRIMARY KEY,
  3      author_fname VARCHAR2(20) NOT NULL,
  4      author_lname VARCHAR2(40) NOT NULL,
  5      phone CHAR(20) NOT NULL,
  6      address addr_ntab)
```

```
   7   NESTED TABLE address STORE AS auth_nested;
```

表已创建。

其中，NESTED TABLE 子句指出嵌套表列的名称，用 STORE AS 子句指明该嵌套表列的实际存储表的名称，这将在数据库的嵌套表列上产生一个指向存储表的指针。

（2）使用变长数组类型定义列

下面语句创建表 authors_var，其中使用了 addr_varray 类型来定义地址列。

```
BOOKS_PUB@orcl_dbs > CREATE TABLE authors_var(
   2   author_id VARCHAR2(15) PRIMARY KEY,
   3   author_fname VARCHAR2(20) NOT NULL,
   4   author_lname VARCHAR2(40) NOT NULL,
   5   phone CHAR(20) NOT NULL,
   6   address addr_varray);
```

表已创建。

3. 操作集合类型列

在创建了包含集合类型列的表后，就可以对这些表进行数据的插入、查询、修改等操作了。

【例 1】　下面 PL/SQL 语句块说明对表中嵌套表类型列的插入、查询和修改操作。

```
DECLARE
  v_addr1 addr_ntab;
  --声明嵌套表类型变量并初始化
  v_addr2 addr_ntab := addr_ntab(
    address_type('北区二里 200 号 101 室','北京', '北京', '101000'),
    address_type ('解放大道 1560 号 2121 室','武汉', '湖北省', '440000')
    );
  v_author VARCHAR2(100);
  ind BINARY_INTEGER;
BEGIN
  --向表中插入数据
  INSERT INTO authors_ntab
    VALUES('810001', '平', '欧阳','01067300092101', v_addr2);
  INSERT INTO authors_ntab
    VALUES('810002', '洪敏', '王','02887329661', addr_ntab(
      address_type ('蓝靛厂北路 1200 号 401 室','成都', '四川省', '511000')));
  INSERT INTO authors_ntab(author_id,author_fname,author_lname,phone )
    VALUES('810022', '大卫', '王','02887329661');

  --查询指定作者及其地址信息
  SELECT author_lname||author_fname,address INTO v_author,v_addr1
    FROM authors_ntab
    WHERE author_id=810001;
  DBMS_OUTPUT.PUT_LINE(v_author|| '地址: ');

  --遍历显示查询到的作者所有地址
  ind := v_addr1.FIRST;
  FOR i IN 1..v_addr1.COUNT LOOP
    DBMS_OUTPUT.PUT_LINE(v_addr1(i). state || v_addr1(i).city ||
      v_addr1(ind).addr || '(' || v_addr1(i).zip || ')');
```

```
      ind := v_addr1.NEXT(ind);
    END LOOP;


    --修改
    UPDATE authors_ntab SET address=v_addr1 WHERE author_id=810022;
END;
/
```

运行结果如下：

欧阳平地址：

北京　　　 北京北区二里 200 号 101 室(101000)

湖北省　　 武汉解放大道 1560 号 2121 室(440000)

PL/SQL 过程已成功完成。

同样，我们也可以使用 SELECT 语句直接查询包含嵌套表类型列表中的数据。例如：

```
BOOKS_PUB@orcl_dbs > SELECT author_id 作者号, address 地址
  2  FROM authors_ntab;
```

```
作者       地址(ADDR, CITY, STATE, ZIP)
--------   -----------------------------------------------------------------------
810001     ADDR_NTAB(ADDRESS_TYPE('北区二里 200 号 101 室', '北京', '北京     ', '101000')
           , ADDRESS_TYPE('解放大道 1560 号 2121 室', '武汉', '湖北省     ', '440000    '))
810002     ADDR_NTAB(ADDRESS_TYPE('蓝靛厂北路 1200 号 401 室', '成都', '四川省     ','511000'))
810022     ADDR_NTAB(ADDRESS_TYPE('北区二里 200 号 101 室', '北京', '北京     ', '101000')
           , ADDRESS_TYPE('解放大道 1560 号 2121 室', '武汉', '湖北省     ', '440000'))
```

【例 2】　下面 PL/SQL 语句块说明对表中变长数组类型列的插入、查询和修改操作。

```
DECLARE
    v_vaddr1 addr_varray;
    --声明变长数组变量，并对其初始化
    v_vaddr2 addr_varray:= addr_varray(
          '北区二里 200 号 101 室,北京,北京,101000',
          '和平区 1560 号 2121 室,武汉,湖北省,440000'
          );
BEGIN
    --插入数据
    INSERT INTO authors_var
      VALUES('810001', '平', '欧阳','01067392101', v_vaddr2);
    INSERT INTO authors_var
      VALUES('810002', '洪敏', '王','02887329661',
        addr_varray('蓝靛厂北路 1200 号 401 室, 成都, 四川省, 511000'));

    --变长数组变量增加一个元素
    v_vaddr2.EXTEND;
    v_vaddr2(v_vaddr2.LAST):='平乐园 1000 号 1121 室, 北京, 北京, 101000';

    --修改表内变长数组列的列值
    UPDATE authors_var
      SET address = v_vaddr2
      WHERE author_id = '810001';

    --查询表内变长数组列的列值并显示
```

```
SELECT address INTO v_vaddr1
  FROM authors_var
  WHERE author_id='810001';
DBMS_OUTPUT.PUT_LINE('810001 作者地址: ');
FOR i IN 1..v_vaddr1.COUNT LOOP
  DBMS_OUTPUT.PUT_LINE(v_vaddr1(i));
  END LOOP;
END;
/
```

运行结果如下：

810001 作者地址：

北区二里 200 号 101 室,北京,北京,101000

和平区 1560 号 2121 室,武汉,湖北省,440000

平乐园 1000 号 1121 室, 北京, 北京, 101000

PL/SQL 过程已成功完成。

12.3.5 记录类型

记录类型与数据库表中的行结构相似，使用记录类型的变量可以存储一个或多个字段组成的一行数据。在 PL/SQL 中，可以通过两种方式定义记录类型。

1. 用户自定义记录类型

定义记录类型的语法格式为

```
TYPE record_type_name IS RECORD (
  field1 datatype1 [NOT NULL] [DEFAULT | :=expr1]
  [,field2 datatype2 [NOT NULL] [DEFAULT | :=expr2],
  …
  fieldN datatypeN [NOT NULL] [DEFAULT | :=exprN] ]
  );
```

例如，下面 PL/SQL 语句块利用记录类型变量保存图书信息。

```
DECLARE
  TYPE book_type IS RECORD (
    book_id VARCHAR2(6),
    book_name VARCHAR2(60),
    bookcategory CHAR(10),
    author VARCHAR2(50),
    price NUMBER(8,2)
    );
  v_book book_type;
BEGIN
  --将查询结果存入记录类型变量内
  SELECT booknum, bookname, category, author, bookprice
    INTO v_book
    FROM books
    WHERE booknum='DS3002';
  DBMS_OUTPUT.PUT_LINE(v_book.book_name || ' ' ||
    v_book.author || ' ' || v_book.price);
END;
/
数据结构（C++语言版）傅伟建 47.8
```

PL/SQL 过程已成功完成。

该例中，首先在 DECLARE 部分定义了一个名为 book_type 的记录类型，然后声明了一个该记录类型的变量 v_book。

2. 利用%ROWTYPE 类型获取记录类型定义

在 PL/SQL 中，通过%ROWTYPE 获取记录类型定义以声明变量。

例如，下面代码修改上例，实现与其类似的功能。

```
DECLARE
    --分别用%ROWTYPE 取表和记录类型变量的数据类型声明记录类型变量
    v_book1 books%ROWTYPE;
    v_book2 v_book1%ROWTYPE;
BEGIN
    --选取部分列分别存入记录类型变量的指定字段内
    SELECT booknum, bookname, category, author, bookprice
      INTO v_book1.booknum, v_book1.bookname, v_book1.category,
           v_book1.author, v_book1.bookprice
      FROM books
      WHERE booknum='DS3002';
    DBMS_OUTPUT.PUT_LINE(v_book1.bookname || ' ' ||
      v_book1.author || ' ' || v_book1.bookprice);

    --选取全部列存入记录类型变量
    SELECT * INTO v_book2
      FROM books
      WHERE booknum='DS3001';
    DBMS_OUTPUT.PUT_LINE(v_book2.bookname || ' ' ||
      v_book2.author || ' ' || v_book2.bookprice);
END;
/
```

该例中，在 DECLARE 部分使用%ROWTYPE 属性声明了一个与 books 表结构相同的记录类型变量 v_book1，该变量中各个字段的名称和数据类型与 books 表内各列的名称和数据类型完全相同，之后又使用已经声明的记录类型变量 v_book1 的数据类型声明了一个记录类型变量 v_book2。

12.4　异常处理

PL/SQL 程序应该能够正确处理运行过程中出现的各种错误，并尽可能使程序从错误中恢复。本节将介绍 Oracle 数据库中的异常及其处理方式。

12.4.1　异常概述

所谓异常，就是指 PL/SQL 程序块在执行过程中出现的错误。Oracle 中对这些错误的处理采用了异常处理机制，一个错误对应一个异常，当错误产生时就抛出相应的异常，然后由异常处理程序来处理。Oracle 中的异常分为 3 类：有名称的预定义异常、无名称的预定义异常和自定义异常。

1. 有名称的预定义异常

有名称的预定义异常指 Oracle Database 为一些常见错误定义了异常名称和相应的错误代码，

如未找到数据、除数为 0 等，这些预定义异常如表 12-3 所示。

表 12-3　　　　　　　　　　　　　　有名称的预定义异常

异常名	错误代码	错误号	说　　明
ACCESS_INTO_NULL	ORA-06530	-6530	试图给空对象属性赋值
CASE_NOT_FOUND	ORA-06592	-6592	CASE 语句中没有匹配的 WHEN 子句
COLLECTION_IS_NULL	ORA-06531	-6531	试图使用未初始化的嵌套表或变长数组
CURRSOR_ALREADY_OPEN	ORA-06511	-6511	试图打开已经打开的游标
DUP_VAL_ON_INDEX	ORA-00001	-1	试图向唯一性约束列插入重复数据
INVALID_CURSOR	ORA-01001	-1001	试图进行不合法的游标操作
INVALID_NUMBER	ORA-01722	-1722	字符向数字转换失败
LONG_DENIED	ORA-01017	-1017	无效用户名或密码
NO_DATA_FOUND	ORA-01403	+100	数据不存在
NOT_LOGGED_ON	ORA-01012	-1012	没有与数据库建立连接
PROGRAM_ERROR	ORA-06501	-6501	PL/SQL 内部错误
ROWTYPE_MISMATCH	ORA-06504	-6504	PL/SQL 返回的游标变量和主游标不匹配
SELF_IS_NULL	ORA-30625	-30625	试图调用空对象实例的方法
STORAGE_ERROR	ORA-06500	-6500	内存出错
SUBSCRIPT_BEYOND_COUNT	ORA-06533	-6533	试图通过大于集合元素个数的索引值引用嵌套表或变长数组的元素
SUBSCRIPT_OUTSIDE_LIMIT	ORA-06532	-6532	试图通过合法范围之外的索引值引用嵌套表或变长数组的元素
SYS_INVALID_ROWID	ORA-01410	-1410	将字符串转换成行标识 ROWID 失败
TIMEOUT_ON_RESOURCE	ORA-00051	-51	等待资源超时
TOO_MANY_ROWS	ORA-01422	-1422	SELECT INTO 语句返回多个数据行
VALUE_ERROR	ORA-06502	-6502	赋值时变量长度小于值长度
ZERO_DIVIDE	ORA-01476	-1476	除数为 0

对有名称的预定义异常，用户可以在 PL/SQL 程序块中直接使用，方法就是在 EXCEPTION 部分定义异常处理程序。这样，当 PL/SQL 块执行部分产生异常时，系统会自动转到相应的异常错误处理程序进行处理。

2. 无名称的预定义异常

除有名称的预定义异常之外，Oracle Database 还为一些异常只定义了错误代码，但未定义错误名称。PL/SQL 语句块在处理这类异常时，需要在语句块的声明部分先声明一个异常名，然后使用伪编译指令 EXCEPTION_INIT 将这个异常名与指定的异常错误号关联起来。其语法格式为

```
DECLARE
  exception_name EXCEPTION;
  PRAGMA EXCEPTION_INIT (exception_name, oracle_error_number);
```

其中：

- exception_name 为用户声明的异常名；
- oracle_error_number 为异常错误号。

对于无名称的预定义异常，在声明了异常错误名，并将它与异常错误号关联起来之后，就可以像处理有名称的预定义异常一样处理它们。

3. 自定义异常

在实际应用中，有些操作不会产生 Oracle 错误，用户可以根据具体业务逻辑需要抛出异常，这种异常就是用户自定义异常。

PL/SQL 应用程序中可以调用 RAISE 和 RAISE_APPLICATION_ERROR 两条语句抛出自定义异常。这两条语句的语法格式分别为

```
RAISE user_define_exception;
RAISE_APPLICATION_ERROR(error_number, error_message);
```

其中：

- user_define_exception：抛出的异常错误名称，需要在 PL/SQL 块的声明部分首先声明；
- error_number：抛出异常错误号，用户自定义异常的错误号只能是-20000～-20999 的值，其他错误号为 Oracle Database 内部保留使用；为了使 PL/SQL 块的异常处理程序能够捕获处理该语句抛出的异常错误，需要在 PL/SQL 块的声明部分声明一个异常错误名，之后使用伪编译指令 EXCEPTION_INIT 将异常错误名与该错误号关联起来；
- error_message：：为抛出的异常错误定义错误消息文本，它可以长达 2048 个字节。

对于自定义异常，PL/SQL 程序抛出异常后，其处理方法与 Oracle 预定义异常相同。

12.4.2　异常处理过程

PL/SQL 程序中异常的产生处理过程如下。

（1）如果需要，在 PL/SQL 块的声明部分声明异常名称。

（2）如果需要，在 PL/SQL 块的声明部分用伪编译指令 EXCEPTION_INIT 将异常错误名与异常错误号关联起来。

（3）引发异常。引发的异常可以是预定义异常或用户自定义异常。PL/SQL 块的声明、执行和异常处理 3 部分中的语句均可能引发预定义异常，我们也可以在 PL/SQL 块的执行部分调用 RAISE_APPLICATION_ERROR 或 RAISE 语句抛出自定义异常。

（4）捕获异常并处理。PL/SQL 块中的异常错误处理部分的语法格式如下：

```
DECLARE
  ......
BEGIN
  ......
EXCEPTION
  WHEN exception_name1  THEN
    sequence_of_statements1;
  WHEN exception_name2 THEN
    sequence_of_statements2;
  …
  WHEN OTHERS THEN
    sequence_of_statementsn;
END;
```

PL/SQL 块中的异常错误处理部分只能捕获当前块执行部分引发的异常，并将其与异常处理部分各个 WHEN 子句指定的异常错误名称相比较，如果相同，则执行其后的处理程序；如果当前块的异常处理部分未针对该异常编写异常处理程序，但用 OTHERS 子句指定了默认异常错误处理程序，则执行该异常错误处理程序。异常错误处理后转到当前块后的下一条语句继续执行，如果

当前块是最外层 PL/SQL 块，则正常结束该块的执行。当前块中未被捕获处理的异常进入下一步处理。

需要注意的是，书写异常错误处理程序时，可以在 WHEN 子句后用 OR 连接多个异常错误名，使这些异常错误共享同一个异常处理程序：

```
WHEN exception_nameA OR exception_nameB... THEN
  sequence_of_statementsA;
```

（5）传播异常。当前块内未捕获处理的异常（包括声明部分和异常处理部分引发的异常，以及执行部分引发而未被处理的异常）将向块外传播。如果当前块是最外层 PL/SQL 语句块，则把该错误返回给调用者，异常结束块的执行。如果当前块嵌套在其他 PL/SQL 块内，外层块捕获到内存块传出的异常后，它就成为当前块，此后同样按照第（4）步的方法处理内存块传出的异常错误。

下面举例说明异常错误处理过程，这些例子需要以 scott 用户登录。

【例 1】　这是一个简单的异常处理例子，其中的 SELECT 语句返回多行数据，无法放入 INTO 子句指定的变量内，从而引发预定义异常 TOO_MANY_ROWS。其执行显示结果也说明这一点。

```
SCOTT@orcl_dbs > DECLARE
  2     emp_name emp.ename%TYPE;
  3     salary  emp.sal%TYPE;
  4  BEGIN
  5     SELECT ename, sal INTO emp_name,salary FROM emp;
  6  EXCEPTION
  7     WHEN TOO_MANY_ROWS THEN
  8       DBMS_OUTPUT.PUT_LINE('异常错误：SELECT INTO 语句返回多行数据！');
  9     WHEN OTHERS THEN
 10       DBMS_OUTPUT.PUT_LINE('发生异常错误！');
 11  END;
 12  /
异常错误：SELECT INTO 语句返回多行数据！

PL/SQL 过程已成功完成。
```

【例 2】　这个例子说明无名称预定义异常错误的处理方法。其执行时要求用户输入一个数值，之后显示该值的平方。如果用户输入了无效数值，则会引发-6502 号异常。在声明部分声明一个异常错误名，并将它与-6502 号异常关联起来。

```
SCOTT@orcl_dbs > DECLARE
  2     i NUMBER;
  3     v_str VARCHAR2(20) := '&a';
  4     invalid_num EXCEPTION;
  5     PRAGMA EXCEPTION_INIT(invalid_num, -6502);
  6  BEGIN
  7     i := TO_NUMBER(v_str);
  8     DBMS_OUTPUT.PUT_LINE(i || '的平方是' || POWER(i,2));
  9  EXCEPTION
 10      WHEN invalid_num THEN
 11        DBMS_OUTPUT.PUT_LINE('异常错误：输入的数值无效！');
 12  END;
 13  /
输入 a 的值：12
12 的平方是 144

PL/SQL 过程已成功完成。
```

```
SCOTT@orcl_dbs > /
```
输入 a 的值：12a

异常错误：输入的数值无效！

PL/SQL 过程已成功完成。

上面例子执行时，第 1 次输入了有效数字 12，程序正常执行，显示出其平方。而第 2 次执行时输入了无效值 12a，从而引发异常。

【例 3】 这个例子说明自定义异常和声明部分异常的处理方法，以及异常的传播，其代码如下：

```
SCOTT@orcl_dbs > DECLARE
  2      invalid_date EXCEPTION;
  3      PRAGMA EXCEPTION_INIT(invalid_date, -1830);
  4  BEGIN
  5      DECLARE
  6        due_date DATE := TO_DATE('&a', 'yyyy-mm-dd');
  7        past_warning EXCEPTION;
  8        past_severe  EXCEPTION;
  9        PRAGMA EXCEPTION_INIT(past_severe, -20200);
 10      BEGIN
 11        IF SYSDATE < due_date  THEN
 12          DBMS_OUTPUT.PUT_LINE('还未到期，请继续使用！');
 13        ELSIF SYSDATE < ADD_MONTHS(due_date,1) THEN
 14          RAISE past_warning;
 15        ELSE
 16          RAISE_APPLICATION_ERROR(-20200, '严重超期，请尽快归还！');
 17        END IF;
 18      EXCEPTION
 19        WHEN past_warning THEN
 20          DBMS_OUTPUT.PUT_LINE('已超期，请及时归还！');
 21        WHEN past_severe THEN
 22          DBMS_OUTPUT.PUT_LINE(SQLERRM);
 23      END;
 24      DBMS_OUTPUT.PUT_LINE('内层块执行结束了！');
 25  EXCEPTION
 26      WHEN invalid_date THEN
 27        DBMS_OUTPUT.PUT_LINE('异常传播到外层块了！');
 28        DBMS_OUTPUT.PUT_LINE(SQLERRM);
 29  END;
 30  /
```
输入 a 的值：2012-11-20

还未到期，请继续使用！

内层块执行结束了！

PL/SQL 过程已成功完成。

```
SCOTT@orcl_dbs > /
```
输入 a 的值：2012-11-10

已超期，请及时归还！

内层块执行结束了！

PL/SQL 过程已成功完成。

SCOTT@orcl_dbs > /
输入 a 的值： **2012-10-2**
ORA-20200: **严重超期，请尽快归还!**
内层块执行结束了!

PL/SQL 过程已成功完成。

SCOTT@orcl_dbs > /
输入 a 的值： **2012-11-1a**
异常传播到外层块了!
ORA-01830: **日期格式图片在转换整个输入字符串之前结束**

PL/SQL 过程已成功完成。

这个例子代码在上面一共执行了 4 次，每次执行时均要求为 SQL*Plus 变量 a 输入值，之后把该变量的值转化为日期类型存储在 PL/SQL 变量 due_date 内。下面结合执行输出结果说明程序的执行流程。

如果输入到变量 a 中的值可以成功转换为日期类型，那么根据输入的日期（我们把它看做图书的应还日期）与系统当前日期之间的关系，程序流程分为以下 3 种。

（1）如果所借图书还未到期，则显示"还未到期，请继续使用!"后结束内层块的执行，转到第 24 行外层块执行后正常退出。

（2）如果所借图书超期不足一月，则调用 RAISE 语句引发自定义异常 past_warning（在内层PL/SQL 块的声明部分声明），被内层 PL/SQL 块的 past_warning 异常处理程序处理后，转到内层块后的第 24 行代码执行，之后程序正常结束。

（3）如果所借图书超期超过一月，则调用 RAISE_APPLICATION_ERROR 语句引发-20200号自定义异常，在内层 PL/SQL 块的声明部分声明了异常名 past_severe，并将它与-20200 异常关联起来。所以该异常引发后，会被内层 PL/SQL 块的 past_severe 异常处理程序捕获处理，之后转到第 24 行执行后正常退出。

如果输入到变量 a 中的值无法转换为日期类型，则将引发-1830 号预定义异常。由于在内层PL/SQL 块的声明部分调用 TO_DATE 函数，所以其引发的异常无法被内层块的异常处理程序所捕获，从而导致向块外传播。

外层块的声明部分已将-1830 号异常与异常名 invalid_date 关联起来。所以当外层块捕获到内层块传出的异常后，转去执行 invalid_date 异常处理程序，之后直接结束退出，因此外层块内的第24 行代码未得到执行。

12.4.3 SQLCODE 和 SQLERRM 函数

在异常处理程序中使用 SQLCODE 和 SQLERRM 函数可以检索所发生异常的错误号及错误消息文本。如果在异常处理程序之外调用这两个函数，它们将分别返回 0 和"ORA-0000: normal, successful completion"。

对于数据库引发的预定义异常，除 NO_DATA_FOUND 异常的错误号为+100 外，其他异常的错误号均为负数。

而对于用户引发的异常，RAISE_APPLICATION_ERROR 语句所引发异常的错误号由该语句的参数指定，RAISE 语句所引发异常的错误号均为+1。

在上面例 3 中我们已经用到 SQLERRM 函数显示错误消息。

调用这两个函数时需要注意的是，SQLCODE 和 SQLERRM 函数均不能直接用在 SQL 语句之中，如果在 SQL 语句中需要引用 SQLCODE 或 SQLERRM 函数的返回值时，可将它们的值先赋予一个本地变量，然后再在 SQL 语句中引用变量值。

本章小结

本章主要介绍了 PL/SQL 语言基础，包括 PL/SQL 程序结构、常用数据类型、控制结构、集合与记录、异常处理等。

PL/SQL 程序块由 3 个部分组成：声明部分、执行部分和异常处理部分，其中声明部分和异常处理部分是可选的，执行部分是每一个 PL/SQL 程序块必须的。

PL/SQL 程序中的数据类型基本与 Oracle 中 SQL 的类型一致，只是有些长度和精度不同。此外，PL/SQL 中还定义了其特有的数据类型，如布尔类型、嵌套表类型等。

PL/SQL 程序运行中可能自动引发异常，也可能由用户引发异常，PL/SQL 采用集中方式的异常错误处理机制，在异常处理程序调用 SQLCODE 和 SQLERRM 函数可以检索所发生异常的错误号和错误消息文本。

习　题

一、选择题

1. 下面合法的变量名是（　　　）。

    A. v_bookid　　　　　　B. _bookid　　　　　　C. v_bookid-01　　　　D. v_bookid01

2. 在 PL/SQL 中，（　　　）类型的数据是以 2 的补码二进制格式存储。

    A. NUMBER　　　　　　　　　　　　　　B. BINARY_INTEGER

    C. INTEGER　　　　　　　　　　　　　　D. INT

3. 下列 PL/SQL 变量或常量声明语句中，正确的是（　　　）。

    A. v_id NUMBER(6);

    B. v_name1, v_name2 VARCHAR2(20);

    C. v_name CONSTANT VARCHAR2(20);

    D. v_name CONSTANT VARCHAR2(20):= 'MIKE';

4. 在简单循环控制结构中，退出循环的语句是（　　　）。

    A. CONTINUE　　　　B. BREAK　　　　　　C. EXIT　　　　　　　D. GOTO

5. PL/SQL 中的复合类型有（　　　）。

    A. 联合数组　　　　　B. 嵌套表　　　　　　C. 变长数组　　　　　D. 记录类型

6. Oracle 系统为（　　　）异常未提供错误代码，也没有定义异常名。

    A. 预定义　　　　　　B. 非预定义　　　　　C. 用户自定义　　　　D. 以上都不是

二、简答题

1. 简述 PL/SQL 程序的结构及各个部分的作用。

2. 简述 CASE 语句与 IF 语句的优缺点。

3. 请分析联合数组、嵌套表和变长数组的区别与联系。

4. PL/SQL 程序中异常处理的用途是什么？Oracle Database 11g 中异常分为哪几类？举例说明用户自定义异常的处理过程。

三、实训题

1. 为表 books 添加一列 stars VARCHAR2（100），然后编写一个 PL/SQL 程序块，根据图书的销售数量 salescount 计算图书能够获得的星号"*"数量（每 100 册获得一个"*"，按四舍五入处理），然后将该星号字符串写入 books 表的 stars 列。

2. 创建一个集合类型用于存储出版社的地理位置信息，然后修改表 publishers，将该集合类型作为表中列的数据类型。对修改之后的 publishers 表进行数据插入、查询和修改操作，并通过异常处理提示操作中可能出现的错误信息。

使用 PL/SQL 程序块可以实现对数据库的复杂业务逻辑的处理，上一章已经介绍了 PL/SQL 程序块。但是，上一章介绍的 PL/SQL 程序块都是匿名块，这种程序块只能执行一次，不能由其他程序调用。如果需要再次使用这些程序块，就只能重新编写程序块的内容。为了提高系统的应用性能，Oracle 提供了另一种类型的程序块——命名块，这种程序块经过一次编译可多次执行。命名块包括存储过程、函数、触发器和包。本章将详细介绍游标、存储过程、函数的创建和使用，触发器和包的内容在后续章节中介绍。

13.1　游标

PL/SQL 中执行 SELECT 语句时，可以返回一个结果集，该结果集被保存在内存的缓存区中，如果想对结果集中的每一行单独进行操作，则需要使用指向该缓冲区的句柄或指针，即游标。本节将详细介绍游标的基本操作、游标循环以及使用游标更新表中的数据。

13.1.1　游标的概念

游标能获取查询返回的记录，通过游标可以一次提取一行数据进行处理。PL/SQL 中的游标分为两类：显式游标和隐式游标。其中，显式游标由用户定义、操作，它的处理经过 4 个步骤：声明、打开、提取和关闭。隐式游标由系统自动进行操作，用于处理 DML 语句和返回单行数据的 SELECT 查询。下面分别介绍这两种游标的使用。

13.1.2　显式游标

1. 声明游标

游标的声明在 PL/SQL 块的声明部分进行，就是定义一个游标名以及一条查询语句，其语法为

```
CURSOR cursor_name[(parameter_name [IN] data_type [{:= | DEFAULT} value]
[, … ])]
IS select_statement [FOR UPDATE [OF column [, … ]] [NOWAIT]];
```

其中：

- cursor_name：声明的游标名；
- parameter_name [IN]：游标输入参数，IN 说明参数的模式，可以省略；
- data_type：输入参数的类型，只需指定类型，不能指定精度或长度；
- value：为游标参数提供默认值；

- select_statement：为游标提供数据的查询语句；

- FOR UPDATE：用于在使用游标中的数据时，锁定游标结果集与表中对应数据行的所有或部分列，当利用游标更新或删除表中的数据时，必须使用该子句；OF 表示只锁定指定的列，如果不使用 OF，则表示锁定游标结果集与表中对应数据行的所有列；

- NOWAIT：默认情况下，如果数据对象已被某个用户锁定了，那么其他用户的 FOR UPDATE 操作就要等待，直到该用户释放这些数据行的锁定为止；如果使用了 NOWAIT 子句，则不等待，此时其他用户打开游标时会立即返回 Oracle 错误。

例如，下面代码声明一个游标，其中的查询从 books 表中检索 booknum、bookname、author 和 bookprice 列数据。

```
DECLARE
  CURSOR c_books IS
    SELECT booknum, bookname, author, bookprice
    FROM books
    ORDER BY booknum;
BEGIN
...
END;
```

2. 打开游标

声明游标后，要通过游标检索数据库中的数据，还必须在 PL/SQL 块的执行部分打开游标，填充游标的结果集合。用 OPEN 语句打开游标，其语法格式为

```
OPEN cursor_name [(value [, …])];
```

其中：

- cursor_name：需要打开的游标名；

- value：为输入参数提供的值列表，这一列表中值的数量、数据类型和顺序必须与游标声明时指定的参数列表中参数的数量、类型和顺序一致。

例如，下面代码在 PL/SQL 块的执行部分打开已声明的游标。

```
DECLARE
  CURSOR c_books IS
    SELECT booknum, bookname, author, bookprice
    FROM books
    ORDER BY booknum;
BEGIN
  OPEN c_books;
...
END;
```

打开游标时请注意：

- 游标一旦打开，就不能再次打开，除非先关闭后再打开；

- 只有在打开游标时，声明游标中的 SELECT 语句才会被执行。

3. 提取数据

打开游标后，就可以通过提取数据来获取查询结果集中的单行记录，以便在 PL/SQL 程序块中进行处理。提取数据由 FETCH…INTO 语句实现，其语法格式为

```
FETCH cursor_name INTO variable[, …];
```

其中，variable 是用于存储结果集中单行记录数据的变量。INTO 子句中的变量个数、顺序、数据类型必须与游标声明中 SELECT 语句查询列表内字段的数量、顺序和数据类型一致。

例如，下面代码增加了变量定义，然后在 PL/SQL 块的执行部分利用游标提取数据。

```
DECLARE
  CURSOR c_books IS
    SELECT booknum, bookname, author, bookprice
    FROM books
    ORDER BY booknum;
  TYPE r_books_type IS RECORD(
    rbooknum VARCHAR2(6),
    rbookname VARCHAR2(60),
    rauthor VARCHAR2(50),
    rprice NUMBER(8,2)
  );
BEGIN
  OPEN c_books;
  FETCH c_books INTO v_books;
...
END;
```

调用 FETCH 语句需要注意：

- 第一次使用 FETCH 语句时，游标指针指向第一条记录，操作完后，游标指针自动指向下一条记录；

- 游标指针只能向前移动，不能回退。

4. 关闭游标

在处理完游标结果集合中的数据后，要及时关闭游标，以便释放其所占用的系统资源。CLOSE 语句关闭游标，其语法格式为

```
CLOSE cursor_name;
```

5. 游标属性

显式游标具有以下 4 个属性：

- %ISOPEN：布尔型，用于判断游标是否已经打开，如果打开，则返回 TRUE；否则，返回 FALSE；

- %FOUND：布尔型，用于判断最近一次的 FETCH 语句是否提取到了记录，如果提取到，则返回 TRUE；否则，返回 FALSE，而在游标打开之后，第一次提取之前，该属性的值为 NULL；

- %NOTFOUND：布尔型，用于判断最近一次的 FETCH 语句是否提取到了记录，如果未提取到则返回 TRUE；否则，返回 FALSE，而在游标打开之后，第一次提取之前，该属性的值为 NULL；

- %ROWCOUNT：数值型，用于返回当前已经从游标中提取的行数，在游标打开之后，第一次提取之前，该属性的值为 0。

在检索游标属性时，在属性前面加上游标名称即可，如 c_books%OPEN。

下面是一个完整的游标操作例子，它利用游标显示 books 表中书价高于 40 的图书信息。

```
BOOKS_PUB@orcl_dbs > DECLARE
  2    CURSOR c_books(price NUMBER) IS
  3      SELECT booknum, bookname, author, bookprice
  4      FROM books
  5      WHERE bookprice > price
  6      ORDER BY booknum;
  7    v_books c_books%ROWTYPE;
  8  BEGIN
  9    OPEN c_books(40);
 10    LOOP
 11      FETCH c_books INTO v_books;
```

```
12        EXIT WHEN c_books%NOTFOUND;
13        DBMS_OUTPUT.PUT_LINE(c_books%ROWCOUNT || ': ' ||
14          v_books.booknum || ' ' || v_books.bookname || ' ' ||
15          v_books.author || ' ' || v_books.bookprice);
16      END LOOP;
17      IF c_books%ISOPEN THEN
18        CLOSE c_books;
19      END IF;
20    END;
27    /
```

运行结果如下：

1：DB1001 **数据库原理 高伟** 40.8

2：DB1004 Oracle 10g PL/SQL**开发人员指南 彭俊** 47.9

3：DS3002 **数据结构（**C++**语言版） 傅伟建** 47.8

4：PL4002 JAVA **高级语言程序设计** MIKE LING 57.9

5：SX2001 **高等数学 李映雪** 48.2

PL/SQL **过程已成功完成。**

该例中按照游标的 4 个步骤操作，即声明、打开、提取和关闭游标。其中的 EXIT 语句根据游标属性%NOTFOUND 的值控制循环。例子中还用到游标属性%ROWCOUNT 和%ISOPEN，分别用于判断游标结果集合是否检索完毕，以及游标是否打开。

请注意这个例子中的第 7 行代码，它声明的游标是一个带参数的游标，所以在打开游标时需要向其传递参数（见第 9 行）。

第 7 行代码声明一个记录类型变量，将用于存储提取到的游标结果结合数据。该记录变量的结构取自游标 c_books 查询列表的结构。

6. 游标 FOR 循环

从前面的例子中可以看出，游标结果集合中的记录可能有多个，因此，通常需要使用循环控制结构来提取数据。为了简化操作，PL/SQL 提供了游标 FOR 循环。游标 FOR 循环可以自动声明循环变量，进入循环时自动打开游标，控制数据提取过程中的循环操作，并在退出循环时关闭游标。

下面例子说明游标 FOR 循环的使用，它使用游标 FOR 循环实现上一个例子的功能，显示 books 表中书价高于 40 的图书信息。

```
BOOKS_PUB@orcl_dbs > DECLARE
  2    CURSOR c_books(price NUMBER) IS
  3      SELECT booknum, bookname, author, bookprice
  4      FROM books
  5      WHERE bookprice > price
  6      ORDER BY booknum;
  7  BEGIN
  8    FOR v_books IN c_books(40) LOOP
  9      DBMS_OUTPUT.PUT_LINE(c_books%ROWCOUNT || ': ' ||
 10        v_books.booknum || ' ' || v_books.bookname || ' ' ||
 11        v_books.author || ' ' || v_books.bookprice);
 12    END LOOP;
 13  END;
 14  /
```

比较这两个例子的代码可以发现，使用游标 FOR 循环可以大大简化游标操作。与第 12 章介绍的 FOR 循环类似，游标 FOR 语句中的循环控制变量不需要事先声明，在进入循环时自动声明。但与 FOR 循环不同的是，FOR 循环中自动声明的循环变量是数值型，而游标 FOR 循环中自动声明的循环变量是记录类型，其结构与游标 SELECT 语句的查询列表相同。在循环过程中，游标 FOR 循环变量用于存储检索到的当前行的所有列值。

7. 带子查询的游标 FOR 循环

上面介绍的是第一种形式的游标 FOR 循环，它需要事先声明游标，之后用游标 FOR 打开、提取和关闭游标。其优点是：对于带参数的游标，我们可以在关闭它后再次用游标 FOR 循环打开，每次传递不同的参数。

另一种形式的游标 FOR 循环不需要事先声明游标，直接把定义游标的 SELECT 语句写在游标 FOR 语句内，这就是带子查询的游标 FOR 循环。

下面例子使用带子查询的游标 FOR 实现上面例子的功能。

```
BOOKS_PUB@orcl_dbs > BEGIN
  2     FOR v_books IN (
  3         SELECT booknum, bookname, author, bookprice
  4         FROM books
  5         WHERE bookprice > 40
  6         ORDER BY booknum
  7     )LOOP
  8         DBMS_OUTPUT.PUT_LINE(
  9             v_books.booknum || ' ' || v_books.bookname || ' ' |
 10             v_books.author  || ' ' || v_books.bookprice);
 11     END LOOP;
 12  END;
 13  /
```

需要注意的是，带子查询的游标 FOR 循环不需要声明游标，这样可以简化代码的书写。但问题是由于没有声明游标，所以无法通过游标名称读取游标属性。

下面再举一个带子查询的游标 FOR 的例子。这个例子从 scott 用户下的 dept 和 emp 表中查询每个部门及该部门下所有员工的工资信息。这里要使用嵌套游标 FOR 循环，在外层循环中检索显示部门信息，检索一个部门后，用内层循环检索显示该部门内的员工信息。

```
SCOTT@orcl_dbs > BEGIN
  2     FOR r_d IN (SELECT * FROM dept) LOOP
  3         DBMS_OUTPUT.PUT_LINE(r_d.deptno || ' ' || r_d.dname);
  4         FOR r_e IN (SELECT empno,ename,sal
  5                     FROM emp
  6                     WHERE deptno = r_d.deptno
  7                     ) LOOP
  8             DBMS_OUTPUT.PUT_LINE(r_e.empno || ' ' || r_e.ename ||
  9                         ' ' ||r_e.sal);
 10         END LOOP;
 11     END LOOP;
 12  END;
 13  /
```

其执行结果如下：

```
10  ACCOUNTING
7782  CLARK  2450
7839  KING   5000
7934  MILLER 1300
20  RESEARCH
7369  SMITH  800
```

```
7566  JONES  2975
7902  FORD  3000
30  SALES
7499  ALLEN  1600
7521  WARD  1250
7654  MARTIN  1250
7698  BLAKE  2850
7844  TURNER  1500
7900  JAMES  950
```

PL/SQL 过程已成功完成。

8. 使用游标更新数据

使用游标除了能够处理 SELECT 语句返回的多条记录，还可以更新表中的数据。要实现游标更新操作：

（1）必须在声明游标时使用 FOR UPDATE 子句，这样在打开游标时，获取的每条记录均被锁定；

（2）在 UPDATE 和 DELETE 语句中使用 WHERE CURRENT OF 子句定位修改或删除操作所处理数据在数据库表中的位置。

例如，下面代码使用游标更新 XX-COM 类别的图书的价格，将图书的价格打 8.5 折，折后的价格不能低于 33 元，如果低于 33 元，就设置为 33 元。

```
BOOKS_PUB@orcl_dbs > DECLARE
  2    CURSOR c_book (p_category CHAR:='XX-COM') IS
  3      SELECT booknum, bookname, bookprice
  4      FROM books
  5      WHERE category=p_category
  6      FOR UPDATE OF bookprice NOWAIT;
  7    v_price NUMBER(8,2);
  8  BEGIN
  9    --由于游标参数设置了默认值，所以这里打开时不必提供参数值
 10    FOR v_book IN c_book LOOP
 11      v_price:=v_book.bookprice * 0.85;
 12      IF v_price < 33 THEN
 13        v_price := 33;
 14      END IF;
 15      --执行游标定位修改操作
 16      UPDATE books SET bookprice = v_price
 17        WHERE CURRENT OF c_book;
 18    END LOOP;
 19    COMMIT;
 20  END;
 21  /
```

PL/SQL 过程已成功完成。

如果游标定义中使用了多表查询，可以通过 OF 子句指出只修改指定的部分列，这样在打开游标后只有这些列被锁定，不影响其他用户对其他列的操作。

游标声明时如果没有使用 FOR UPDATE 子句，则不能使用游标定位的修改或删除数据。

13.1.3　隐式游标

每次执行 SELECT 或 DML 语句时，PL/SQL 均会打开隐式游标。我们无法控制隐式游标，但

可以通过其属性获得隐式游标的信息。

与显式游标类似，隐式游标也具有以下 4 个属性。

- SQL%ISOPEN：布尔型，隐式游标是否打开；
- SQL%FOUND：布尔型，当前操作是否影响到数据行；
- SQL%NOTFOUND：布尔型，当前操作是否未影响到数据行；
- SQL%ROWCOUNT：数值型，当前操作影响到的行数。

与隐式游标相关的语句执行后，隐式游标关闭。但它们的这些属性值仍然可用，直到执行另一条 SELECT 或 DML 语句为止。

例如，下面 PL/SQL 块在执行 UPDATE 语句后，通过隐式游标属性了解该语句更新的数据行数。

```
BOOKS_PUB@orcl_dbs > BEGIN
  2    UPDATE books SET bookname = UPPER(bookname);
  3    DBMS_OUTPUT.PUT_LINE('更新行数: ' || SQL%ROWCOUNT);
  4  END;
  5  /
更新行数: 12

PL/SQL 过程已成功完成。
```

13.1.4 游标变量

显式游标一旦声明就与某个具体的查询绑定起来，使用该游标只能检索特定的数据，也就是说，游标的结构是固定不变的。这种方式声明的游标，称为静态游标。有时用户可能需要根据不同的运行条件检索不同的结果集，此时，就只能使用游标变量来实现了。

游标变量是 PL/SQL 变量，它也是指向多行查询结果集的指针，但是不与特定的查询绑定，同一个游标变量可以指向不同的查询结果缓冲区。与显式游标类似，要使用游标变量，需要经过以下几个步骤：

- 定义游标引用类型，即 REF CURSOR 类型；
- 声明游标变量；
- 打开游标变量；
- 检索游标变量；
- 关闭游标变量。

1. 定义游标引用类型

游标引用类型的定义语法为

```
TYPE ref_cursor_type_name IS REF CURSOR [RETURN return_type];
```

其中：

- ref_cursor_type_name：游标引用类型名；
- RETURN 子句：指定游标类型返回结果集的类型，只能是记录类型，如果使用 RETURN 子句，则该游标类型为强游标类型；否则，为弱游标类型。

例如，下面语句定义两个游标变量类型，其中一个是强游标类型，另一个是弱游标类型。

```
TYPE ref_cbook_type IS REF CURSOR RETURN books%ROWTYPE;
TYPE ref_cbook_name_type IS REF CURSOR;
```

2. 声明游标变量

定义了游标变量类型，就可以用它们声明游标变量。声明游标变量的语法为

```
var_name ref_cursor_type_name;
```

例如，下面的语句声明两个游标变量：

```
v_rcbook ref_cbook_type;
v_rcbookname ref_cbook_name_type;
```

3. 打开游标变量

游标变量声明后，就要为它指定对应的查询语句，并打开它。和显式游标类似，打开游标变量时，系统会执行查询语句，将查询结果放入游标变量所指向的缓冲区。打开游标变量的语法为

```
OPEN {cursor_variable | :host_cursor_variable}
  FOR select_statement | dynamic_string
  [USING [IN | OUT | IN OUT] bind_variable[, bind_variable, …]];
```

其中：

- cursor_variable：要打开的游标变量名；
- host_cursor_variable：在 PL/SQL 主机环境中声明的绑定变量名；
- select_statement：与游标变量对应的查询语句；
- dynamic_string：一个可以替代硬编码查询语句的动态 SQL 字符串变量或字符串表达式，其数据类型只能是 CHAR、VARCHAR2 和 CLOB；
- USING 子句用来说明绑定变量。

例如，下面的语句打开前面声明的游标变量。

```
OPEN v_rcbook FOR SELECT * FROM books;
OPEN v_rcbookname FOR SELECT booknum, bookname, author FROM books;
```

4. 检索游标变量

检索游标变量也就是提取游标变量所指结果集合中的数据，它也是使用 FETCH 语句。与显式游标不同的是，检索游标变量不能使用游标 FOR 循环，只能使用简单 LOOP 和 WHILE...LOOP 语句。

例如，下面的语句用于检索已经打开的游标变量 v_rcbook。

```
LOOP
   FETCH v_rcbook INTO r_book;
   EXIT WHEN v_rcbook%NOTFOUND;
   DBMS_OUTPUT.PUT_LINE (r_book.booknum || r_book.bookname || r_book.bookprice);
END LOOP;
```

5. 关闭游标变量

处理游标数据后，要及时关闭游标变量，以释放存储空间。关闭游标变量的语法格式为

```
CLOSE cursor_variable;
```

下面这个例子完整说明游标变量的使用。它执行时要求用户输入，之后根据输入不同，用游标变量打开不同的查询，分别检索显示 dept 或 emp 表，之后关闭游标。如果用户输入 dept 或 emp 之外的内容，则引发自定义异常，在该代码中没有具体编写异常处理程序，希望读者加以完善。

```
SCOTT@orcl_dbs > DECLARE
  2     TYPE refc_type IS REF CURSOR;
  3     v_refc refc_type;
  4     v_id NUMBER(4);
  5     v_name VARCHAR2(20);
  6     v_type VARCHAR2(4);
  7   BEGIN
  8     v_type := UPPER('&a');
  9     IF v_type = 'DEPT' THEN
 10       OPEN v_refc FOR SELECT deptno id, dname name FROM dept;
```

```
11      DBMS_OUTPUT.PUT_LINE('编号   部门名称');
12    ELSIF v_type = 'EMP' THEN
13      OPEN v_refc FOR SELECT empno id,ename name FROM emp;
14      DBMS_OUTPUT.PUT_LINE('编号   员工姓名');
15    ELSE
16      RAISE_APPLICATION_ERROR(-20010, '请输入正确 dept 或 emp！');
17    END IF;
18    LOOP
19      FETCH v_refc INTO v_id,v_name;
20      EXIT WHEN v_refc%NOTFOUND;
21      DBMS_OUTPUT.PUT_LINE(v_id || '  ' || v_name);
22    END LOOP;
23    CLOSE v_refc;
24  END;
25  /
```

运行结果如下：

输入 a 的值: **dept**

编号   部门名称
```
10  ACCOUNTING
20  RESEARCH
30  SALES
```

PL/SQL 过程已成功完成。

再次运行，但这次输入 emp，可以看到它列出员工信息：
```
SCOTT@orcl_dbs > /
```
输入 a 的值: **EMP**

编号   员工姓名
```
7369  SMITH
7499  ALLEN
......
```

PL/SQL 过程已成功完成。

如果运行时输入 dept 和 emp 之外的值，会引发异常，程序异常中止：
```
SCOTT@orcl_dbs > /
```
输入 a 的值: **abcde**
```
DECLARE
*
```
第 1 行出现错误：
```
ORA-20010: 请输入正确 dept 或 emp！
ORA-06512: 在 line 16
```

13.2 存储过程

存储过程是命名的 PL/SQL 程序块，通常用于执行特定的操作。存储过程经过编译后存储在数据库中，可以在需要时随时调用。

13.2.1　创建和调用存储过程

1. 创建存储过程

调用 CREATE PROCEDURE 语句创建存储过程，其语法为

```
CREATE [OR REPLACE] PROCEDURE procedure_name[
  (parameter1 [mode] datatype [DEFAULT | := value]
  [,parameter2 [mode] datatype [DEFAULT | := value], …])]
AS | IS
  [declare_section]
BEGIN
  statements;
[EXCEPTION
  Exception_handler;]
END [procedure_name];
```

其中：

- OR REPLACE：用于替换已经存在的同名存储过程；
- procedure_name：指定所创建的存储过程名；
- parameter*n*：参数名，多个参数之间用逗号（,）间隔；
- mode：参数的模式，存储过程参数的模式有 3 种：IN、OUT、IN OUT，分别表示输入参数、输出参数、输入/输出参数，输入参数需要在调用时赋值，并且在存储过程内不能修改；输出参数在调用时不能赋值，但在存储过程内为其赋值，并把它返回给调用程序；输入/输出参数兼具输入参数和输出参数的特点：调用者通过它向存储过程传递输入值，存储过程又通过它向调用者返回值；
- datatype：指定参数的类型，但不能指定精度或长度；
- declare_section：声明部分，作用与 PL/SQL 块声明部分相同；
- BEGIN…END 之间是过程体，其中可以定义异常处理。

【例 1】　下面代码创建一个存储过程 ins_orders，该过程用于向 orders 表中插入一条新的订单信息，这个存储过程有 5 个参数，它们均为输入参数。

```
BOOKS_PUB@orcl_dbs > CREATE OR REPLACE PROCEDURE ins_orders (
2    p_ordid VARCHAR2, p_orderdate DATE DEFAULT SYSDATE,
3    p_ordqty NUMBER,  p_payt VARCHAR2, p_bid NUMBER)
4    AS
5    BEGIN
6      INSERT INTO orders
7        VALUES (p_ordid, p_orderdate , p_ordqty, p_payt, p_bid);
8    END ins_orders;
9    /
```

过程已创建。

【例 2】　下面代码创建存储过程 upd_orders，该过程更改指定订单所订购的图书数量。upd_orders 有 3 个参数：p_ordid 用于指定所要修改的订单 id，为输入参数；p_orderdate 返回所修改订单的签订日期，为输出参数；p_qty 为一输入/输出参数，它向过程传递新的图书订购量，并返回该订单原来的图书订购量。

```
BOOKS_PUB@orcl_dbs > CREATE OR REPLACE PROCEDURE upd_orders (
2    p_ordid VARCHAR2, p_orderdate OUT DATE, p_qty IN OUT NUMBER)
3    AS
4      v_newqty NUMBER(5);
```

```
 5   BEGIN
 6    v_newqty := p_qty;
 7    SELECT order_date, qty INTO p_orderdate, p_qty
 8     FROM orders
 9      WHERE order_id = p_ordid;
10    UPDATE orders
11     SET qty = v_newqty
12      WHERE order_id = p_ordid;
13   END upd_orders;
14  /
```

过程已创建。

2. 存储过程调用

创建存储过程后，该过程以编译的形式存储在数据库服务器中。要执行存储过程，可以使用 CALL 语句或 EXCECUTE 语句，也可以在 PL/SQL 块中通过引用过程名来调用。

过程调用语句的语法为

```
{CALL | EXEC[UTE]} procedure_name [(parameter [, …])];
```

例如，下面的语句调用刚创建的存储过程 ins_orders。

```
BOOKS_PUB@orcl_dbs > EXEC ins_orders('141622925', SYSDATE, 150, '信用卡', 210010);
```

PL/SQL 过程已成功完成。

```
BOOKS_PUB@orcl_dbs > CALL ins_orders('141622926', SYSDATE, 50, '信用卡', 220100);
```

PL/SQL 过程已成功完成。

下面 PL/SQL 块调用过程 upd_orders，执行过程后显示其输出参数传回的参数值。从其执行结果可以看到这正是我们前面插入订单时设置的订购量。

```
BOOKS_PUB@orcl_dbs > DECLARE
 2    v_date DATE;
 3    v_qty  NUMBER(5) := 30;
 4  BEGIN
 5    upd_orders('141622925', v_date, v_qty);
 6    DBMS_OUTPUT.PUT_LINE('141622925 订单签订日期：' || v_date);
 7    DBMS_OUTPUT.PUT_LINE('原来订购册数：' || v_qty);
 8  END;
 9  /
141622925 订单签订日期：18-11 月-12
```

原来订购册数：150

PL/SQL 过程已成功完成。

3. 存储过程参数传递

上面调用存储过程 ins_orders 和 upd_orders 时向这两个过程传递了参数，所传递的参数（称作实参）数量、类型和顺序与过程创建时参数列表定义中的参数（称作形参）数量、类型和顺序完全一致，这种参数传递方法称作位置传递法。

向存储过程和函数传递参数时还可以采用名称传递法，即在调用过程时采用"形参=>实参"格式向过程或函数传递参数。例如：

```
BOOKS_PUB@orcl_dbs > EXEC ins_orders(p_ordid =>'141622927',
p_orderdate=>SYSDATE, p_ordqty=>150, p_payt=>'信用卡', p_bid=>210010);
```

由于名称传递法中严格定义了每个实参对应的形参，所以此时传递的参数顺序可以与过程创建时参数列表定义中的参数顺序不同。例如：

```
BOOKS_PUB@orcl_dbs > EXEC ins_orders(p_ordqty=>150, p_payt=>'信用卡',
p_orderdate=>SYSDATE, p_ordid =>'141622928',  p_bid=>210010);
```

创建存储过程 ins_orders 时，为其 p_orderdate 参数设置了默认值。对于这类参数，在采用名称传递法时，如果所赋值与其默认值相同，则完全不用传递这类参数。例如：

```
BOOKS_PUB@orcl_dbs > EXEC ins_orders(p_ordqty=>150, p_payt=>'信用卡',
p_ordid =>'141622929',  p_bid=>210010);
```

PL/SQL 还支持采用以上两种方法的混合方法向存储过程和函数传递参数。采用混合法传递参数时，一定要先列出位置传递法传递的参数（这部分参数的类型和顺序仍要与过程创建时参数列表定义中对应参数的类型和顺序完全一致），之后列出名称传递法传递的参数（这部分参数的顺序可以与形参不一致，并且可以省去具有默认值的参数）。例如：

```
BOOKS_PUB@orcl_dbs > EXEC ins_orders('141622930', p_orderdate=>SYSDATE,
p_ordqty=>150, p_payt=>'信用卡', p_bid=>210010);
BOOKS_PUB@orcl_dbs > EXEC ins_orders('141622931', p_bid=>210010,
p_ordqty=>150, p_payt=>'信用卡');
```

13.2.2　修改、查看和删除存储过程

存储过程的修改仍然调用 CREATE OR REPLACE PROCEDURE 语句，它重新创建存储过程，但保留该存储过程上原有的权限分配。

存储过程创建后，其定义信息存储在数据字典内，这些数据字典如表 13-1 所示。

表 13-1　　与过程和函数相关的数据字典

数据字典	描　述
DBA_PROCEDURES ALL_PROCEDURES USER_PROCEDURES	列出过程和函数，以及它们的属性
DBA_SOURCE ALL_SOURCE USER_SOURCE	列出存储对象的定义文本

例如，下面语句查询当前用户已经创建的存储过程。

```
BOOKS_PUB@orcl_dbs > SELECT object_name,object_type
  2  FROM user_procedures;

OBJECT_NAME                      OBJECT_TYPE
-------------------------------- -------------------
INS_ORDERS                       PROCEDURE
UPD_ORDERS                       PROCEDURE
```

又如，下面语句通过数据字典 USER_SOURCE 查询到存储过程 ins_orders 的定义文本信息。从执行结果可以看出，这与我们前面创建时的完全相同。

```
BOOKS_PUB@orcl_dbs > SELECT line,text
  2  FROM user_source
  3  WHERE name='INS_ORDERS';

LINE    TEXT
-----   -----------------------------------------------------------------
```

```
1    PROCEDURE ins_orders (
2      p_ordid VARCHAR2, p_orderdate DATE DEFAULT SYSDATE,
3      p_ordqty NUMBER,  p_payt VARCHAR2, p_bid NUMBER)
4      AS
5      BEGIN
6        INSERT INTO orders
7          VALUES (p_ordid, p_orderdate , p_ordqty, p_payt, p_bid);
8      END ins_orders;
```

已选择 8 行。

当不需要某个存储过程时，可以使用 DROP PROCEDURE 语句将其删除。例如，下面语句删除前面创建的存储过程 upd_orders。

BOOKS_PUB@orcl_dbs > **DROP PROCEDURE upd_orders;**

过程已删除。

13.2.3　用 Java 编写存储过程

从 Oracle 8i 开始，Oracle 数据库支持 Java，用户可以编写调用 Java 类的存储过程、函数、触发器等。与 PL/SQL 相比，用 Java 编写存储过程的优点在于：

- Java 存储过程只被发送到数据库一次，减少了网络通信量；
- 调用 Java 存储过程时，Oracle 数据库会直接执行该存储过程，无需进行编译，提高了执行速度；
- Java 存储过程被装载到内存中后，允许多个用户同时调用，降低了对 Oracle 实际内存的需求；
- Java 存储过程是数据库无关的，其开放性和可移植性更好。

下面介绍 Java 编写 Oracle 存储过程的方法。

1. 编写 Java 类源代码

可以使用 Jbuilder/Eclipse 等工具创建 Java 类。下面以创建 BooksDML 类为例说明用 Java 编写 Oracle 存储过程的一般方法，该类中包含插入、修改和删除 books 表中记录的方法。BooksDML.java 文件代码如下：

```java
import java.sql.*;
import java.io.*;
import oracle.jdbc.*;

public class BooksDML {
  public static void insertBooks (String bonum, String boname,
    String bocategname, String boauthors, String bopublisher,
    float boprice) throws SQLException {
    String sql = "INSERT INTO BOOKS VALUES (books_seq.nextval,?,?,?,?,?,?)";
    try {
      Connection conn =
        DriverManager.getConnection("jdbc:default:connection:");
      PreparedStatement pstmt = conn.prepareStatement(sql);
      pstmt.setString(2, bonum);
      pstmt.setString(3, boname);
      pstmt.setString(4, bocategname);
      pstmt.setString(5, boauthors);
```

```
      pstmt.setString(6, bopublisher);
      pstmt.setFloat (7, boprice);
      pstmt.executeUpdate();
      pstmt.close();
    } catch (SQLException e) {System.err.println(e.getMessage());}
  }

  public static void updateBooks (float boprice, String bonum)
    throws SQLException {
    String sql = "UPDATE BOOKS SET bookprice = ?" + "WHERE booknum = ?";
    try {
      Connection conn =
      DriverManager.getConnection("jdbc:default:connection:");
      PreparedStatement pstmt = conn.prepareStatement(sql);
      pstmt.setFloat(1, boprice);
      pstmt.setString(2, bonum);
      pstmt.executeUpdate();
      pstmt.close();
    } catch (SQLException e) {System.err.println(e.getMessage());}
  }

public static void deleteBooks (String bonum) throws SQLException {
    String sql = "DELETE FROM BOOKS WHERE booknum = ?";
    try {
      Connection conn =
      DriverManager.getConnection("jdbc:default:connection:");
      PreparedStatement pstmt = conn.prepareStatement(sql);
      pstmt.setString(1, bonum);
      pstmt.executeUpdate();
      pstmt.close();
    } catch (SQLException e) {System.err.println(e.getMessage());}
  }
}
```

该文件中定义了 BooksDML 类，其中分别定义了 3 个方法来处理 INSERT、UPDATE 和 DELETE，它们都被定义为 public static，因为只有 public static 方法才可以作为 Java 存储过程。此外，在该类的定义中，类的组件本身没有创建数据库连接，而是通过调用该类的连接为类的方法提供连接环境。

2. 装载 Java 类到数据库中

编写完 Java 源代码，并编译成功后，就要将该类加载到数据库中。Oracle Database 11g 数据库提供 loadjava 工具进行 Java 类的加载，其语法如下：

```
loadjava {-user | -u} user/[password][@database] [options]
file.java | file.class | file.jar | file.zip | file.sqlj | resourcefile | URL...
  [-casesensitivepub]
  [-cleargrants]
  [-debug]
  [-d | -definer]
  [-dirprefix prefix]
  [-e | -encoding encoding_scheme]
  [-fileout file]
  [-f | -force]
  [-genmissing]
  ...
```

该程序的命令行参数较多，首先要指定连接数据库所使用的用户名、口令、连接字符串等，之后指定要装载的 Java 类文件。除此之外，还有大量的选项，有关这些选项的详细介绍，请参看 Oracle Database 11g 文档《Java Developer's Guide,11g Release 2》。

例如，下面命令将前面创建的 BooksDML.java 文件加载到 books_pub 模式中。

```
C:\>loadjava E:\BooksDML.class-user books_pub/ books_pub@orcl_dbs -resolve -verbose
```

上面的语句中，使用了-resolve 选项，表示在加载类后，编译并根据需要解析类中的外部引用；-verbose 选项表示在运行时显示详细的状态消息。

3. 创建访问 Java 类方法的过程

对已经加载到数据库中的 Java 类，需要在 Oracle 数据库中创建访问类中每个方法的过程，即将 Java 类发布为 Oracle 的存储过程。

下面语句创建的过程向 books 表中插入图书信息：

```
BOOKS_PUB@orcl_dbs > CREATE OR REPLACE PROCEDURE ins_books_java (
  2      p_bnum VARCHAR2, p_bname VARCHAR2, p_categ VARCHAR2,
  3      p_author VARCHAR2, p_puber VARCHAR2, p_bprice NUMBER)
  4   AS LANGUAGE JAVA
  5      NAME 'BooksDML.insertBooks(java.lang.String, java.lang.String,
  6      java.lang.String, java.lang.String, java.lang.String,
  7      java.lang. float)';
  8  /
```

过程已创建。

下面语句创建的过程用于依据图书编号更新 books 表中的图书信息。

```
BOOKS_PUB@orcl_dbs > CREATE OR REPLACE PROCEDURE upd_books_java (
  2      p_bprice NUMBER, p_bnum VARCHAR2)
  3  AS LANGUAGE JAVA
  4      NAME 'BooksDML.updateBooks(java.lang.Float, java.lang.String)';
  5  /
```

过程已创建。

下面语句创建的过程用于删除表 books 中的图书信息。

```
BOOKS_PUB@orcl_dbs > CREATE OR REPLACE PROCEDURE del_books_java (
  2      p_bnum VARCHAR2)
  3  AS LANGUAGE JAVA NAME 'BooksDML.deleteBooks(java.lang.String)';
  4  /
```

过程已创建。

至此，Java 开发的 Oracle 存储过程就完成了。

4. 调用 Java 存储过程

Java 存储过程创建完毕后，可以使用 CALL 命令来执行 Java 类，也可以在 PL/SQL 块中执行。例如：

```
BOOKS_PUB@orcl_dbs >CALL ins_books_java('SX3006', '概率统计', 'ZR-SX', '李红霞', '高等
教育出版社', 30.2);
```

调用完成。

```
BOOKS_PUB@orcl_dbs >BEGIN
  2  ins_books_java('SX3006','概率统计','ZR-SX','李红霞','高等教育出版社', 30.2);
  3  END;
  4  /
```

13.3　函数

函数是另外一种命名的 PL/SQL 块，通过函数可以向调用者返回值，而且必须返回一个值。

13.3.1　创建和调用函数

创建函数的 SQL 语句语法格式为

```
CREATE [OR REPLACE] FUNCTION function_name [(
  parameter1 [mode] datatype [DEFAULT | := value] [,
  parameter2 [mode] datatype [DEFAULT | := value], …])]
RETURN return_type
AS | IS
  [declare_section]
BEGIN
  statements;
[EXCEPTION
  Exception_handler;]
END [function_name];
```

该语句语法格式与 CREATE PROCEDURE 语句类似，二者不同的是 RETURN 语句，它指出函数返回值的类型，但这里只指出类型，不能指定其长度、精度等。

例如，下面语句创建函数 get_qty，它返回指定图书的订购册数。

```
BOOKS_PUB@orcl_dbs > CREATE OR REPLACE FUNCTION get_qty (p_bid NUMBER)
  2  RETURN NUMBER
  3  AS
  4    v_qty orders.qty%TYPE;
  5  BEGIN
  6    SELECT SUM(qty) INTO v_qty
  7    FROM orders
  8    WHERE book_id = p_bid;
  9    RETURN v_qty;
 10  END get_qty;
 11  /
```

函数已创建。

函数有返回值，因此，与存储过程不同，函数的调用只能作为表达式的组成部分。可以在 SQL 语句中调用函数，也可以在 PL/SQL 程序中调用函数。例如：

```
BOOKS_PUB@orcl_dbs > SELECT get_qty (210050) FROM dual;

GET_QTY(210050)
---------------
            400
```

又如，下面 PL/SQL 块中调用 get_qty 函数：

```
BOOKS_PUB@orcl_dbs > DECLARE
  2    v_qty orders.qty%TYPE;
  3  BEGIN
  4    v_qty := get_qty (210040);
  5    DBMS_OUTPUT.PUT_LINE ('210040图书订购册数：' || v_qty);
  6  END;
```

7 /
210040 图书订购册数：400

13.3.2 修改、查看和删除函数

函数的修改也是使用 CREATE OR REPLACE FUNCTION 语句来实现，这样可以保留原有的权限分配。

检索表 13-1 内的数据字典可以了解函数信息，这里不再重复。

不需要某个函数时，可以使用 DROP FUNCTION 语句将其删除。例如：

```
BOOKS_PUB@orcl_dbs > DROP FUNCTION get_qty;
```

本章小结

本章主要介绍了 PL/SQL 的游标以及两种命名块的使用。

游标能获取查询返回的记录，通过游标可以一次提取一行数据进行处理。PL/SQL 中游标分为两类：显式游标和隐式游标。显式游标一旦声明就与某个具体的查询绑定起来，使用该游标就只能检索特定的数据。但是，用游标变量可以根据不同的运行条件检索不同的结果集，这样就提高了游标操作的灵活性。

存储过程和函数这两种命名块经过一次编译后可多次执行，能够提高系统的性能。此外，本章还介绍了采用 Java 编写存储过程的方法。

习 题

一、选择题

1. 显式游标的处理包括（　　　）步骤。
   A. DECLARE CURSOR　　　　B. OPEN　　　　C. FECTH　　　　D. CLOSE
2. 下列（　　　）属性能返回 SELECT 语句当前检索到的行数。
   A. SQL%ISOPEN　　　　　　　　　　　　B. SQL%ROWCOUNT
   C. SQL%FOUND　　　　　　　　　　　　D. SQL%NOTFOUND
3. 一个存储过程可以将（　　　）个值返回调用者。
   A. 至少一个　　　　　　　　　　　　　B. 0 个
   C. 与参数一样多　　　　　　　　　　　D. 与 OUT 模式参数一样多
4. 函数的定义中，RETURN 子句的作用是（　　　）。
   A. 声明返回值的大小和数据类型　　　　B. 将执行转到函数体
   C. 声明返回值的数据类型　　　　　　　D. 没有特别的作用，可以去掉

二、简答题

1. 简述 PL/SQL 游标的基本概念。
2. 游标 FOR 循环具有什么特点？
3. 什么是游标变量？它和游标的区别和联系是什么？

4. 简述 PL/SQL 匿名块和命名块的区别。

5. 存储过程与函数有何异同？

6. 存储过程中提供了哪几种模式参数？它们分别具有什么特点？

三、实训题

1. 创建一个存储过程，用于检索指定图书 ID 的图书信息，包括图书名、出版社、价格和出版日期。

2. 创建一个函数，用于判断指定图书 ID 的图书是否畅销。销售量小于 10000 的为"滞销"，在 10000 和 50000 之间的为"基本畅销"，大于等于 50000 为"非常畅销"。

3. 创建一个存储过程，用来对图书价格进行调整。调整的原则是，如果该书"滞销"，则进行打 8 折处理；如果该书"基本畅销"，则打 9 折处理；"非常畅销"图书价格维持原价。其中，图书的销售状况通过调用第 2 题的函数来实现。

第14章
触发器

触发器是一种特殊的存储程序单元，它以编译的形式存储在服务器中。与存储过程不同的是，存储过程通过其他程序调用启动运行，而触发器则是由事件触发后启动运行，即触发器是当某个事件发生时自动地隐式运行。本章将详细介绍 Oracle 数据库中触发器的创建、管理等内容。

14.1　触发器的基本概念

触发器一般用于维护那些完整性约束无法定义的复杂约束和业务规则，并可对数据库、表中特定事件进行监控和响应，提供审计和事件日志。

14.1.1　触发事件

Oracle 数据库中，激活触发器的语句和事件主要有：

- DML 语句：任何用户在指定的表或视图执行 DML 语句，修改模式对象内的数据时，如执行 INSERT、UPDATE 和 DELETE 操作；
- DDL 语句：指定用户或任何用户执行 DDL 语句定义模式对象，如创建表、视图、索引，以及添加、删除表中列等；
- 数据库事件：Oracle 数据库的启动与关闭、用户的登录与注销、Oracle 数据库中发生错误等。

14.1.2　触发器分类

依据触发器的激活方式和它们所执行的操作类型，Oracle 数据库内的触发器可以分为以下几类。

- 行触发器：一条触发语句可能影响表中多行，行触发器在触发语句每影响一行就激活一次。如果触发语句未影响表中的任何数据行，行触发器就不会激活。如果触发器内的代码需要使用触发语句提供的数据，或者需要使用触发语句所影响行的数据时，就需要使用行触发器。例如，INSERT 语句、UPDATE 语句或 DELETE 语句在插入、修改、删除数据时，它们可能影响 0 行、一行或多行。如果触发器内的代码需要使用插入后的数据，修改前、后的数据，或者删除前的数据，就需要建立行触发器。这些语句每影响一行，触发器就激活一次。
- 语句触发器：语句触发器在触发语句执行期间只激活一次，无论触发语句影响多少行数据。即使触发语句没影响到任何行，语句触发器也激活一次。例如，执行 DELETE 语句删除表内数据时，无论它实际删除多少行，即使没有任何数据符合删除条件，语句触发器也激活一次。

- INSTEAD OF 触发器：又称作替代触发器。Oracle Database 激活 INSTEAD OF 触发器后，它将代替原来触发语句的操作。在 Oracle 数据库内，有些视图无法通过 DML 语句直接修改，这时就可以使用替代触发器对视图做修改。
- 事件触发器：用于向订阅者发布数据库事件信息。依据激活触发器的事件不同，事件触发器又分为系统事件触发器和用户事件触发器两类。前者由数据库实例的启动与关闭，或者错误消息等事件激活；后者由与用户登录与注销、DDL 语句和 DML 语句相关的事件所激活。

14.1.3　触发时序

简而言之，触发器的时序就是指在时间上，触发器代码的执行和触发操作、事件执行之间的先后关系。在 Oracle 数据库内，有些触发器可以选择其时序，如语句触发器、行触发器、替代触发器等，均可指定它们是在触发操作之前还是之后执行；而另一些触发器的时序则无法选择，只有一种方式可定义。例如，一些事件触发器（如实例启动、用户的登录等）只能定义为后触发，即触发事件发生后激活触发器；而另一些事件（如实例的关闭、用户的注销等）则只能定义为前触发，即在事件发生前激活触发器。

Oracle 数据库表上的单个触发器又被称作简单触发器，在简单触发器内可以准确指定以下时序点：

- 触发语句之前；
- 触发语句之后；
- 触发语句影响的每行之前；
- 触发语句影响的每行之后。

而 Oracle 数据库内的组合触发器可以在多个时间点激活，所以可以为其指定多种激活时序。

14.2　DML 触发器

DML 触发器是建立在基本表上的触发器，由 DML 语句触发。依据触发时间不同，DML 触发器可分为 BEFORE 触发器与 AFTER 触发器。依据触发方式不同，DML 触发器又可分为语句触发器和行级触发器。

创建 DML 触发器的语法如下：

```
CREATE [OR REPLACE] TRIGGER trigger_name
BEFORE | AFTER dml_event [OF column_name]
ON table_name
[FOR EACH ROW]
[WHEN trigger_condition]
DECLARE
  declare_section;
BEGIN
  statements;
EXCEPTION
  exception_handler;
END [trigger_name];
```

其中：

- trigger_name：创建的触发器名称；
- BEFORE、AFTER：指定触发器的触发时序，前者为前触发，即在执行触发操作之前执行触发器操作；后者为后触发，即在执行触发操作之后执行触发器操作；
- dml_event：指出触发事件，触发事件可为 INSERT、UPDATE 和/或 DELETE 操作；触发事件设置为 UPDATE 时，还可以用 OF column_name 子句进一步限制在更新哪些列时才激活触发器；对于定义了多个触发事件的触发器而言，如果要确定当前究竟是哪种操作激活的触发器，则可以使用条件谓词 INSERTING、UPDATING 和 DELETING 进行判断；
- table_name：指出触发事件所操作的表名；
- FOR EACH ROW：指定触发器是行触发器，省略该选项所创建的则是语句触发器；
- WHEN trigger_condition：进一步限制激活触发器的条件，trigger_condition 是一个 Boolean 类型的表达式，当其值为 TRUE 时触发事件才能激活触发器。

CREATE TRIGGER 语句其余部分代码就是一个 PL/SQL 块结构，这里不再重复介绍。

DML 触发器有两种类型：行级触发器和语句级触发器。在行级触发器中，由于每操作一行数据，触发器就激活一次，因此，为了使行触发器内代码能够获取 DML 操作前后的行数据，Oracle 引入了两个伪记录——:OLD 和:NEW。行触发器激活时，PL/SQL 运行时系统自动创建并填充这两个伪记录。这两个伪记录中的字段名称和数据类型与触发事件所操作数据行中的列名和列数据类型相同。针对不同的触发事件，:OLD 和:NEW 中填充的内容如表 14-1 所示。

表 14-1   :OLD 和:NEW 的含义

触发事件	:OLD	:NEW
INSERT	未定义，所有字段为 NULL	包含插入的新值
UPDATE	包含更新前的旧值	包含更新后的新值
DELETE	包含删除前的旧值	未定义，所有字段为 NULL

行触发器中要引用这两个伪记录时，可以像引用普通记录那样采用"记录名.字段名"形式。而在语句级触发器中，触发事件发生后，触发器只针对该 DML 语句执行一次，因此不能使用:OLD 和:NEW 标识符获取某列的新旧数据。

下面通过例子演示这两种 DML 触发器的效果。

【例 1】 在 orders 表上创建语句触发器，用它把所有用户在该表上执行插入、修改、删除操作日志记录到日志表内（orders_log）。因此，这里首先创建日志表 orders_log，之后创建触发器。

```
BOOKS_PUB@orcl_dbs > CREATE TABLE orders_log (
  2      user_name VARCHAR2(30) DEFAULT USER,
  3      log_date DATE DEFAULT SYSDATE,
  4      action VARCHAR2(50)
  5      );

表已创建。
BOOKS_PUB@orcl_dbs > CREATE OR REPLACE TRIGGER trg_orders_stmt
  2      AFTER INSERT OR UPDATE OR DELETE ON orders
  3      DECLARE
  4        log_action orders_log.action%TYPE;
  5      BEGIN
  6        IF INSERTING THEN
```

```
 7        log_action := 'INSERT';
 8      ELSIF UPDATING THEN
 9        log_action := 'UPDATE';
10      ELSIF DELETING THEN
11        log_action := 'DELETE';
12      ELSE
13        log_action := 'INVALID';
14      END IF;
15      INSERT INTO orders_log(action) VALUES(log_action);
16    END trg_orders;
17  /
```

触发器已创建。

在该触发器创建后，任何用户对表 orders 执行 INSERT、UPDATE 和 DELETE 操作时，都会触发该触发器执行。例如，分别以 scott 和 books_pub 用户登录后对表 orders 进行修改、删除操作，并成功提交后，可以从 orders_log 中查询到这些操作日志信息：

```
BOOKS_PUB@orcl_dbs > SELECT * FROM orders_log;
```

USER_NAME	ACTION	LOG_DATE
SCOTT	UPDATE	20-11 月-12
BOOKS_PUB	UPDATE	20-11 月-12
BOOKS_PUB	DELETE	20-11 月-12

需要注意的是，只要触发语句成功执行，语句触发器就会激活，而无论这些语句实际影响多少行数据，即使它们没有影响任何一行数据，也会激活触发器。例如，请执行下面语句：

```
BOOKS_PUB@orcl_dbs > INSERT INTO orders SELECT * FROM orders WHERE 0=1;
```

已创建 0 **行。**
```
BOOKS_PUB@orcl_dbs > UPDATE orders SET qty=0 WHERE 0=1;
```

已更新 0 **行。**
```
BOOKS_PUB@orcl_dbs > DELETE FROM orders WHERE 0=1;
```

已删除 0 **行。**
```
BOOKS_PUB@orcl_dbs > COMMIT;
```

提交完成。

之后查询 orders_log 表，发现这些语句的调用记录也被触发器记录在案：

USER_NAME	ACTION	LOG_DATE
SCOTT	UPDATE	20-11 月-12
BOOKS_PUB	UPDATE	20-11 月-12
BOOKS_PUB	DELETE	20-11 月-12
BOOKS_PUB	**INSERT**	**20-11 月-12**
BOOKS_PUB	**UPDATE**	**20-11 月-12**
BOOKS_PUB	**DELETE**	**20-11 月-12**

【例 2】　在 orders 表上再创建一个触发器，这个触发器是行触发器，它把所有用户在 orders

表上执行插入、修改、删除操作所影响的订单号和订购数量记录到日志表内。因此，下面先修改
orders_log，增加订单号和订单修改前、后数量列，之后再创建行触发器。

```
BOOKS_PUB@orcl_dbs > ALTER TABLE orders_log
  2 ADD(order_id VARCHAR2(20),
  3    newqty   NUMBER(8),
  4    oldqty   NUMBER(8)
  5 );
```

表已更改。

```
BOOKS_PUB@orcl_dbs > CREATE OR REPLACE TRIGGER trg_orders_row
  2    AFTER INSERT OR UPDATE OR DELETE ON orders
  3    FOR EACH ROW
  4    DECLARE
  5    log_action orders_log.action%TYPE;
  6    log_id     orders_log.order_id%TYPE;
  7    log_newqty orders_log. newqty%TYPE;
  8    log_oldqty orders_log.oldqty%TYPE;
  9  BEGIN
 10    IF INSERTING THEN
 11      log_action := 'INSERT';
 12      log_id := :NEW.order_id;
 13      log_newqty := :NEW.qty;
 14    ELSIF UPDATING THEN
 15      log_action := 'UPDATE';
 16      log_id := :NEW.order_id;
 17      log_newqty := :NEW.qty;
 18      log_oldqty := :OLD.qty;
 19    ELSIF DELETING THEN
 20      log_action := 'DELETE';
 21      log_id := :OLD.order_id;
 22      log_oldqty := :OLD.qty;
 23    ELSE
 24      log_action := 'INVALID';
 25    END IF;
 26    INSERT INTO orders_log(action,order_id,newqty,oldqty)
 27      VALUES(log_action,log_id,log_newqty,log_oldqty);
 28  END trg_orders;
 29  /
```

触发器已创建。

下面修改 orders 后查询 orders_log：

```
BOOKS_PUB@orcl_dbs > UPDATE orders SET qty=285
  2 WHERE order_id='141622927' OR order_id='141622928';
```

已更新 1 行。
```
BOOKS_PUB@orcl_dbs > commit;
```

提交完成。
```
BOOKS_PUB@orcl_dbs > SELECT * FROM orders_log;

USER_NAME    ACTION   LOG_DATE      ORDER_ID      NEWQTY   OLDQTY
```

```
----------    -------- --------    ----------    ------    ------
SCOTT         UPDATE   20-11月-12
BOOKS_PUB     UPDATE   20-11月-12
......
BOOKS_PUB     UPDATE   20-11月-12    141622927     285  200
BOOKS_PUB     UPDATE   20-11月-12    141622928     285  150
BOOKS_PUB     UPDATE   20-11月-12
```

已选择 9 行。

从以上查询结果可以看出，执行 UPDATE 语句激活了前面创建的两个触发器，其中行触发器 trg_orders_row 被激活两次，语句触发器 trg_orders_stmt 被激活一次，这完全符合我们所设计触发器的目的。

需要注意的是，与语句触发器不同，如果 DML 语句未实际影响数据行，行触发器不会激活。这一点留给读者去验证。

14.3 INSTEAD OF 触发器

INSTEAD OF 触发器是针对视图上的 DML 操作，用于替代触发事件的操作，即触发事件本身并不执行，而是由 INSTEAD OF 触发器来进行处理。在前面的章节中已经介绍了视图支持 DML 操作，但是如果视图定义中包括分组函数、GROUP BY 子句、DISTINCT 关键字、表达式定义的列或 ROWNUM 伪列等，就不能修改视图。此时，可以使用 INSTEAD OF 触发器来实现视图的 DML 操作。

创建 INSTEAD OF 触发器的语法如下：

```
CREATE [OR REPLACE] TRIGGER trigger_name
INSTEAD OF dml_event
ON view_name
FOR EACH ROW
[WHEN trigger_condition]
DECLARE
  declare_section;
BEGIN
  statements;
EXCEPTION
  exception_handler;
END [trigger_name];
```

其中：

- INSTEAD OF：指出创建的触发器是替代触发器；
- view_name：指出触发事件所操作的视图名称。

这里要注意的是，FOR EACH ROW 子句在创建 INSTEAD OF 触发器时是必选项，因为 INSTEAD OF 触发器只能是行级触发器。

为了演示替代触发器，我们先基于 orders 表创建一个视图 orders_view，该视图检索订单信息时显示的是订单已签订天数，而不是日期。

```
BOOKS_PUB@orcl_dbs > CREATE OR REPLACE VIEW orders_view AS
  2    SELECT order_id, book_id, qty, payterms,
  3     TRUNC(SYSDATE,'DD') - TRUNC(order_date,'DD') days
  4    FROM orders
  5    WITH CHECK OPTION
  6  /
```

视图已创建。

之后，通过视图修改 orders 中的记录。此时，如果直接向 orders_view 视图插入数据或修改其中的 days 列，均会产生错误，因为 days 列是由表达式计算产生的虚拟列。

```
BOOKS_PUB@orcl_dbs > UPDATE orders_view
  2    SET days = 15
  3    WHERE order_id='141622929';
SET days = 15
    *
```

第 2 行出现错误：

ORA-01733：此处不允许虚拟列

如果希望在视图上执行这样的操作，只能通过创建 INSTEAD OF 触发器来实现。下面语句创建插入和修改操作的替代触发器：

```
BOOKS_PUB@orcl > CREATE OR REPLACE TRIGGER trg_orders_inst
  2    INSTEAD OF INSERT OR UPDATE
  3    ON orders_view
  4    FOR EACH ROW
  5    BEGIN
  6      IF INSERTING THEN
  7        INSERT INTO orders VALUES (:NEW.order_id, SYSDATE-:NEW.days,
  8          :NEW.qty, :NEW.payterms, :NEW.book_id);
  9      ELSIF UPDATING THEN
 10        UPDATE  orders  SET order_date = SYSDATE-:NEW.days,
 11          qty=:NEW.qty, payterms=:NEW.payterms, book_id=:NEW.book_id
 12          WHERE order_id = :OLD.order_id;
 13      END IF;
 14 END trg_view;
 15 /
```

触发器已创建

再次执行 INSERT、UPDATE 语句，均可成功执行：

```
BOOKS_PUB@orcl_dbs > INSERT INTO orders_view
  2    VALUES('151922321', 21022, 120, '现金', 20);
```

已创建 1 行。

```
BOOKS_PUB@orcl_dbs > UPDATE orders_view
  2    SET days = 12, qty = 260
  3    WHERE order_id = '151922321';
```

已更新 1 行。

```
BOOKS_PUB@orcl_dbs > COMMIT;
```

提交完成。

```
BOOKS_PUB@orcl_dbs > SELECT * FROM orders WHERE order_id='151922321';

ORDER_ID              ORDER_DATE           QTY PAYTERMS            BOOK_ID
```

| ---------------- | ----------- ---------- | ----------- | ---------- |
| 151922321 | 08-11 月-12 | 260 **现金** | 10 |

14.4　系统触发器

系统触发器是在数据库系统事件（见表 14-2）或 DDL 事件（指执行 CREATE、ALTER、DROP 等 DDL 语句）发生时激活。

表 14-2　　　　　　　　　　　　　　　　Oracle 数据库内的系统事件

事　　件	触发时序	描　　述
LOGOFF	BEFORE	用户从数据库注销时激活
LOGON	AFTER	用户成功连接到数据库时激活
SERVERERROR	AFTER	服务器发生错误时激活
SHUTDOWN	BEFORE	数据库实例关闭时激活
STARTUP	AFTER	数据库实例打开时激活

创建系统触发器需要具有 DBA 权限，所使用 SQL 语句的语法格式如下：

```
CREATE [OR REPLACE] TRIGGER trigger_name
{BEFORE | AFTER} ddl_event | database_event
ON {DATABASE | [schema.]SCHEMA}
[WHEN trigger_condition]
DECLARE
  declare_section;
BEGIN
  statements;
EXCEPTION
  exception_handler;
END [trigger_name];
```

其中，ON DATABASE 子句用于创建基于整个数据库事件的系统触发器，ON SCHEMA 子句指出基于指定模式内的事件创建事件触发器。

创建 LOGOFF、LOGON、SERVERERROR 事件触发器时，可以针对整个数据库，或指定的模式。但在创建 STARTUP 和 SHUTDOWN 事件触发器时，则只能针对数据库，而不能针对具体的模式创建事件触发器。

14.4.1　创建系统事件触发器

为了演示事件触发器的创建方法，下面首先创建一个事件日志表 event_log，后面创建的事件触发器将把捕获到的事件记录在该表内。

```
SYS@orcl_dbs > CREATE TABLE event_log(
  2    eventname VARCHAR2(100),
  3    eventtime DATE DEFAULT SYSDATE,
  4    username  VARCHAR2(60)
  5  );
```

表已创建。

下面语句针对实例启动事件创建一个触发器，它把实例启动信息记录到 event_log 表内。

```
SYS@orcl_dbs > CREATE OR REPLACE TRIGGER trg_startup
  2  AFTER STARTUP ON DATABASE
  3  BEGIN
  4    INSERT INTO event_log(eventname,username)
  5      VALUES('STARTUP',USER);
  6  END trg_logon;
  7  /
```

触发器已创建

下面语句针对 books_pub 模式的 LOGON 事件创建一个触发器，它把 books_pub 用户的登录信息记录到 event_log 表内。如果需要记录数据库所有用户的登录信息，只需把 ON books_pub.SCHEMA 子句改为 ON DATABASE 即可。

```
SYS@orcl_dbs > CREATE OR REPLACE TRIGGER tri_log
  2    AFTER LOGON
  3    ON books_pub.SCHEMA
  4    BEGIN
  5      INSERT INTO event_log(eventname,username) VALUES('LOGON',USER);
  6    END;
  7    /
```

触发器已创建

在数据库实例重新启动，books_pub 用户登录连接后，均可从 event_log 中查看到这些信息：

```
SYS@orcl_dbs > SELECT * FROM event_log;

EVENTNAME                      EVENTTIME       USERNAME
------------------------------ --------------- --------------------
STARTUP                        20-11 月-12     SYS
LOGON                          20-11 月-12     BOOKS_PUB
```

14.4.2　事件属性函数

Oracle 数据库内发生系统事件或 DDL 事件之后，在触发器内可以检索触发事件的某些属性，Oracle Database 11g 定义的事件属性函数如表 14-3 所示，不同触发事件具有不同的属性，并不是每个事件都具有所有这些属性。

表 14-3 事件属性函数

事件属性	返回数据类型	说　　明
ora_client_ip_address	VARCHAR2	在 LOGON 事件中返回客户端登录数据库的 IP 地址
ora_database_name	VARCHAR2(50)	返回数据库名
ora_des_encrypted_password	VARCHAR2	返回 DES 加密后的用户密码
ora_dict_obj_name	VARCHAR2(30)	返回执行 DDL 操作的目录对象名
ora_dict_obj_name_list(name_list　OUT ora_name_list_t)	PLS_INTEGER	返回特定事件修改的数据库对象个数，参数返回事件修改的数据库对象名列表
ora_dict_obj_owner	VARCHAR2(30)	返回 DDL 操作所对应的目录对象的所有者名
ora_dict_obj_owner_list(owner_list　OUT ora_name_list_t)	PLS_INTEGER	返回特定事件所修改的数据库对象所有者的个数，参数返回所修改对象的所有者列表

事件属性	返回数据类型	说　　明
ora_dict_obj_type	VARCHAR2(20)	返回 DDL 操作对应的目录对象的类型
ora_grantee(user_list　OUT　ora_name_list_t)	PLS_INTEGER	返回授权用户的个数，参数返回授权用户列表
ora_instance_num	NUMBER	返回实例编号
ora_is_alter_column(column_name　IN　VARCHAR2)	BOOLEAN	判断特定列是否被修改
ora_is_creating_nested_table	BOOLEAN	判断是否正在建立嵌套表
ora_is_drop_column(column_name IN VARCHAR2)	BOOLEAN	判断特定列是否被删除
ora_is_servererror(error_number IN VARCHAR2)	BOOLEAN	判断是否返回了特定的 Oracle 错误
ora_login_user	VARCHAR2(30)	返回登录用户名
ora_partition_pos	PLS_INTEGER	用来确定 SQL 语句文本中插入 PARTITION 子句的位置
ora_privilege_list(privilege_list OUT ora_name_list_t)	PLS_INTEGER	返回授予或回收权限的个数，参数返回权限列表
ora_revoke(user_list OUT ora_name_list_t)	PLS_INTEGER	返回被回收权限的用户个数，参数返回被回收权限的用户列表
ora_server_error(position IN PLS_INTEGER)	NUMBER	返回错误堆栈中特定错误位置所对应的错误号
ora_server_error_depth	PLS_INTEGER	返回错误堆栈中错误信息的数量
ora_server_error_msg(position IN PLS_INTEGER)	VARCHAR2	返回错误堆栈中给定位置上的错误信息
ora_server_error_num_params(position IN PLS_INTEGER)	PLS_INTEGER	返回错误堆栈中给定位置上被替换为错误信息的字符串数量
ora_server_error_param(position IN PLS_INTEGER, param IN PLS_INTEGER)	VARCHAR2	返回错误堆栈中给定位置上特定参数号所对应的字符串替代值
ora_sql_txt(sql_text OUT ora_name_list_t)	PLS_INTEGER	返回 PL/SQL 表中 SQL 文本的元素个数，参数返回触发器语句的 SQL 文本
ora_sysevent	VARCHAR2(20)	返回激发触发器的事件名
ora_with_grant_option	BOOLEAN	判断授权是否带有 WITH GRANT OPTION 选项
space_error_info(error_number OUT NUMBER, error_type OUT　VARCHAR2,　object_owner　OUT VARCHAR2,　table_space_name　OUT VARCHAR2,　object_name　OUT VARCHAR2,　sub_object_name　OUT VARCHAR2)	BOOLEAN	判断错误是否与 out-of-space 相关，参数返回与错误相关的对象信息

14.4.3　创建 DDL 事件触发器

本节前面给出的触发器例子是针对数据库事件和特定模式内的事件，下面创建一个 DDL 事件触发器，用它禁止删除 books_pub 模式内所有对象，并把试图删除 books_pub 模式对象的用户信息记录在前面创建的 event_log 表内。

```
SYS@orcl > CREATE OR REPLACE TRIGGER trg_DDLdrop
  2     BEFORE DROP ON DATABASE
  3     DECLARE
  4       PRAGMA AUTONOMOUS_TRANSACTION;
  5     BEGIN
  6      IF ora_dict_obj_owner = 'BOOKS_PUB' THEN
  7        INSERT INTO event_log(eventname,username)
  8         VALUES('DROP ' || ora_dict_obj_type || ' ' ||
  9           ora_dict_obj_name, ora_login_user);
 10        COMMIT;
 11        RAISE_APPLICATION_ERROR(-20000,'禁止删除books_pub模式对象!');
 12      END IF;
 13    END trg_DDLdrop;
 14    /
```

触发器已创建。

在这个触发器内用到了以下几个事件属性函数：

- ora_login_user：指出调用 DROP 语句的用户名；
- ora_dict_obj_owner：所删除对象的所有者；
- ora_dict_obj_type：所删除对象的类型；
- ora_dict_obj_name：所删除对象的名称。

这里用 ora_dict_obj_owner 判断用户要删除的对象是否为 books_pub 模式对象，如果是则抛出异常，导致用户调用的语句执行失败，这也导致该触发器内执行的 INSERT INTO 语句被回滚。为了保证该 INSERT INTO 语句能够成功执行，我们在声明部分（第 4 行）把触发器内的操作定义为自治事务，从而其内的事务可以单独提交。

创建该触发器后，无论哪个用户（包括 sys 用户和 books_pub 自身）要删除 books_pub 的模式对象，均会失败而返回以下类似错误：

```
SCOTT@orcl_dbs > DROP TABLE books_pub.orders;
drop table books_pub.orders
*
```

第 1 行出现错误:

ORA-00604: 递归 SQL 级别 1 出现错误

ORA-20000: 禁止删除 books_pub 模式对象!

ORA-06512: 在 line 9

检索 event_log 表可以了解有哪些用户试图删除 books_pub 的模式对象：

```
SYS@orcl_dbs > SELECT * FROM event_log;
```

EVENTNAME	EVENTTIME	USERNAME
STARTUP	20-11 月-12	SYS
LOGON	20-11 月-12	BOOKS_PUB
DROP TABLE ORDERS	20-11 月-12	SCOTT
DROP TABLE ORDERS	20-11 月-12	BOOKS_PUB
DROP VIEW ORDERS_VIEW	20-11 月-12	BOOKS_PUB

14.5 组合触发器

组合触发器是 Oracle Database 11g 新增加的特性，是对 DML 触发器的扩展，因此它只支持 DML 操作。组合触发器可以建立在表或视图上，可在以下 4 个时序点激活：

- BEFORE STATEMENT：触发语句执行前；
- BEFORE EACH ROW：触发语句影响每一行之前；
- AFTER EACH ROW：触发语句影响每一行之后；
- AFTER STATEMENT：触发语句执行后。

所以，一个组合触发器内可以包含多达 4 个激活时序点，但至少应具备以上 4 个激活时序点中的一个。在每一个 TPS（Timing-Point Section，激活时序点部分）内，均可定义触发器的执行代码和异常处理代码，但它们只能共享一个声明区，并且在声明部分不能包含 AUTONOMOUS_TRANSACTION 伪指令。

创建组合触发器的 SQL 语句仍然是 CREATE TRIGGER，这时，其语法格式如下：

```
CREATE [OR REPLACE] TRIGGER trigger_name
FOR {INSERT | UPDATE | UPDATE OF column1[, column2, …] | DELETE}
ON table_name
COMPOUND TRIGGER
[declare_section]
[BEFORE STATEMENT IS
    BEGIN
      tps_body
    END BEFORE STATEMENT;]
[BEFORE EACH ROW IS
    BEGIN
      tps_body
    END BEFORE EACH ROW;]
[AFTER STATEMENT IS
    BEGIN
      tps_body
    END AFTER STATEMENT;]
[AFTER EACH ROW
    BEGIN
      tps_body
    END AFTER EACH ROW;]
END [trigger_name];
```

其中：

- COMPOUND TRIGGER：说明创建组合触发器；
- BEFORE STATEMENT、BEFORE EACH ROW、AFTER STATEMENT、AFTER EACH ROW：指出组合触发器的激活时序，至少要定义其中一个时序。

在电子商务系统中，订单是最重要的信息之一。所以订单的任何变化可能都需要加以记录。下面例子使用组合触发器实现这一功能，但限于篇幅，我们在组合触发器内只处理 orders 表的 UPDATE 操作，其他操作与之类似，希望读者加以完善。

针对用户的 UPDATE 操作，组合触发器：

- 在 UPDATE 语句执行前，把执行该操作的用户信息记录到本节前面创建的 event_log 表内；

● UPDATE 语句每修改一行数据之后，把订单号、修改时间和修改前、后的订购量写入 14.2 节创建的 orders_log 表内。

首先由 sys 用户为前面创建的 event_log 创建公有同义词，并把其上的所有对象权限授予所有用户：

```
SYS@orcl > CREATE PUBLIC SYNONYM event_log FOR event_log;
```

同义词已创建。

```
SYS@orcl > GRANT ALL ON event_log TO PUBLIC;
```

授权成功。

下面创建组合触发器：

```
BOOKS_PUB@orcl_dbs > CREATE OR REPLACE TRIGGER trg_orders_comp
  2  FOR UPDATE OF qty ON orders
  3  COMPOUND TRIGGER
  4  BEFORE STATEMENT IS
  5  BEGIN
  6    INSERT INTO event_log(username, eventname)
  7     VALUES(ora_login_user,'UPDATE');
  8  END BEFORE STATEMENT;
  9  AFTER EACH ROW IS
 10  BEGIN
 11  INSERT INTO orders_log(user_name,action,order_id,newqty,oldqty)
 12  VALUES(ora_login_user,'UPDATE',:NEW.order_id,:NEW.qty,:OLD.qty);
 13  END AFTER EACH ROW;
 14  END trg_orders_comp;
 15  /
```

触发器已创建。

执行 UPDATE 语句修改 orders 表后查询 event_log 表和 orders_log 表，可以看到触发器 trg_orders_comp 的修改结果：

```
BOOKS_PUB@orcl_dbs > UPDATE orders SET qty = qty + 100;
```

已更新 3 行。

```
BOOKS_PUB@orcl_dbs > SELECT * FROM event_log WHERE eventname='UPDATE';
```

EVENTNAME	EVENTTIME	USERNAME
UPDATE	21-11 月-12	BOOKS_PUB

```
BOOKS_PUB@orcl_dbs > SELECT * FROM orders_log;
```

USER_NAME	LOG_DATE	ACTION	ORDER_ID	NEWQTY	OLDQTY
BOOKS_PUB	21-11 月-12	UPDATE	141622921	250	150
BOOKS_PUB	21-11 月-12	UPDATE	141622922	300	200
BOOKS_PUB	21-11 月-12	UPDATE	141622927	300	200

......

14.6　管理触发器

触发器创建后，可以对触发器进行一系列管理操作，包括禁用与启用触发器、修改与删除触发器、重新编译触发器等。

14.6.1 禁用与启用触发器

创建触发器时，如果未特别指定，触发器处于启用状态。触发器创建后，可以在需要的时候调用 ALTER TRIGGER 语句修改其状态。该语句的语法格式为

```
ALTER TRIGGER trigger_name {ENABLE | DISABLE};
```

除此之外，我们也可以用下面语句启用或禁用某个表上的所有触发器：

```
ALTER TABLE table_name {ENABLE | DISABLE} ALL TRIGGERS;
```

14.6.2 修改与删除触发器

修改触发器就是在创建时，使用 CREATE OR REPLACE TRIGGER 语句替换原来的触发器定义。删除触发器则是使用 DROP TRIGGER 语句，其语法格式为

```
DROP TIGGER trigger_name;
```

14.6.3 重新编译触发器

触发器可能依赖于其他对象，在触发器创建后，其依赖的任何其他对象可能被删除、修改等使其变为无效状态，这导致触发器处于无效状态，需要重新编译。使用 ALTER TRIGGER...COMPILE 语句可以重新编译无效的触发器，其语法格式为

```
ALTER TRIGGER trigger_name COMPILE;
```

本章小结

本章介绍了 Oracle Database 11g 中触发器的基本概念和工作原理，详细讨论了 DML 触发器、INSTEAD OF 触发器、系统触发器和组合触发器这 4 种触发器的创建和操作，最后简要介绍了触发器的管理操作。

使用触发器可以实现复杂的数据完整性约束检查，能够将业务规则直接与数据进行绑定，防止用户规避这些规则。Oracle Database 11g 中新增的组合触发器可以提高用户在执行批量 DML 操作时的性能。触发器的功能非常强大，但是过多地依靠触发器会使得数据库难以维护。

习　　题

一、选择题

1. 下列关于:OLD 和:NEW 的描述，正确的是（　　　）。

   A. :OLD 和:NEW 可分别用来在触发器内获取旧的数据和新的数据

   B. INSERT 触发器中只能使用:OLD

   C. DELETE 触发器中只能使用:OLD

   D. UPDATE 触发器中只能使用:NEW

2. INSTEAD OF 触发器是基于（　　　）数据库对象上的触发器。

   A. 表　　　　　　　B. 视图　　　　　　C. 索引　　　　　　D. 序列

3. 系统触发器是由（　　　）触发的。

    A.　DDL 语句　　　　　　B.　DML 语句　　　C.　数据库事件　　　　D.　COMMIT

4. 禁用触发器应该使用（　　　）语句。

    A.　CREATE OR REPLACE TRIGGER　　　　　　B.　CREATE TRIGGER

    C.　DROP TRIGGER　　　　　　　　　　　　D.　ALTER TRIGGER

二、简答题

1. 简述触发器的种类和对应的作用对象、触发事件。

2. 简述在 DML 中行级触发器和语句级触发器的区别。

3. 简述 INSTEAD OF 触发器的作用。

三、实训题

1. 创建一个触发器，用于为表 books 的主键列 bookid 赋值。当有新的图书记录插入到 books 表中时，由触发器为 bookid 列赋值。

2. 创建一个触发器，用于更新 books 表的 salescount 列，当有新的订单产生，就将对应 bookid 的订购数量 qty 添加到 salescount 列中。

第 15 章
动态 SQL 操作

在第 12 章中已经介绍了，在 PL/SQL 程序块中可以直接使用 SQL 语句，但是仅限 DML 语句，这是因为 PL/SQL 采用早期绑定变量的方式进行编译。如果要使用 DDL 语句和系统控制语句，就只能通过动态 SQL 来实现。本章将介绍动态 SQL 的基本概念，以及在 PL/SQL 中使用动态 SQL 的方法。

15.1 动态 SQL

事实上，PL/SQL 程序中可以使用的 SQL 语句分为两种：静态 SQL 语句和动态 SQL 语句。在第 12 章中介绍的 SQL 语句就是静态 SQL 语句，即在 PL/SQL 块中的 SQL 语句在编译时被绑定确定下来，执行过程中不能再改变操作对象。而动态 SQL 是指在 PL/SQL 块编译时 SQL 语句是不确定的，编译程序不对动态 SQL 语句部分进行处理，而是在程序运行时动态地创建语句，对语句进行语法分析并执行该语句。

当 PL/SQL 程序中必须执行 DDL 语句，或者用户在编译时不确定 SQL 语句的全部文本、输入/输出变量的数量以及类型时，使用动态 SQL 是很好的一种解决方法。PL/SQL 提供了两种实现动态 SQL 的方法。

- 本地动态 SQL：这是 PL/SQL 的特色之一，用来创建以及执行动态 SQL 语句；
- DBMS_SQL 包：这是 Oracle 提供的包，用于创建、执行和描述动态 SQL 语句。

本地动态 SQL 比较容易实现，并且运行速度更快。但是，使用本地动态 SQL 时，必须在编译时知道动态 SQL 语句所需要的输入/输出参数的数量以及类型，否则，就只能采用 DBMS_SQL 包来实现动态 SQL。

15.2 本地动态 SQL

本地动态 SQL 的处理又分为两种方法：调用 EXECUTE IMMEDIATE 语句，或者 OPEN-FOR、FETCH 和 CLOSE 语句。前者用于处理单行 SELECT 语句、所有 DML 和 DDL 语句，后者用于处理多行 SELECT 语句。

下面分别介绍这两种方法的使用。

15.2.1 动态 SQL 处理方法一

本地动态 SQL 方法一通过调用 EXECUTE IMMEDIATE 语句来处理动态 SQL 语句，该语句的语法格式为

```
EXECUTE IMMEDIATE dynamic_sql_stmt
[INTO {variable1 [,variable2, …] | record}]
[USING [IN | OUT | IN OUT] bind_argument1[,bind_argument2, …] ]
[{RETURNING | RETURN} into_clause];
```

其中：

* dynamic_sql_stmt：要执行的 SQL 语句文本；

* INTO 子句：提供已定义的变量列表，用于保存 SELECT 语句的返回结果，当动态 SQL 语句为返回单行查询结果的 SELECT 语句时，就会使用这个子句；

* USING 子句：列出绑定参数列表，这些参数会传递到动态 SQL 语句；与存储过程中的参数模式一样，在 EXECUTE IMMEDIATE 语句内，IN、OUT 和 IN OUT 指出所传递的参数模式；如果不指定任何模式，USING 子句中所列出的参数均是输入参数；

* RETURING INTO 或 RETURN INTO 子句：包含绑定参数列表，用于将 SQL 语句执行的返回值保存到相应的变量中；实际上，如果在 EXECUTE IMMEDIATE 语句中使用该子句返回值，那么在 USING 子句中就没必要使用 OUT 参数返回值了。

我们知道在 PL/SQL 块中无法调用静态 DDL 语句，下面例子使用动态 SQL 突破这一限制。调用 EXECUTE IMMEDIATE 执行 DDL 语句，首先删除可能存在的 myemp 表，之后再创建表 myemp。接下来让用户选择从 emp 表还是 myemp 表中统计指定部门的工资总和，用动态 SQL 实现查询操作。限于篇幅，下列代码中没有检查用户输入数据的有效性：

```
SCOTT@orcl_dbs > DECLARE
  2    sql_stmt1 VARCHAR2(200);
  3    sql_stmt2 VARCHAR2(200);
  4    dept_no emp.deptno%TYPE;
  5    table_name VARCHAR2(20);
  6    salary emp.sal%TYPE;
  7    empcount NUMBER(4);
  8  BEGIN
  9    EXECUTE IMMEDIATE 'DROP TABLE myemp';
 10    dept_no := &a;
 11    --根据用户输入，构建动态 SQL 的 DDL 语句文本
 12    sql_stmt1 := 'CREATE TABLE myemp ' ||
 13           ' AS SELECT * FROM emp'  ||
 14           ' WHERE deptno = '|| dept_no;
 15    EXECUTE IMMEDIATE sql_stmt1;
 16    --用户可以选择从 emp 表或 myemp 表查询
 17    table_name := '&b';
 18    --构建动态 SQL 的 DDL 语句文本，查询的表名直接包含在文本内，
 19    --但查询条件要求作为绑定参数传入
 20    sql_stmt2 := 'SELECT SUM(sal) FROM ' || table_name ||
 21           ' WHERE deptno = :1';
 22    DBMS_OUTPUT.PUT_LINE(sql_stmt2);
 23    EXECUTE IMMEDIATE sql_stmt2
 24      INTO salary
 25      USING dept_no;
```

```
26      DBMS_OUTPUT.PUT_LINE(dept_no || '工资总和:' || salary);
27   END;
28   /
```

其执行结果为：

输入 a 的值：　**10**

输入 b 的值：　**emp**

```
SELECT SUM(sal) FROM emp WHERE deptno = :1
```

10 工资总和:8750

PL/SQL 过程已成功完成。

如果再次执行，输入不同的部门编号和表名，其执行结果如下：

```
SCOTT@orcl_dbs > /
```

输入 a 的值：　**20**

输入 b 的值：　**myemp**

```
SELECT SUM(sal) FROM myemp WHERE deptno = :1
```

20 工资总和:6775

PL/SQL 过程已成功完成。

这个例子中，sql_stmt2 定义的动态 SQL 文本中使用了占位符 ":1"，它相当于过程或函数的形式参数，使用 ":" 作为前缀。当执行动态 SQL 语句时，用 USING 子句中的绑定变量的值替换该占位符。

在本地动态 SQL 中使用绑定变量需要注意以下两点。

* DDL 语句不接受绑定参数。因此，上例中在构造 stmt1 文本时，直接把 dept_no 变量值放入其中，而不能在调用 EXECUTE IMMEDIATE 语句时使用 USING 子句传递。

* 模式对象名称不能作为绑定参数传入。上例中构造 stmt2 文本时，需要用到 table_name 和 dept_no 两个变量的值，因为模式对象名不能作为绑定参数传入，所以直接把它们放入 SQL 文本中，而在调用 EXECUTE IMMEDIATE 语句时只使用 USING 子句传递 dept_no 的值。

15.2.3　动态 SQL 处理方法二

调用 EXECUTE IMMEDIATE 语句可以执行 DDL、DML 等动态 SQL 语句，但在执行 SELECT 语句时，只能处理返回单行数据的动态 SELECT 语句。如果动态 SELECT 语句返回多行数据，就需要借助游标来实现对动态 SQL 的处理。这种处理方法分为以下 3 个步骤，下面介绍其具体实现方法。

1. 打开游标变量

这种方法用 OPEN FOR 语句将一个游标变量和动态 SQL 语句关联起来，并可选择使用其 USING 子句，在运行时向绑定参数传值。OPEN FOR 语句的语法格式为

```
OPEN cursor_variable FOR {select_statement | dynamic_string}
[USING {IN | OUT | IN OUT} bind_argument];
```

其中：

* cursor_variable：游标变量名；
* select_statement：可返回多行的 SELECT 语句；
* dynamic_string：包含 SELECT 语句的字符串变量；
* USING 子句：用来为游标查询语句中的绑定参数传值。

2. 循环获取每一行数据

完成上一步后，PL/SQL 基于游标查询语句建立游标结果集合，接下来使用 FETCH 语句从查询结果集中读取一条记录，把它保存到 PL/SQL 语句块所定义的变量中，然后把游标指针移动到下一条记录。FETCH 语句的语法格式为

```
FETCH cursor_variable INTO {variable [, variable, …] | record};
```

3. 关闭游标变量

当处理完动态 SQL 语句返回的游标结果集合后，要使用 CLOSE 语句来关闭游标变量。其语法格式为

```
CLOSE cursor_variable;
```

下面例子完整说明这种方法对动态 SQL 的处理过程。

```
SCOTT@orcl_dbs > DECLARE
  2       TYPE c_emp_typ IS REF CURSOR;
  3       v_emp_cursor c_emp_typ;
  4       v_emp_record emp%ROWTYPE;
  5       v_sql VARCHAR2(200);
  6       v_deptno NUMBER(2);
  7   BEGIN
  8       --执行时由用户输入部门编号
  9       v_deptno := &a;
 10       v_sql := 'SELECT * FROM emp WHERE deptno = :1';
 11       --用 USING 子句把用户输入的参数传递给动态 SQL
 12       OPEN v_emp_cursor FOR v_sql USING v_deptno;
 13       LOOP
 14         FETCH v_emp_cursor INTO v_emp_record;
 15         --根据游标属性的返回值控制循环是否继续
 16         EXIT WHEN v_emp_cursor%NOTFOUND;
 17         DBMS_OUTPUT.PUT_LINE (v_emp_record.empno || ' ' ||
 18           v_emp_record.ename || ' ' || v_emp_record.sal );
 19       END LOOP;
 20       CLOSE v_emp_cursor;
 21   EXCEPTION
 22       WHEN OTHERS THEN
 23       IF v_emp_cursor%ISOPEN THEN
 24         CLOSE v_emp_cursor;
 25       END IF;
 26       DBMS_OUTPUT.PUT_LINE (SQLERRM);
 27   END ;
 28   /
输入 a 的值: 20
7369 SMITH 800
7566 JONES 2975
7902 FORD 3000

PL/SQL 过程已成功完成。
```

该代码在执行时，要求用户输入变量 a 的值，指定要检索员工的部门编号。之后在 OPEN-FOR 语句中使用 USING 子句把用户输入的值传递给游标查询语句。在提取游标数据时，使用游标属性控制循环与否。

需要注意的是，在这个 PL/SQL 块的异常处理部分首先判断游标是否仍然打开，如果打开则关闭它，这样能够确保该块执行结束后游标已经关闭。

15.3 DBMS_SQL 包

如果在编写代码时不清楚 SELECT 列表，或者动态 SQL 语句所需要的输入/输出参数的数量以及类型时，就不能使用本地动态 SQL 的方法来处理动态 SQL，此时需要通过 DBMS_SQL 包中的过程和函数来执行动态 SQL 语句。

DBMS_SQL 包定义一个实体（entity）：SQL 游标号，可以在调用之间传递和存储它。DBMS_SQL 包提供了一个接口，使得用户能够在 PL/SQL 中通过动态 SQL 来解析所有 DML 和 DDL 语句。

使用 DBMS_SQL 包实现动态 SQL 的处理步骤如下。

（1）打开游标。为了处理动态 SQL 语句，必须先调用 OPEN_CURSOR 函数打开一个游标。调用该函数时，用户可以获得一个游标 ID 号，用它来指定将要处理的 SQL 语句。此处的游标不同于 PL/SQL 中定义的游标，它们是 DBMS_SQL 包特有的，是一个 INTEGER 类型的值。

（2）解析。每一个 SQL 语句必须通过 PARSE 过程进行解析，以分析检查该 SQL 语句的语法，并将该语句与某个打开的游标关联起来。

（3）绑定变量或数组。针对 SQL 语句中的每一个占位符，用户必须通过调用绑定过程——BIND_ARRAY 或 BIND_VARIABLE 为绑定变量提供值。

（4）动态定义绑定列变量。对于查询语句，需要调用 DEFINE_COLUMN、DEFINE_COLUMN_LONG 或 DEFINE_ARRAY 过程定义变量（游标中的列）以接收 SELECT 语句查询返回的值。

（5）执行。调用 EXECUTE 函数执行 SQL 语句。

（6）提取记录行。对于查询语句，要调用 FETCH_ROWS 函数从查询语句的结果集中提取记录行，此外，还可以调用 EXECUTE_AND_FETCH 函数来提高执行 SQL 语句的效率，它同时完成执行和提取。

（7）定义返回值的变量或列。对于查询语句，调用 COLUMN_VALUE 过程返回由 FETCH_ROWS 函数提取的列值。对于匿名 PL/SQL 块中包含有调用 PL/SQL 过程或 DML 语句时，则调用 VARIABLE_VALUE 过程来返回输出变量的值。

（8）关闭游标。操作完毕后，需要调用 CLOSE_CURSOR 来关闭游标。

提示：上述 8 个步骤中，只有查询语句才执行第（4）步、第（6）步和第（7）步。

下面通过例子说明 DBMS_SQL 包的处理方式。

【例 1】 依据用户的要求删除相应的员工记录。首先创建一个存储过程：

```
SCOTT@orcl_dbs > CREATE OR REPLACE PROCEDURE del_info (p_sql VARCHAR2)
  2 AS
  3   cursor_name INTEGER;
  4   v_ret INTEGER;
  5 BEGIN
  6   cursor_name := DBMS_SQL.OPEN_CURSOR;
  7   DBMS_SQL.PARSE(cursor_name, p_sql, DBMS_SQL.NATIVE);
  8   v_ret := DBMS_SQL.EXECUTE (cursor_name);
  9   DBMS_SQL.CLOSE_CURSOR (cursor_name);
 10   DBMS_OUTPUT.PUT_LINE('本次操作共处理了' || v_ret || '行记录');
 11 END del_info;
```

12 /

过程已创建。

本例中的处理过程如下。

- 步骤（1）：程序中第 6 行调用 OPEN_CURSOR 过程，打开游标。
- 步骤（2）：程序中第 7 行调用 PARSE()过程，将 DBMS_SQL 包的游标 cursor_name 与待执行的 SQL 语句 p_sql 关联起来，参数 DBMS_SQL.NATIVE 用来说明应用程序连接数据库的状态。
- 步骤（5）：程序中第 8 行调用 EXECUTE()函数执行 SQL 语句，并将处理的数据行数返回给变量 v_ret。
- 步骤（8）：程序第 9 行调用 CLOSE_CURSOR()过程关闭处理完毕的游标。

创建了该存储过程后，可以根据用户的需求动态执行不同的 SQL 语句。注意，本例中能执行的 SQL 语句可以是 DML 语句，也可以是 DDL 语句，但是不能包含占位符。如果包含绑定变量，需要修改程序：在第 8 行的 EXECUTE 之前调用 BIND_VARIABLE 进行输入参数的绑定。关于 BIND_VARIABLE 的使用见后面的例 2。

接下来调用该存储过程执行动态 SQL，以删除员工信息：

```
SCOTT@orcl_dbs > EXECUTE del_info('DELETE FROM emp WHERE ename LIKE ''S%''');
```

执行结果为

本次操作共处理了 1 行记录

PL/SQL 过程已成功完成。

【例 2】 从 books 表中检索出书价高于指定价格（由过程参数 p_price 指定）的图书记录，然后插入到指定的临时表（表名由 d_table 参数指定，该表需要事先创建）中。

```
BOOKS_PUB@orcl_dbs > CREATE OR REPLACE PROCEDURE query_info (
 2  p_price IN NUMBER, d_table IN VARCHAR2)
 3  IS
 4    s_cursor_name INTEGER;
 5    d_cursor_name INTEGER;
 6    v_ret INTEGER;
 7    b_id VARCHAR2(10);
 8    b_name VARCHAR2(60);
 9    b_author VARHCAR2(50);
10    b_price NUMBER(8, 2);
11  BEGIN
12    s_cursor_name := DBMS_SQL.OPEN_CURSOR;
13    DBMS_SQL.PARSE (s_cursor_name, 'SELECT * FROM books' ||
14    ' WHERE price > :x', DBMS_SQL.NATIVE);
15    DBMS_SQL.BIND_VARIABLE(s_cursor_name, ':x', p_price);
16
17    DBMS_SQL.DEFINE_COLUMN(s_cursor_name, 1, b_id, 10);
18    DBMS_SQL.DEFINE_COLUMN(s_cursor_name, 2, b_name, 60);
19    DBMS_SQL.DEFINE_COLUMN(s_cursor_name, 3, b_author, 50);
20    DBMS_SQL.DEFINE_COLUMN(s_cursor_name, 4, b_price);
21    v_ret:=DBMS_SQL.EXECUTE(s_cursor_name);
22
23    d_cursor_name := DBMS_SQL.OPEN_CURSOR;
24    DBMS_SQL.PARSE(d_cursor_name, 'INSERT INTO ' || d_table ||
25    ' VALUES (:bid_bind, :bname_bind, :bauthor_bind, :bprice_bind)',
26    DBMS_SQL.NATIVE);
27    LOOP
```

```
28     IF DBMS_SQL.FETCH_ROWS(s_cursor_name) >0 THEN
29       DBMS_SQL.COLUMN_VALUE(s_cursor_name, 1, b_id);
30       DBMS_SQL.COLUMN_VALUE(s_cursor_name, 2, b_name);
31       DBMS_SQL.COLUMN_VALUE(s_cursor_name, 3, b_author);
32       DBMS_SQL.COLUMN_VALUE(s_cursor_name, 4, b_price);
33
34       DBMS_SQL.BIND_VARIABLE(d_cursor_name, ':bid_bind', b_id);
35       DBMS_SQL.BIND_VARIABLE(d_cursor_name, ':bname_bind',b_name);
36       DBMS_SQL.BIND_VARIABLE(d_cursor_name, ':bauthor_bind',
37       b_author);
38       DBMS_SQL.BIND_VARIABLE(d_cursor_name, ':bprice_bind',
39       b_price);
40
41       v_ret := DBMS_SQL.EXECUTE(d_cursor_name);
42     ELSE
43       EXIT;
44     END IF;
45   END LOOP;
46   COMMIT;
47   DBMS_SQL.CLOSE_CURSOR(s_cursor_name);
48   DBMS_SQL.CLOSE_CURSOR(d_cursor_name);
49 END query_info;
50 /
```

过程已创建。

例 2 中除了执行例 1 中的 4 个处理步骤外，还执行了以下步骤。

● 步骤（3）：程序中第 15 行调用 BIND_VARIABLE 过程绑定输入参数，因为第 13 行、第 14 行的 SELECT 语句中包含了占位符 ":x"，所以必须调用该过程处理动态 SQL 语句中的占位符。

● 步骤（4）：程序中第 17~20 行调用 DEFINE_COLUMN 过程定义用于保存提取出来的列数据的变量。

● 步骤（6）：程序中第 28 行调用 FETCH_ROWS 函数从查询语句的结果集中提取记录行。

● 步骤（7）：程序中第 29~32 行调用 COLUMN_VALUE 过程将 FETCH_ROWS 函数提取的列值赋值给变量；然后，程序中第 34~38 行调用 BIND_VARIABLE 过程，把已经赋值的变量和待插入数据的目标表的绑定变量（如:bid_bind）关联起来，以便将这些数据插入到目标表中。

该存储过程实现了根据用户提供要操作的表名，然后将查询得到的数据插入到表中。

本章小结

本章介绍了 Oracle Database 11g 中动态 SQL 的操作，动态 SQL 是指在 PL/SQL 块编译时 SQL 语句是不确定的，编译时不对动态 SQL 语句部分进行处理，而是在程序运行时动态地创建语句，对语句进行语法分析并执行该语句。Oracle Database 11g 提供了两种操作动态 SQL 的方法：本地动态 SQL 和 DBMS_SQL 包处理方法。

在下列情况下必须使用本地动态 SQL 处理方法：

- 要求动态 SQL 把行数据检索到记录变量；
- 在执行 INSERT、UPDATE、DELETE 或单行 SELECT 类型的动态 SQL 语句后需要检索 SQL 游标属性%FOUND、%ISOPEN、%NOTFOUND 或%ROWCOUNT 时。

而在下面情况下，则必须使用 DBMS_SQL 包处理动态 SQL：

- 运行时才知道 SELECT 列表；
- 运行时才知道 SELECT 或 DML 语句内要绑定的占位符。

习　题

一、选择题

1. 在 PL/SQL 程序块中，执行（　　　）语句时必须要使用动态 SQL。

　　A．SELECT　　　　　　B．DML　　　　　　C．DCL　　　　　　D．DDL

2. PL/SQL 中提供的实现动态 SQL 的方法有（　　　）。

　　A．本地动态 SQL　　　B．DBMS_SQL 包　　C．批绑定　　　　D．批处理

3. DBMS_SQL 包中用来执行 SQL 语句的函数是（　　　）。

　　A．OPEN_CURSOR　　　　　　　　　　B．PARSE

　　C．EXECUTE　　　　　　　　　　　　D．EXECUTE_AND_FETCH

二、简答题

1. 简述静态 SQL 和动态 SQL 的区别和联系。

2. 利用 DBMS_SQL 包实现动态 SQL 处理的过程是什么？

三、实训题

1. 创建一个存储过程，使用动态 SQL 根据订单 ID 返回相应图书编号、图书名称和订购总价信息。

2. 创建一个存储过程，使用动态 SQL 更新给定价格以上的图书价格，并输出更新后的图书信息。

第16章
对象

从 Oracle 8i 开始，面向对象技术就被引入到了 Oracle 数据库系统中，在随后发布的产品中进一步改进了对象的特性。Oracle 的对象体系遵从面向对象思想的基本特征，采用对象类型来描述实体，类似于 C++、Java 中类的概念，用户可以定义对象类型以及方法、对象表、对象—关系表、对象视图等。本章将介绍 Oracle 数据库中对象类型的创建和使用、对象表的使用、对象类型的继承与重载、大对象的使用等。

16.1　对象概述

对象是一组数据和操作的封装，对象的抽象就是类。面向对象的主要特征如下。

- 封装。通过对数据和操作的封装，使得用户只能看到对象的外特性，即对象能接收哪些消息以及具有哪些处理能力；而对象的内特性则隐藏到对象内部，这样便于用户使用和维护。

- 继承。继承是子类自动共享父类之间数据和方法的机制，由类的派生功能体现。通过对象的继承可以增强程序的可扩展性，适合大型项目的开发。

- 多态。同一操作在运行时刻由不同的对象来引用，其执行结果是不一样的，这一特性称之为多态。

在 Oracle 数据库系统中，对象是对象类型的一个实例；对象类型是一种结构，它定义了一个属性集和在这些属性上进行的操作，即方法。对象类型的一个简单例子是表示图书的类型，这个对象类型中包含的属性包括图书的 ID 号、名称、类别、作者、价格等。作者本身也可以是对象类型，其中可以保存姓、名、电话、地址等属性。而地址又可以是一个对象类型，其中可以保存省、市、区、街道、邮编等信息。当用户声明并初始化图书对象类型的一个变量时，对象就实例化了。下面以图书、作者和地址的对象类型为例，介绍对象类型的创建和使用，如何在 SQL 和 PL/SQL 中根据这些对象类型创建表以及如何用实际的对象填充这些表等操作。

16.2　创建对象类型

对象类型描述了与特殊种类对象关联的属性和方法，其创建包括两个方面。

- 对象类型头。包括对象类型的属性及其成员方法的说明，使用 CREATE OR REPLACE TYPE…AS OBJECT 语句创建。
- 对象类型体。包括对象类型具体的实现，使用 CREATE TYPE BODY…语句创建。对象类型体是可选的，如果在对象类型头没有声明成员方法，则不需要创建对象类型体。

创建对象类型头的语法如下：

```
CREATE [OR REPLACE] TYPE [schema.]type_name [FORCE]
[AUTHID {CURRENT_USER | DEFINER}]
{IS|AS} OBJECT | UNDER supertype [EXTERNAL NAME java_ext_name LANGUAGE JAVA USING
{SQLData | CustomDatum | OraData}] (
attribute1 datatype1 [sqlj_object_type_attr]
[, attribute2 datatype2 [sqlj_object_type_attr], …] |
[, element_spec, …]
)[ [NOT] {FINAL | INSTANTIABLE}];
```

其中：

- type_name 为对象类型名；
- AUTHID CURRENT_USER|DEFINER 子句指定对象类型的执行权限，是 CURRENT_USER（当前用户），还是 DEFINER（所有者）；
- EXTERNAL NAME 子句用于创建一个 SQLJ 对象类型，通过 SQLJ 对象类型，用户可以把一个 Java 类映射到用户定义的 SQL 类型；
- attribute 为属性名；
- sqlj_object_type_attr 子句用于说明与 SQLJ 对象类型的属性对应的 Java 域中的外部名称；
- element_spec 声明对象类型的方法；
- UNDER 子句、NOT FINAL | INSTANTIABLE 子句为对象类型的继承特性。

创建对象类型体的语法如下：

```
CREATE [OR REPLACE] TYPE BODY [schema.]type_name
{IS|AS}
{
{PROCEDURE name [(parameter_declaration)] {IS|AS}
  [declare_section;]
BEGIN
  statement;
EXCEPTION
  exception_handler;
END [name]; |
FUNCTION name [(parameter_declaration)] RETURN datatype
{IS|AS}
  [declare_section;]
BEGIN
  statement;
EXCEPTION
  exception_handler;
END [name]; |
[FINAL] [INSTANTIABLE] CONSTRUCTOR FUNCTION datatype [([SELF IN OUT
datatype, ]parameter datatype, …)]
RETURN SELF AS RESULT
{IS|AS}
  [declare_section;]
BEGIN
  statement;
```

```
EXCEPTION
  exception_handler;
END ;} | {MAP|ORDER} MEMBER function_decl_in_type
}
END;
```

其中：

- PROCEDURE、FUNCTION|、CONSTRUCTOR FUNCTION 为对象类型方法的具体实现，即过程、函数；

- MEMBER 关键字用来定义对象类型中需要访问的特定对象实例的方法，MEMBER 方法只能由对象实例调用，不能由对象类型调用。

下面通过例子进一步理解对象类型的创建。

例如，在第 11 章的"对象视图"中已经创建了地址对象类型，其属性分别为 addr（街道和门牌号）、city（城市）、state（省/州）和 zip（邮政编码）。

```
BOOKS_PUB@orcl_dbs > CREATE OR REPLACE TYPE address_type AS OBJECT(
  2     addr VARCHAR2(50),
  3     city VARCHAR2(20),
  4     state CHAR(10),
  5     zip CHAR(10))
  6  /
```

这个对象类型的定义是最简单的一种，其中的每一个属性都是用一种基本数据类型定义的，如 addr 定义为 VARCHAR2(50)类型。事实上，属性本身的类型也可以是对象类型，看下面的例子。

例如，创建作者对象类型，其属性分别为 author_id（作者 ID）、author_fname（名）、author_lname（姓）、phone（电话）和 address（地址）。

```
BOOKS_PUB@orcl_dbs > CREATE OR REPLACE TYPE author_type AS OBJECT(
  2     author_id VARCHAR2(15),
  3     author_fname VARCHAR2(20),
  4     author_lname VARCHAR2(40),
  5     phone CHAR(20),
  6     address address_type)
  7  /
```

类型已创建。

上面的例子中，address 属性的类型是一个对象类型 address_type。接下来，再看一个更为复杂的对象类型定义的例子。

例如，创建图书对象类型。

```
BOOKS_PUB@orcl_dbs > CREATE OR REPLACE TYPE book_type AS OBJECT (
  2     book_num NUMBER(6),
  3     book_name VARCHAR2(60),
  4     book_category CHAR(10),
  5     author author_type,
  6     publish VARCHAR2(50),
  7     price NUMBER(8,2),
  8     content VARCHAR2(2000),
  9     MEMBER FUNCTION get_sell_count (p_bnum NUMBER) RETURN NUMBER)
 10  /
```

类型已创建。

这个例子中，除了定义对象类型的属性外，还声明了一个成员方法 get_sell_count，此时，就必须创建对象类型体，以定义方法的具体实现。下面语句创建对象类型体，实现 book_type 对象类型方法 get_sell_count 的定义。

```
BOOKS_PUB@orcl_dbs > CREATE OR REPLACE TYPE BODY book_type AS
  2  MEMBER FUNCTION get_sell_count (p_bnum NUMBER) RETURN NUMBER
  3    IS
  4      CURSOR c_qty IS
  5        SELECT qty FROM orders WHERE book_id=p_bnum;
  6      v_count NUMBER(38) := 0;
  7    BEGIN
  8      FOR c_q IN c_qty LOOP
  9        v_count := v_count + c_q.qty;
 10      END LOOP;
 11      RETURN v_count;
 12    END;
 13 END;
 14 /
```

类型主体已创建。

该对象类型方法 get_sell_count 的实现中，通过游标的操作返回用户指定的图书销售量。用户可以通过调用对象类型 book_type 的该方法来获得信息，对象类型方法的调用采用 object_variable.method()形式。下面通过例子演示如何调用对象类型的成员方法。

```
BOOKS_PUB@orcl_dbs > DECLARE
  2    o_book book_type;
  3    v_bnum NUMBER(6);
  4  BEGIN
  5    v_bnum := &bnum;
  6    o_book := book_type(null, null, null, null, null, null, null);
  7    DBMS_OUTPUT.PUT_LINE ('图书' || v_bnum || '的销售量为：'
  8    ||o_book.get_sell_count(v_bnum));
  9  END;
 10 /
```

运行结果如下：

输入 bnum **的值：** **10000**

原值   5： v_bnum := &bnum;

新值   5： v_bnum := 10000;

图书 10000 **的销售量为：** 151000

PL/SQL 过程已成功完成。

在上面的 PL/SQL 块中首先声明了对象类型 book_type 的一个实例 o_book，然后在执行部分通过构造函数 book_type()对该对象进行了初始化。如果对象类型的成员方法不带参数，则在调用该方法时可以省略方法后面的括号，也可以给出一个空的括号。

一旦创建了对象类型，可以使用 DESC[RIBE]命令来查看对象类型的定义信息。例如：

```
BOOKS_PUB@orcl_dbs > DESC address_type
名称                      是否为空？ 类型
-------------------- --------------- --------------------
ADDR                                 VARCHAR2(50)
CITY                                 VARCHAR2(20)
STATE                                CHAR(10)
```

ZIP   CHAR(10)

16.3　对象的使用

在 Oracle 数据库中创建了对象类型后，可以在数据表中定义列时将对象类型持久地存储在数据库中，并且使用 SQL 语句对它们进行操作。本节将详细介绍 Oracle 数据库中对象类型的使用，包括表中使用对象和 PL/SQL 块中使用对象。

16.3.1　数据库表中使用对象

数据库表中使用对象主要有 3 种方式：

- 定义列的类型为对象类型，此时将存储在该列中的对象称为列对象；
- 定义表的一行为对象类型，这种表被称作对象表；
- 使用对象引用对象表中的行对象，这种引用被称作对象引用（REFS）。

下面分别介绍这 3 种对象类型的使用。

1. 列对象

如果在一个基本关系表中除了基本的数据库类型列以外，还包含一个或多个对象类型的列定义，此时向表中插入数据，必须使用构造函数为新的对象提供属性值。

例如，创建一个 ol_books 表，包含一列 book，其类型为 book_type。然后，使用 INSERT 语句向 books 表中插入 3 条记录。

```
BOOKS_PUB@orcl_dbs > CREATE TABLE ol_books (
  2    book book_type,
  3    adv INTEGER
  4  );
```

表已创建。

```
BOOKS_PUB@orcl_dbs > INSERT INTO ol_books (book, adv)
  2  VALUES (book_type(100001, '数据库原理', 'XX-COM',
  3  author_type('810001', '伟', '高', '010-67392101', address_type(
  4    '北区二里 200 号 101 室','北京','北京','101000')), '清华大学出版社',
  5    40.8, '该书系统地介绍了…'), 500000);
```

已创建 1 行。

```
BOOKS_PUB@orcl_dbs > INSERT INTO ol_books (book, adv)
  2  VALUES (book_type(100002, 'Oracle 10g 入门与提高', 'XX-COM',
  3    author_type('810002', '鸿远','陈','021-85213901', address_type(
  4    '西藏路 1200 号 1501 室','上海','上海','211050')),'电子科技出版社',
  5    35.9, '该书系统地介绍了…'), 120000);
```

已创建 1 行。

```
BOOKS_PUB@orcl_dbs > INSERT INTO ol_books (book, adv)
  2    VALUES (book_type(100003, '离散数学', 'ZR-MATH',
  3    author_type('710012','明','李', '010-88675656', address_type(
  4    '平乐园 12 号 510 室','北京','北京','101000')),'高等教育出版社',35.8,
```

```
   5      '该书系统地介绍了…'), 30000);
```

已创建 1 行。

上面的 INSERT 语句中使用了对象类型的构造函数（book_type()、author_type() 和 address_type()）为 book 列对象提供属性值。针对这种表的查询需要注意，列对象的前面必须添加表别名作为前缀。例如：

```
BOOKS_PUB@orcl_dbs > SELECT  ol.book.book_name
  2  FROM ol_books ol
  3  WHERE ol.book.book_num=100002;

BOOK.BOOK_NAME
------------------------------------------------------------
Oracle 10g 入门与提高
```

2．对象表

对象表是由组成整个数据库行的行对象组成的，即使用对象类型定义整个表。创建对象表的语法为

```
CREATE TABLE table_name OF object_type_name;
```

其中：

- table_name 为将要创建的表的名字；
- object_type_name 为对象表基于的对象类型的名称。

例如，创建一个名为 ob_books 的对象表以及名为 ob_address 的对象表，它们分别存储 book_type 类型的对象和 address_type 类型的对象。

```
BOOKS_PUB@orcl_dbs > CREATE TABLE ob_books OF book_type;
```

表已创建。

```
BOOKS_PUB@orcl_dbs > CREATE TABLE ob_address OF address_type;
```

表已创建。

下面通过例子演示对象表的 DML 操作。这些代码首先向对象表 ob_books 插入 3 条记录，然后执行查询、修改和删除的操作。

```
BOOKS_PUB@orcl_dbs > INSERT INTO ob_books
  2  VALUES (book_type(100001, '数据库原理', 'XX-COM',
  3    author_type('810001', '伟', '高', '010-67392101', address_type(
  4    '北区二里 200 号 101 室', '北京', '北京', '101000')), '清华大学出版社',
  5    40.8, '该书系统地介绍了…'));
```

已创建 1 行。

```
BOOKS_PUB@orcl_dbs > INSERT INTO ob_books (book_num, book_name,
  2  book_category, author, publish, price, content)
  3  VALUES (100002, 'Oracle 10g 入门与提高', 'XX-COM',
  4    author_type('810002', '鸿远', '陈', '021-85213901', address_type(
  5    '西藏路 1200 号 1501 室', '上海', '上海', '211050')), '电子科技出版社',
  6    35.9, '该书系统地介绍了…');
```

已创建 1 行。

```
BOOKS_PUB@orcl_dbs > INSERT INTO ob_books (book_num, book_name,
```

```
  2    book_category, author, publish, price, content)
  3    VALUES (100003, '离散数学', 'ZR-MATH', author_type('710012','明',
  4     '李', '010-88675656', address_type('平乐园 12 号 510 室', '北京',
  5     '北京', '101000')), '高等教育出版社', 35.8, '该书系统地介绍了…');
```

已创建 1 行。

由上面的插入操作可知，向对象表插入记录可以采用两种方式：

- 通过构造函数提供对象属性值，如第 1 条记录的插入；
- 直接提供列值，如第 2 条和第 3 条记录的插入。

接下来，从对象表 ob_books 中检索数据。

```
BOOKS_PUB@orcl_dbs > SELECT book_num, book_name,
  2    ob.author.author_lname || ob.author.author_fname AS "作者"
  3    FROM ob_books ob
  4    WHERE book_num = 100002;
```

```
BOOK_N    BOOK_NAME                               作者
------    --------------------------------        ------------------
100002    Oracle 10g 入门与提高                    陈鸿远
```

除了直接列出对象表的属性进行检索外，还可以使用 Oracle 数据库内置的 VALUE() 函数从对象表中查询记录。例如：

```
BOOKS_PUB@orcl_dbs > SELECT VALUE(ob), VALUE(ob).book_num,
  2    VALUE(ob).book_name, VALUE(ob).price
  3    FROM ob_books ob;
```

接下来修改对象表 ob_books 中指定图书的价格：

```
BOOKS_PUB@orcl_dbs > UPDATE ob_books
  2    SET price = price * 1.2
  3    WHERE book_num = 100002;
```

与普通的关系表一样，对象表的删除操作也是使用 DELETE。

```
BOOKS_PUB@orcl_dbs > DELETE FROM ob_books
  2    WHERE book_num = 100002;
```

3. 对象引用

在 Oracle Database 中，关系表的每一行都有一个 ROWID，同样，对象表中的每一个行对象也有一个唯一的对象标识符 OID。OID 是由 Oracle 产生、具有唯一性且不能被修改的 16 位的列，可以通过 REF() 函数检索对象的 OID。

通常，将 OID 存储在一个对象引用中，这样就可以访问它引用的对象。Oracle 提供了一个 REF 内置数据类型，它用来定义对象引用。其语法格式为

```
variable_name REF object_type_name;
```

下面通过例子说明对象引用的使用。首先，创建一个表 oref_authors，它包含一个对象引用列 address。

```
BOOKS_PUB@orcl_dbs > CREATE TABLE oref_authors(
  2    author_id VARCHAR2(15) PRIMARY KEY,
  3    author_fname VARCHAR2(20) NOT NULL,
  4    author_lname VARCHAR2(40) NOT NULL,
  5    phone CHAR(20),
  6    address REF address_type SCOPE IS ob_address
  7    );
```

表已创建。

使用 REF 定义的对象引用，实际上是定义了一个指向对象表中行对象的指针。该例中对象引用列 address 就指向对象表 ob_address 中存储的对象，SCOPE IS 子句显式地将对象引用限制在指向特定表中的对象上。采用对象引用的方式可以保证数据不被复制，也可以保证对主表所做的修改能够立即传递到其共享对象中。为了说明如何向具有对象引用列的表中插入数据，下面首先向前面创建的对象表 ob_address 中插入两条记录：

```
BOOKS_PUB@orcl_dbs > INSERT INTO ob_address VALUES(
  2   address_type('北区二里 200 号 101 室', '北京', '北京', '101000'));

已创建 1 行。
BOOKS_PUB@orcl_dbs > INSERT INTO ob_address VALUES(
  2   address_type('西藏路 1200 号 1501 室','上海','上海','211050') );

已创建 1 行。
```

接下来向具有对象引用列的表 oref_authors 中插入数据，并查询：

```
BOOKS_PUB@orcl_dbs > INSERT INTO oref_authors
  2   VALUES ('810001', '伟', '高', '010-67392101', (SELECT REF(oba)
  3     FROM ob_address oba WHERE zip = '101000'));

已创建 1 行。
BOOKS_PUB@orcl_dbs > INSERT INTO oref_authors
  2   VALUES ('810002', '鸿远', '陈', '021-85213901', (SELECT REF(oba)
  3     FROM ob_address oba WHERE zip = '211050'));

已创建 1 行。
BOOKS_PUB@orcl_dbs > SELECT author_id, address FROM oref_authors;

AUTHOR_ID   ADDRESS
--------    ----------------------------------------------------------------------------
810001      00002202087463BCBE88164EC2B97102D0CACA6861F62B5A23B38F40828A418656E2CBBD7D
810002      0000220208886488202104ADA790F423E85FD30381F62B5A23B38F40828A418656E2CBBD7D
```

注意上面查询结果中 address 列的值，这一串字母和数字就是对象的 OID。如果对象引用指向的对象不存在，则该值为空。

要想检索出对象引用中的实际对象，也就是作者的具体地址，需要调用 DEREF()函数。例如：

```
BOOKS_PUB@orcl_dbs > SELECT author_id, DEREF(address) FROM oref_authors;

AUTHOR_ID   DEREF(ADDRESS)(ADDR, CITY, STATE, ZIP)
---------   ----------------------------------------------------------------------------
810001      ADDRESS_TYPE('北区二里 200 号 101 室', '北京', '北京       ', '101000    ')
810002      ADDRESS_TYPE('西藏路 1200 号 1501 室', '上海', '上海       ', '211050    ')
```

16.3.2 PL/SQL 中使用对象

对象类型创建后，除了可以直接在 SQL 语句中使用外，还可以在 PL/SQL 程序中使用。用户可以在 PL/SQL 程序中声明对象类型的变量，然后在执行部分对这些变量以及对象表、列对象进行操作，其操作的方式与普通变量和关系表的操作方式类似。下面例子说明 PL/SQL 中如何使用对象，它创建一个存储过程，显示 ob_books 表中对象的属性值。

```
BOOKS_PUB@orcl_dbs > CREATE OR REPLACE PROCEDURE get_books (
```

```
 2      p_bid IN ob_books.book_num%TYPE)
 3  AS
 4    v_book book_type;
 5  BEGIN
 6    SELECT VALUE(ob) INTO v_book
 7      FROM ob_books ob
 8      WHERE book_num = p_bid;
 9    DBMS_OUTPUT.PUT_LINE('图书编号为: ' || v_book.book_num);
10    DBMS_OUTPUT.PUT_LINE('图书名称为: ' || v_book.book_name);
11    DBMS_OUTPUT.PUT_LINE('作者为: ' || v_book.author.author_lname ||
12        v_book.author.author_fname);
13    DBMS_OUTPUT.PUT_LINE('价格为: ' || v_book.price);
14  END get_books;
15  /
```

过程已创建。

当调用该过程时,可以根据用户指定的图书编号显示出相应的图书信息。例如:

```
BOOKS_PUB@orcl_dbs > EXECUTE get_books(100001)
图书编号为: 100001
图书名称为: 数据库原理
作者为: 高伟
价格为: 40.8
```

PL/SQL 过程已成功完成。

从上面的例子中可以看出,在 PL/SQL 中使用对象跟在 SQL 语句中直接操作对象类似,用户除了可以通过 SELECT 语句检索对象,也可以使用 INSERT、UPDATE 和 DELETE 进行插入、修改和删除的操作。关于这些 DML 的操作请读者自己去练习。

16.4　继承与重载

从 Oracle Database 9i 开始引入了对象类型继承。对象继承就是指两个或两个以上的对象,其中一个对象是另一个对象的子对象,它拥有其父对象类型的公用属性和方法。此外,子对象类型还可以定义自己的私有属性和方法。

重载是使过程或函数处理不同类型数据或接收不同个数参数的一种方法。本节将介绍 Oracle Database 11g 中对象类型的继承和方法重载的实现及维护。

16.4.1　对象继承

对象通过继承可以实现对象类型的层次结构,子类型不仅可以从其直接父类型中继承属性和方法,也可以继承层次结构中所有父类型的全部属性和方法。要实现对象类型的继承,就必须在父类型的定义中使用 NOT FINAL 子句。默认情况下,用户定义的对象类型是 FINAL,即表示该对象类型不能被继承。下面通过例子说明对象类型的继承方法。

这个例子修改 16.2 节中图书对象类型的定义,以该对象类型为父类型,建立其子类型并实现相应的操作。

```
BOOKS_PUB@orcl_dbs > CREATE OR REPLACE TYPE books_type AS OBJECT (
  2    book_num NUMBER(6),
  3    book_name VARCHAR2(60),
  4    book_category CHAR(10),
  5    author author_type,
  6    publish VARCHAR2(50),
  7    price NUMBER(8,2),
  8    content VARCHAR2(2000),
  9    MEMBER FUNCTION get_sell_count (p_bid NUMBER) RETURN NUMBER
 10  ) NOT FINAL
 11  /
```

类型已创建。

```
BOOKS_PUB@orcl_dbs > CREATE OR REPLACE TYPE BODY books_type AS
  2    MEMBER FUNCTION get_sell_count (p_bid NUMBER) RETURN NUMBER
  3      IS
  4        CURSOR c_qty IS
  5          SELECT qty FROM orders WHERE book_id=p_bid;
  6        v_count NUMBER(38)  := 0;
  7      BEGIN
  8        FOR c_q IN c_qty LOOP
  9          v_count := v_count + c_q.qty;
 10        END LOOP;
 11        RETURN v_count;
 12      END;
 13  END;
 14  /
```

类型主体已创建。

上面的定义中添加了 NOT FINAL 子句，说明 books_type 对象类型可以被继承，其成员函数 get_sell_count 的实现见 16.2 节 book_type 类型中的同名方法。接下来建立父类型 books_type 的一个子类型 tech_book_type，它是技术类图书，对 books_type 类型进行扩展，增加 ISBN、advance、pub_date 等属性，此外还有一个用于获取图书信息的私有方法。

```
BOOKS_PUB@orcl_dbs > CREATE OR REPLACE TYPE tech_book_type
  2  UNDER books_type
  3  ( ISBN VARCHAR2(20),
  4    advance NUMBER,
  5    pub_date DATE,
  6    MEMBER FUNCTION get_info RETURN VARCHAR2)
  7  /
```

类型已创建。

子类型的定义中必须使用 UNDER 子句，指定其父类型，这样子类型才能从父类型中继承属性和方法。由于在建立子类型 tech_book_type 时定义了成员方法 get_info，所以必须定义对象类型体，以实现该方法。

```
BOOKS_PUB@orcl_dbs > CREATE OR REPLACE TYPE BODY tech_book_type AS
  2    MEMBER FUNCTION get_info RETURN VARCHAR2
  3      IS
  4      BEGIN
  5      RETURN ('图书编号: ' || book_num || ' ' || '图书名称: ' || book_name||
```

```
6        ' ' || '作者: ' || author.author_lname || author.author_fname ||
7        ' ' || '发行编号: ' || ISBN || ' ' || '印刷数量: ' || advance);
8      END;
9    END;
10   /
```

类型主体已创建。

为了说明继承的特性，下面创建名为 ob_tech_book 的对象表，并对该对象表进行操作。

```
BOOKS_PUB@orcl_dbs > CREATE TABLE ob_tech_book OF tech_book_type;
BOOKS_PUB@orcl_dbs > INSERT INTO ob_tech_book
2   VALUES (100001, '数据库原理', 'XX-COM', author_type('810001',
3     '伟', '高', '010-67392101', address_type('北区二里 200 号 101 室',
4     '北京', '北京', '101000')), '清华大学出版社', 40.8, '该书详细介绍了……',
5     '978-7-302-18589-5', 500000, '2-3 月-08');
```

已创建 1 行。

```
BOOKS_PUB@orcl_dbs > INSERT INTO ob_tech_book
2   VALUES (100002, 'Oracle 10g 入门与提高', 'XX-COM',
3     author_type('810002', '鸿远', '陈', '021-85213901', address_type(
4     '西藏路 1200 号 1501 室', '上海', '上海','211050')),'电子科技出版社',
5     35.9, '该书详细介绍了……', '7-302-09064-5', 320000, '1-7 月-06');
```

已创建 1 行。

接下来，通过 PL/SQL 程序调用上面的对象方法以输出数据。

```
BOOKS_PUB@orcl_dbs > DECLARE
2      v_tech_book tech_book_type;
3    BEGIN
4      SELECT VALUE(ob) INTO v_tech_book
5      FROM ob_tech_book ob
6      WHERE ob.book_num = &&p_bid;
7      DBMS_OUTPUT.PUT_LINE(v_tech_book.get_info);
8      DBMS_OUTPUT.PUT_LINE('销售量为: ' ||
9        v_tech_book.get_sell_count(&p_bid));
10   END;
11   /
```

输入 p_bid 的值: **100001**

原值	6:	WHERE ob.book_num = &&p_bid;
新值	6:	WHERE ob.book_num = 100001;
原值	9:	v_tech_book.get_sell_count(&p_bid));
新值	9:	v_tech_book.get_sell_count(100001));

图书编号:100001　图书名称:数据库原理　作者:高伟　发行编号:978-7-302-18589-5　印刷数量:500000
销售量为: 151000

从上面的例子可以看出，子类型 tech_book_type 完全继承了父类型 books_type 的全部属性和方法。当调用对象类型中的方法时，Oracle 先搜索子类型中的此方法，如果没有找到，则搜索父类型；如果还是没有找到，则会沿着对象类型的层次化结构一直往上搜索，直到找到，否则将返回一个错误。

16.4.2 方法重载

在子类型中定义一个与父类型中同名但具有不同参数列表的方法，可以实现对父类中方法的重载。下面通过例子说明重载的使用。

以 16.4.1 小节中建立的父类型 books_type 为基础，创建一个该类型的子类型 tech_book_type1，该子类型中对父类型的成员方法 get_sell_count()进行重载。

```
BOOKS_PUB@orcl_dbs > CREATE OR REPLACE TYPE tech_book_type1
  2    UNDER books_type
  3    (ISBN VARCHAR2(20),
  4      advance NUMBER,
  5      pub_date DATE,
  6      MEMBER FUNCTION get_sell_count(p_pay VARCHAR2)
  7      RETURN NUMBER)
  8    /
```

类型已创建。

```
BOOKS_PUB@orcl_dbs > CREATE OR REPLACE TYPE BODY tech_book_type1 AS
  2    MEMBER FUNCTION get_sell_count (p_pay VARCHAR2)
  3    RETURN NUMBER
  4    IS
  5      CURSOR c_qty IS
  6        SELECT qty FROM orders WHERE payterms=p_pay;
  7      v_count NUMBER(38) := 0;
  8    BEGIN
  9      FOR c_q IN c_qty LOOP
 10        v_count := v_count + c_q.qty;
 11      END LOOP;
 12      RETURN v_count;
 13    END;
 14    END;
 15    /
```

类型主体已创建。

之后在调用 get_sell_count()方法时，根据所传递的参数类型不同，系统会自动确定是调用父类 books_type(参数为字符类型)还是子类 teck_book_type1(参数为数字类型)中的 get_sell_count()函数。

本章小结

本章介绍了 Oracle Database 11g 中的面向对象技术，Oracle 系统中采用对象类型来描述实体，用户可以定义对象类型以及方法、对象表、对象—关系表等。

对象类型的创建包括两个方面：对象类型头和对象类型体。用户可以通过在数据库表中定义列的方式，将对象类型持久地存储在数据库中，并且使用 SQL 语句对它们进行操作。

继承可以实现对象类型的层次结构，而使用重载不仅可以实现对不同数据类型或多种数据组合采用相同的动作，而且还能实现按类型重载。

习　　题

一、选择题

1. 对象类型的创建包括（　　　）部分。

    A. 对象类型头定义

    B. 对象类型体定义

    C. 对象类型名定义

    D. 对象类型方法定义

2. 只能由对象实例调用的方法是（　　　）。

    A. STATIC　　　　B. ORDER　　　　C. MAMBER　　　　D. MAP

3. 定义父对象类型时，必须指定（　　　）关键字。

    A. FINAL　　　　B. NOT FINAL　　　　C. MEMBER　　　　D. 不需指定

二、简答题

简述数据库表中使用对象的方式。

三、实训题

创建一个地址对象类型，其属性包括 city（城市）、state（省/州）和 country（国家）。然后，依据 publishers 表的结构创建出版社对象类型，其中的地址列使用地址对象类型，并声明一个成员方法 get_info 用来输出出版社的基本信息。

第17章 包

包可以将存储过程、函数、变量、游标和对象类型组织在一起，实现 PL/SQL 程序的模块化，并构建供其他编程人员重用的代码库。

17.1 包的创建

包通常由两部分组成：规范和包体。其中，包的规范是程序的公共接口，列出了包中可以使用的存储过程、函数、类型、游标、对象等；包体包含了规范的实现，以及没有在规范中列出的私有数据、对象等。本节介绍包的创建和初始化。

17.1.1 规范

使用 CREATE PACKAGE 语句来创建包的规范，语法如下：

```
CREATE [OR REPLACE] PACKAGE package_name
{IS | AS}
  package_specification;
END package_name;
```

其中：

- package_name 为包名；
- package_specification 列出公共存储过程、函数、类型、对象等的声明。

例如，下面代码创建包 books_package 规范，其中包含一个存储过程 add_books_p 和一个函数 find_books_f。

```
BOOKS_PUB@orcl_dbs > CREATE OR REPLACE PACKAGE books_package
  2  AS
  3  PROCEDURE add_books_p (p_bnum VARCHAR2, p_bname VARCHAR2,
  4   p_bcat CHAR,p_bauthor VARCHAR2,p_bpub VARCHAR2,p_bprice NUMBER);
  5  FUNCTION find_books_f (p_bnum VARCHAR2) RETURN VARCHAR2;
  6  END books_package;
  7  /
```

程序包已创建。

从该例中可以看到，在创建 books_package 规范时，只列出了包中可以使用的存储过程 add_books_p 和函数 find_books_f 的声明部分。其具体的实现代码应该在包体中给出。

17.1.2　包体

使用 CREATE PACKAGE BODY 语句来创建包体，其语法如下：

```
CREATE [OR REPLACE] PACKAGE BODY package_name
{IS | AS}
 package_body;
END package_name;
```

其中：

- package_name 为包名；

- package_body 定义存储过程和函数的实现代码，并可以在此声明包的私有数据，以及完成初始化等工作。

例如，下面代码创建包 books_package 的包体。

```
BOOKS_PUB@orcl_dbs > CREATE OR REPLACE PACKAGE BODY books_package
  2  AS
  3  PROCEDURE add_books_p (p_bnum VARCHAR2, p_bname VARCHAR2,
  4   p_bcat CHAR, p_bauthor VARCHAR2, p_bpub VARCHAR2, p_bprice NUMBER)
  5    AS
  6    BEGIN
  7      INSERT INTO books(bookid,booknum,bookname,category,author,
  8                        publish,bookprice)
  9      VALUES (books_seq.nextval, p_bnum, p_bname, p_bcat, p_bauthor,
 10            p_bpub, p_bprice);
 11    END add_books_p;
 12  FUNCTION find_books_f (p_bnum VARCHAR2) RETURN VARCHAR2
 13    AS
 14      v_book books%ROWTYPE;
 15      v_info VARCHAR2(100);
 16    BEGIN
 17      SELECT * INTO v_book
 18      FROM books
 19      WHERE booknum = p_bnum;
 20      v_info := v_book.bookname || ' ' || v_book.author || ' ' ||
 21      v_book.publish || ' ' || v_book.bookprice;
 22      RETURN v_info;
 23    END find_books_f;
 24  END books_package;
 25  /
```

程序包体已创建。

17.1.3　初始化

包的初始化只在包第一次被调用时执行一次，初始化过程是通过一个匿名的 PL/SQL 块来完成的。该匿名 PL/SQL 块在包体结构的最后定义，以 BEGIN 开始，在其中可以执行对包的公有变量进行赋值等操作。

例如，修改 17.1.2 小节中包 books_package 的规范定义，然后在包体内实现对包的初始化。

```
BOOKS_PUB@orcl_dbs > CREATE OR REPLACE PACKAGE books_package
  2  AS
  3    v_avgp NUMBER;
  4    PROCEDURE add_books_p (p_bnum VARCHAR2, p_bname VARCHAR2,
```

```
   5      p_bcat CHAR,p_bauthor VARCHAR2,p_bpub VARCHAR2,p_bprice NUMBER);
   6    FUNCTION find_books_f (p_bnum VARCHAR2) RETURN VARCHAR2;
   7  END books_package;
   8  /
```

程序包已创建。

```
BOOKS_PUB@orcl_dbs > CREATE OR REPLACE PACKAGE BODY books_package
   2  AS
   3  PROCEDURE add_books_p (p_bnum VARCHAR2, p_bname VARCHAR2,
   4    p_bcat CHAR, p_bauthor VARCHAR2, p_bpub VARCHAR2, p_bprice NUMBER)
   5    AS
   6    BEGIN
   7      INSERT INTO books(bookid,booknum,bookname,category,author,
   8                        publish,bookprice)
   9      VALUES (books_seq.nextval, p_bnum, p_bname, p_bcat, p_bauthor,
  10             p_bpub, p_bprice);
  11    END add_books_p;
  12  FUNCTION find_books_f (p_bnum VARCHAR2) RETURN VARCHAR2
  13    AS
  14      v_book books%ROWTYPE;
  15      v_info VARCHAR2(100);
  16    BEGIN
  17      SELECT * INTO v_book
  18      FROM books
  19      WHERE booknum = p_bnum;
  20      v_info := v_book.bookname || ' ' || v_book.author || ' ' ||
  21      v_book.publish || ' ' || v_book.bookprice;
  22      RETURN v_info;
  23    END find_books_f;
  24  BEGIN
  25    SELECT AVG(bookprice) INTO v_avgp FROM books;
  26  END books_package;
  27  /
```

程序包体已创建。

17.2　包的调用

对于在包规范中声明的元素可以在包的外部通过如下形式调用：

```
package_name.element_name;
```

其中，element_name 为元素名，它可以是存储过程名、函数名、变量名等。

这些公有的元素可以直接在包体内、外进行调用，但是，在包体中声明的元素只能在包体内引用，而不能在外部引用，因为它们都是私有的。

例如，调用 books_package 包中的函数 find_book_f 查找指定图书的信息。

```
BOOKS_PUB@orcl_dbs > EXECUTE DBMS_OUTPUT.PUT_LINE ('图书信息为：' || -
> books_package.find_books_f ('DB1001'));
图书信息为：数据库原理　高伟　清华大学出版社　40.8
```

PL/SQL 过程已成功完成。

17.3　包的管理

在 Oracle 数据库中创建了包以后，可以对包进行一系列管理操作，其中包括查看包的信息、修改包、删除包等。

17.3.1　查看包的信息

通常可以通过数据字典视图 USER_PROCEDURES 获取包中的函数和过程信息，也可以使用数据字典 USER_SOURCE 查看当前用户的所有包规范、包体及其源代码。

例如，查看包 books_package 的函数和过程信息。

```
BOOKS_PUB@orcl_dbs > SELECT object_name, procedure_name
  2  FROM USER_PROCEDURES
  3  WHERE object_name = 'BOOKS_PACKAGE';
OBJECT_NAME                      PROCEDURE_NAME
-------------------------------- -------------------------------
BOOKS_PACKAGE                    ADD_BOOKS_P
BOOKS_PACKAGE                    FIND_BOOKS_F
BOOKS_PACKAGE
BOOKS_PUB@orcl_dbs > SELECT text FROM USER_SOURCE
  2  WHERE type='PACKAGE' AND name='BOOKS_PACKAGE';

TEXT
----------------------------------------------------------------------
PACKAGE books_package
AS
 v_avgp NUMBER;
 PROCEDURE add_books_p (p_bnum VARCHAR2, p_bname VARCHAR2,
  p_bcat CHAR,p_bauthor VARCHAR2,p_bpub VARCHAR2,p_bprice NUMBER);
 FUNCTION find_books_f (p_bnum VARCHAR2) RETURN VARCHAR2;
END books_package;
```

已选择 7 行。

17.3.2　修改包

包的修改通过 CREATE OR REPLACE PACKAGE 语句对包的规范进行重建来实现，要修改包体，需调用 CREATE OR REPLACE PACKAGE BODY 语句对包体进行重建。

17.3.3　删除包

当不再使用某个包时，可以通过 DROP PACKAGE 语句删除整个包，也可以使用 DROP PACKAGE BODY 语句只删除包体。例如，下面语句删除前面创建的包 books_package。

```
BOOKS_PUB@orcl_dbs > DROP PACKAGE books_package;
```

17.4　Oracle Database 11g 中的预定义包

Oracle 数据库提供了大量的内置包，这些包扩展了数据库的功能，使用它们可以创建复杂的应用程序。本节将简要介绍 Oracle Database 11g 中常用的几个包，关于 Oracle 包的更多详细情况请参阅 Oracle Database 文档《*Oracle Database PL/SQL Packages and Types Reference 11g Release2(11.2)*》。

17.4.1 DBMS_OUTPUT

DBMS_OUTPUT 包属于 sys 账户，但在创建时已将 EXECUTE 权授予 PUBLIC，所以任何用户都可以直接使用而不必加 sys 模式。

DBMS_OUTPUT 包用来对内部缓冲区的信息输入和输出，它的 PUT 过程和 PUT_LINE 过程允许用户在触发器、存储过程和包中向缓冲区中写入数据，然后由另外的触发器、存储过程和包来读取这些数据。通过调用该包的 GET_LINE 过程和 GET_LINES 过程，用户可以在一个单独的 PL/SQL 存储过程或者匿名块中显示缓冲区中的信息。下面详细介绍 DBMS_OUT 包中的过程和函数。

1. ENABLE 和 DISABLE

ENABLE 过程用于激活对过程 PUT、PUT_LINE、NEW_LINE、GET_LINE 和 GET_LINES 的调用。此外，ENABLE 还用来设置缓冲区的大小。ENABLE 过程的语法如下：

```
DBMS_OUTPUT.ENABLE (buffer_size IN INTEGER DEFAULT 20000);
```

其中，buffer_size 指定缓冲区的大小，单位是字节，默认初始值为 20000，最大不能超过 1000000 字节。

DISABLE 过程用于禁止对过程 PUT、PUT_LINE、NEW_LINE、GET_LINE 和 GET_LINES 的调用，并且清除缓冲区内容。如果在 SQL*Plus 中使用 SETSERVEROUTPUT 选项，则不必使用该过程。DISABLE 过程的语法如下：

```
DBMS_OUTPUT.DISABLE;
```

2. PUT 和 PUT_LINE

PUT 过程用于将部分行的信息放入一个内部缓冲区中，而 PUT_LINE 过程用于将整个行的信息写入缓冲区中。事实上，PUT_LINE 过程执行时，会在存入数据的末尾追加一个换行符，而 PUT 过程不会，因此，在调用了 PUT 过程后，需要换行时应调用 NEW_LINE 追加行结束符。PUT 过程的语法如下：

```
DBMS_OUTPUT.PUT (a VARCHAR2);
DBMS_OUTPUT.PUT (a NUMBER);
DBMS_OUTPUT.PUT (a DATE);
```

PUT_LINE 过程的语法如下：

```
DBMS_OUTPUT.PUT_LINE (a VARCHAR2);
DBMS_OUTPUT.PUT_LINE (a NUMBER);
DBMS_OUTPUT.PUT_LINE (a DATE);
```

上述 PUT 和 PUT_LINE 过程利用参数类型的不同实现了重载，其中，a 就是用户要输入到缓冲区中的数据。

当在 SQL*Plus 中调用 PUT 和 PUT_LINE 过程时，需要设置 SERVREOUTPUT 参数为 ON，否则，无法在 SQL*Plus 屏幕上输出用户的数据。

3. GET_LINE 和 GET_LINES

GET_LINE 过程用于读取缓冲区中的单行信息，GET_LINES 过程则用于读取缓冲区中的多行信息。GET_LINE 过程的语法如下：

```
DBMS_OUTPUT.GET_LINE (line OUT VARCHAR2, status OUT INTEGER);
```

其中：

- line 用于存放从缓冲区中读取的一行数据（字符串格式）；
- status 用于标明该行是否被成功读取，如果是，则为 0；否则，就为 1。

GET_LINES 过程的语法如下：

```
DBMS_OUTPUT.GET_LINES (lines OUT CHARARR, numlines IN OUT INTEGER);
```

其中：

- lines 为一个联合数组类型参数，其中包含了从缓冲区中读取的多行数据；
- numlines 用于指定需要读取的行数，当该过程执行完毕，numlines 返回实际读取的数据行数。

下面通过一个例子说明上述这些过程的使用方法。

例如，设置缓冲区的大小为 1000000，向缓冲区中输入一些数据，然后再将这些数据读取出来插入到数据库的表 test（该表只包含两列，分别为 NUMBER 和 VARCHAR2 类型）中。

```
BOOKS_PUB@orcl_dbs > SET SERVEROUTPUT ON
BOOKS_PUB@orcl_dbs > DECLARE
  2    v_linesdata DBMS_OUTPUT.CHARARR;
  3    v_numlines NUMBER;
  4  BEGIN
  5    DBMS_OUTPUT.ENABLE (1000000);
  6    DBMS_OUTPUT.PUT_LINE ('这是缓冲区中第一行的数据');
  7    DBMS_OUTPUT.PUT_LINE ('这是缓冲区中第二行的数据');
  8    DBMS_OUTPUT.PUT_LINE ('这是缓冲区中第三行的数据');
  9
 10    v_numlines := 3;
 11    DBMS_OUTPUT.GET_LINES (v_linesdata, v_numlines);
 12    FOR v_counter IN 1..v_numlines LOOP
 13      INSERT INTO test
 14      VALUES (v_counter, v_linesdata(v_counter));
 15    END LOOP;
 16  END;
 17  /
```

PL/SQL 过程已成功完成。

该例中调用 3 次 PUT_LINE 过程向缓冲区中输入了 3 行数据，之后调用 GET_LINES 过程将这些数据从缓冲区中读取出来，存储到变量 v_linesdata 中。注意，该 PL/SQL 块执行完后，并不会在 SQL*Plus 的屏幕上打印输出由 PUT_LINE 过程输入到缓冲区中的 3 行数据，因为之后的 GET_LINES 过程调用后，就把缓冲区清空了，已经没有数据可以输出到屏幕上了。

17.4.2 DBMS_ALERT

DBMS_ALERT 包用于生成并传递数据库预警信息。通过合理地使用该包和数据库触发器，可以使得在发生特定数据库事件时将信息传递给应用程序。该包的使用，必须以 SYS 身份登录数据库，或者被授予执行权限。

1. REGISTER

该过程用来注册预警事件，其语法如下：

```
DBMS_ALERT.REGISTER (name IN VARCHAR2);
```

其中，name 指出该会话中感兴趣的预警事件名称。

2. REMOVE

该过程用来删除会话中不再需要的预警事件，其语法如下：

```
DBMS_ALERT.REMOVE (name IN VARCHAR2);
```

删除预警事件很重要，因为这样可以减少预警信号管理员的工作量。

3. REMOVEALL

该过程用来删除当前会话中所有已经注册的预警事件，其语法如下：

```
DBMS_ALERT.REMOVEALL;
```

4. SET_DEFAULTS

该过程用来设置检测预警事件的时间间隔，默认为 5s。其语法如下：

```
DBMS_ALERT.SET_DEFAULTS (sensitivity IN NUMBER);
```

其中，sensitivity 指定检测预警事件的时间间隔。

5. SIGNAL

该过程用来指定预警事件所对应的预警消息，其语法如下：

```
DBMS_ALERT.SIGNAL (name IN VARCHAR2, message IN VARCHAR2);
```

其中：

- name 为预警事件的名称；
- message 为预警消息，消息的长度不能超过 1800 个字节。

只有在提交事务时才会发出预警信号，当事务回退时不会发出预警信号。

6. WAITANY

该过程用来等待当前会话的任何预警事件，且在预警事件发生时输出相应信息。其语法如下：

```
DBMS_ALERT.WAITANY (name OUT VARCHAR2,
                    message OUT VARCHAR2,
                    status OUT INTEGER,
                    timeout IN NUMBER DEFAULT MAXWAIT);
```

其中：

- status 返回状态值，0 表示发生了预警事件，1 表示超时；
- timeout 设置等待预警事件的超时时间。

在执行该过程之前，会隐含地发出 COMMIT。

7. WAITONE

该过程用来等待当前会话的一个特定预警事件，在发出预警事件时输出预警消息。其语法如下：

```
DBMS_ALERT.WAITONE (name IN VARCHAR2,
                    message OUT VARCHAR2,
                    status OUT INTEGER,
                    timeout IN NUMBER DEFAULT MAXWAIT);
```

其中，各参数的含义与 WAITANY 过程一样，只是该过程中 name 参数是 IN 模式的。

下面通过一个例子说明 DBMS_ALERT 包的使用方法。这个例子针对用户的更新操作发出预警事件，以提醒用户其操作将会引起数据库系统的更改。

首先，建立一个触发器 update_books，该触发器用来给预警事件发出信号：

```
SYS@orcl_dbs > CREATE OR REPLACE TRIGGER update_books
  2   AFTER UPDATE OF bookprice ON books_pub.books
  3   BEGIN
  4     DBMS_ALERT.SIGNAL ('price_upd_alt', '请注意：您修改了图书的价格！ ');
  5   END;
  6  /
```

触发器已创建。

然后，创建一个存储过程用来注册并等待预警事件：

```
SYS@orcl_dbs > CREATE OR REPLACE PROCEDURE wait_alert_event
  2   (alt_name VARCHAR2)
  3   IS
  4     meg VARCHAR2(300);
  5     stat INT;
  6   BEGIN
  7     DBMS_ALERT.REGISTER (alt_name);
  8     DBMS_ALERT.WAITONE (alt_name, meg, stat);
  9     IF stat = 0 THEN
 10       DBMS_OUTPUT.PUT_LINE ('警告消息：' || meg);
 11     END IF;
 12     DBMS_ALERT.REMOVE (alt_name);
 13   END;
 14  /
```

过程已创建。

最后，使用预警事件：

```
BOOKS_PUB@orcl_dbs > SET SERVEROUTPUT ON
BOOKS_PUB@orcl_dbs > BEGIN
  2   FOR I IN 1..5 LOOP
  3     wait_alert_event ('price_upd_alt');
  4   END LOOP;
  5   END;
  6  /
```

17.4.3　DBMS_JOB

DBMS_JOB 包用于安排和管理作业队列中的作业。使用作业可以使 Oracle 数据库定期执行特定的任务。当使用 DBMS_JOB 管理作业时，必须在初始化参数文件中设置初始化参数 JOB_QUEUE_PROCESSES，使其值大于 0。下面介绍 DBMS_JOB 包中的过程和函数。

1. SUBMIT

使用 SUBMIT 过程可以将作业提交到作业队列中，该过程的语法如下：

```
DBMS_JOB.SUBMIT (job OUT BINARY_INTEGER,
                 what IN VARCHAR2,
                 next_date IN DATE DEFAULT SYSDATE,
                 interval IN VARCHAR2 DEFAULT 'NULL',
                 no_parse IN BOOLEAN DEFAULT FALSE,
                 instance IN BINARY_INTEGER DEFAULT ANY_INSTANCE,
                 force IN BOOLEAN DEFAULT FALSE);
```

其中：

- job：指定作业编号，该编号在作业创建时赋予一个作业，只要该作业存在，其编号就不会改变；
- what：指定作业要执行的操作，可以是 PL/SQL 代码，或者调用存储过程，调用存储过程时一定要以分号";"结束；
- next_date：指定作业下次运行的日期，默认为系统时间 SYSDATE；
- interval：指定下次运行作业的日期函数，它必须计算为将来的一个时间点，或者设置为 NULL；
- no_parse：指定是否解析与作业相关的过程，默认不解析，即 FALSE；
- instance：指定哪个实例可以运行作业，默认任何一个实例都可以；
- force：指定是否强制运行与作业相关的过程，默认不强制。

例如，通过作业运行的方式指定一个存储过程 ins_test 每 60s 运行一次。

```
BOOKS_PUB@orcl_dbs > CREATE SEQUENCE test_seq
  2 START WITH 1
  3 INCREMENT BY 1;
```

序列已创建。

```
BOOKS_PUB@orcl_dbs > CREATE OR REPLACE PROCEDURE ins_test
  2 AS
  3 BEGIN
  4   INSERT INTO test
  5   VALUES (test_seq.NEXTVAL, TO_CHAR(SYSDATE,
  6   'DD-MON-YYYY HH24:MI:SS'));
  7   COMMIT;
  8 END ins_test;
  9 /
```

过程已创建。

以上是创建存储过程的程序，下面通过一个匿名的 PL/SQL 块指定存储过程 ins_test 的运行情况。

```
BOOKS_PUB@orcl_dbs > VAR v_jobno NUMBER
BOOKS_PUB@orcl_dbs > BEGIN
  2   DBMS_JOB.SUBMIT (:v_jobno, 'ins_test;', SYSDATE,
  3   'SYSDATE + (1/(24*60))');
  4   COMMIT;
  5 END;
  6 /
```

PL/SQL 过程已成功完成。

```
BOOKS_PUB@orcl_dbs > print v_jobno

   V_JOBNO
----------
        21
```

该例中通过调用 DBMS_JOB 包中的 SUBMIT() 过程启动了一个作业的运行，该作业的任务就是周期性地执行 ins_test() 存储过程，直到数据库被关闭，或者调用 REMOVE 过程删除作业为止。

Oracle 数据库内作业队列信息可以从以下数据字典中查询。

- dba_jobs：数据库中的所有作业；
- all_jobs：当前用户可以访问的所有作业；
- user_jobs：属于当前用户的所有作业；

- dba_jobs_running：列出数据库中当前运行的所有作业。

2. CHANGE

作业提交后，可以通过 CHANGE 过程修改作业的相关信息，包括作业的操作、运行日期以及时间间隔等。该过程的语法如下：

```
DBMS_JOB.CHANGE (job IN BINARY_INTEGER,
                 what IN VARCHAR2 DEFAULT NULL,
                 next_date IN DATE DEFAULT NULL,
                 interval IN VARCHAR2 DEFAULT NULL,
                 instance IN BINARY_INTEGER DEFAULT NULL,
                 force IN BOOLEAN DEFAULT FALSE);
```

以上过程参数的作用与 SUBMIT 过程中的参数一样。例如，下面的调用修改作业的运行时间间隔：

```
BOOKS_PUB@orcl_dbs > EXEC DBMS_JOB.CHANGE (21, NULL, NULL, 'SYSDATE + 2');
```

3. WHAT

该过程用于改变作业要执行的操作，其语法如下：

```
DBMS_JOB.WHAT (job IN BINARY_INTEGER, what IN VARCHAR2);
```

例如，下面调用改变 21 号作业的任务为分析表 test 的操作情况：

```
BOOKS_PUB@orcl_dbs > EXEC DBMS_JOB.WHAT (21, 'DBMS_DDL.ANALYZE_OBJECT -
> ("TABLE", "BOOKS_PUB", "TEST", "COMPUTE");')
```

4. NEXT_DATE

该过程用于改变作业下次运行的日期，其语法如下：

```
DBMS_JOB.NEXT_DATE (job IN BINARY_INTEGER, next_date IN DATE);
```

例如，下面调用改变 21 号作业的下次运行时间：

```
BOOKS_PUB@orcl_dbs > EXEC DBMS_JOB.NEXT_DATE (21, 'SYSDATE + 1')
```

5. INSTANCE

该过程用于改变执行作业的实例，其语法如下：

```
DBMS_JOB.INSTANCE (job IN BINARY_INTEGER,
                   instance IN BINARY_INTEGER,
                   forc IN BOOLEAN DEFAULT FALSE);
```

例如，下面调用把执行 21 号作业的实例修改为 3 号：

```
BOOKS_PUB@orcl_dbs > EXEC DBMS_JOB.INSTANCE (21, 3)
```

6. INTERVAL

该过程用于改变作业的运行时间间隔，其语法如下：

```
DBMS_JOB.INTERVAL (job IN BINARY_INTEGER, interval IN VARCHAR2);
```

例如，下面调用改变 21 号作业的运行时间间隔：

```
BOOKS_PUB@orcl_dbs > EXEC DBMS_JOB.INTERVAL (21, -
> 'SYSDATE + (90/(24*60*60))')
```

7. BROKEN

该过程用来对那些连续 16 次运行失败的作业设置中断标记,被设置为中断的作业将不再被调度执行。其语法如下：

```
DBMS_JOB.BROKEN (job IN BINARY_INTEGER,
                 broken IN BOOLEAN,
                 next_date IN DATE DEFAULT SYSDATE);
```

例如，下面调用将中断 21 号作业的调度执行：

```
BOOKS_PUB@orcl_dbs > EXEC DBMS_JOB.BROKEN (21, TRUE, 'SYSDATE + 1')
```

8. RUN

该过程用于强制运行指定的作业，其语法如下：

```
DBMS_JOB.RUN (job IN BINARY_INTEGER, force IN BOOLEAN DEFAULT FALSE);
```

例如，下面调用强制执行 21 号作业：

```
BOOKS_PUB@orcl_dbs > EXEC DBMS_JOB.RUN (21);
```

9. USER_EXPORT

该过程用于导出创建作业的文本，其语法如下：

```
DBMS_JOB.USER_EXPORT (job IN BINARY_INTEGER, mycall IN OUT VARCHAR2);
                      DBMS_JOB.USER_EXPORT (job IN BINARY_INTEGER,
                      mycall IN OUT VARCHAR2,
                      myinst IN OUT VARCHAR2);
```

其中：

- mycall：返回需要创建作业的文本；
- myinst：返回用于修改实例调用的文本。

例如，下面匿名 PL/SQL 块返回 21 号作业的创建文本：

```
BOOKS_PUB@orcl_dbs > DECLARE
  2     v_jobtext  VARCHAR2(2000);
  3  BEGIN
  4     DBMS_JOB.USER_EXPORT (:v_jobno, v_jobtext);
  5     DBMS_OUTPUT.PUT_LINE (v_jobtext);
  6  END;
  7  /
```

运行结果：

```
dbms_job.isubmit(job=>21,what=>'ins_test;',next_date=>to_date('2012-09-01:17:46:17
','YYYY-MM-DD:HH24:MI:SS'),interval=>'SYSDATE +
(60/(24*60*60))',no_parse=>TRUE);
```

```
PL/SQL 过程已成功完成。
```

10. REMOVE

该过程删除作业队列中的作业，其语法如下：

```
DBMS_JOB.REMOVE (job IN BINARY_INTEGER);
```

其中，job 为要删除的作业编号。

例如，可以通过下面调用删除上例中创建的作业：

```
BOOKS_PUB@orcl_dbs > EXEC DBMS_JOB.REMOVE(21)
```

　　如果在调用 REMOVE 过程的时候，作业正在运行，则该作业会在运行结束后再从队列中删除。

本章小结

　　本章介绍了 Oracle Database 11g 中包的使用，使用包可以实现 PL/SQL 程序的模块化。包由两部分组成：规范和包体。规范是程序的公共接口，列出了包中可以使用的存储过程、函数、类型、游标、对象等；包体包含了规范的实现，以及没有在规范中列出的私有数据、对象等。因此，包的创建包括两方面——包规范的创建和包体的创建。

对包的管理操作，包括查看包的信息、修改包、删除包等。

本章最后，详细介绍了 Oracle Database 11g 中常用的几个内置包的功能和使用。

习　题

一、选择题

1. 包的组成部分包括（　　　）。

　　A. 规范　　　　　　B. 包体　　　　　　C. 声明部分　　　　　　D. 执行部分

2. 查询包中包含的代码使用的数据字典是（　　　）。

　　A. CODE　　　　　　B. SOURCE　　　　　C. USER_CODE　　　　D. USER_SOURCE

3. 创建包体使用下列（　　　）语句。

　　A. CREATE PACKAGE　　　　　　　　B. CREATE PACKAGE BODY

　　C. CREATE BODY　　　　　　　　　　D. CREATE BODY OF PACKAGE

4. 下列（　　　）包用来输入和输出内部缓冲区的信息。

　　A. DBMS_ALERT　　B. DBMS_JOB　　C. DBMS_OUTPUT　　D. UTL_FILE

二、简答题

1. 简述包的概念及其特点。

2. 使用什么资源可以识别已经在系统上创建的所有包以及包的源代码？

3. 简述包和存储过程的关系。

三、实训题

1. 创建一个包，其中包含一个函数和一个存储过程。函数实现以图书类别 ID 为参数，返回销售量最多的图书类别。存储过程以图书类别 ID 为参数，输出销售量最多的类别中的所有图书的基本信息。

2. 创建一个包，其中一个游标用来返回所有图书的基本信息，一个存储过程实现每次输出游标中的 10 条记录。

第18章
Java 开发中的应用

在 Oracle 数据库应用开发中，Java 是首选的数据库访问语言。Oracle 提供了 3 种使用 Java 访问 Oracle 数据库的方法：Java 存储过程、Java 数据库连接（Java Database Connectivity，JDBC）以及 SQLJ。其中，JDBC 允许数据库外部的 Java 应用程序通过开放式 API 访问数据库。本章将介绍 JDBC 的使用方法，以及如何利用 Hibernate 操作 Oracle 数据库。

18.1　开发环境配置

为了开发和运行包含 JDBC 语句的 Java 程序，首先要配置好开发环境。所需的软件有：

- Java SDK（Software Development Kit，软件开发工具包）；
- Oracle Database 11g 的 JDBC 驱动程序包，其中包含很多 jar 文件，是 Oracle Database 11g 安装程序的一部分。用户可以从 Oracle 软件主目录下的/jdbc/lib 目录中获得这些库和文件。

18.1.1　配置计算机

安装完所需的软件后，进行计算机环境变量的设置。

1. ORACLE_HOME

ORACLE_HOME 变量指出 Oracle 软件的安装目录位置，在计算机上设置环境变量 ORACLE_HOME 的操作步骤如下。

（1）在资源管理器中右键单击"计算机"，从弹出的快捷菜单中选择"属性"，再单击"高级系统设置"，在打开的"系统属性"对话框的"高级"选项卡内单击 环境变量... 按钮，如图 18-1 所示。

（2）在打开的"环境变量"对话框中，单击"系统变量"列表框下的 新建 按钮，如图 18-2 所示。

（3）在打开的"新建系统变量"对话框中，输入"变量名"和"变量值"，如图 18-3 所示，然后单击 确定 按钮关闭该对话框。

2. JAVA_HOME

JAVA_HOME 变量指出 JDK 的安装目录，其设置步骤与 ORACLE_HOME 一样，变量值为计算机上的 JDK 安装目录，如在作者的计算机上该目录值为：D:\Java\jdk1.7.0_07。

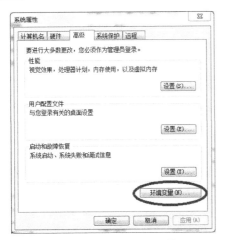

图 18-1　"系统属性"对话框

图 18-2　设置环境变量

3. PATH

该变量包含一个目录列表，当在操作系统命令行中输入一个命令时，计算机会在 PATH 变量指定的目录中查找要运行的命令。此处，需要将 JDK 的 bin 子目录添加到 PATH 环境变量中。操作步骤如下。

图 18-3　新建环境变量

（1）打开"环境变量"对话框，操作见本节前面的操作。

（2）在"环境变量"对话框内的"系统变量"列表框中找到"Path"变量，然后单击该列表框下方的 编辑 按钮，如图 18-4 所示。

图 18-4　查找需要编辑的环境变量

（3）在打开的"编辑系统变量"对话框中，在"变量值"的末尾添加 JDK 的 bin 目录。注意需要用分号（";"）将它与前面的目录分隔开，如图 18-5 所示。然后单击 确定 关闭该对话框。

4. CLASSPATH

CLASSPATH 变量指出用于存放 Java 包的位置列表，在%ORACLE_HOME%\jdbc\lib 目录中包含了许多 JAR 文件，依据使用的 JDK 版本不同需要把不同的 JAR 文件添加到 CLASSPATH 变量中。例如，我们使用的是 JDK 1.7 版本，则需要将 ojdbc6.jar 添加到 CLASSPATH 变量值中。其操作步骤如下。

（1）像编辑 PATH 环境变量一样，选择 CLASSPATH 环境变量，打开"编辑系统变量"对话框。

（2）在打开的"编辑系统变量"对话框中，输入该变量的值，如图 18-6 所示。

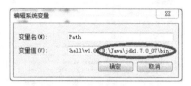

图 18-5　编辑 PATH 环境变量　　　　　图 18-6　编辑 CLASSPATH 环境变量

如果需要国家语言支持，还要将<ORACLE_HOME>\jlib\orai18n.jar 添加到该环境变量值列表中。如果需要 JTA 和 JNDI 特性，需要将<ORACLE_HOME>\jlib\jta.jar 和<ORACLE_HOME>\jlib\jndi.jar 添加进来。

18.1.2　Oracle JDBC 驱动程序

JDBC 是一个开放的应用程序接口（API），通过它可访问各类关系数据库，它也是 Java 核心类库的一部分。通过 Oracle JDBC 驱动程序，Java 程序中的 JDBC 语句才能访问 Oracle 数据库，Oracle Database 11g 提供了 4 种 JDBC 驱动程序。

1．OCI 驱动

OCI（Oracle Call Interface，Oracle 调用接口）类似于传统的 ODBC 驱动，它需要 Oracle Call Interface 和 Net8，如果 Java 程序使用此驱动程序，则需要在运行它的计算机上安装 Oracle Database 客户端软件。OCI 驱动程序适合部署在中间层上的程序，不适用于 APPLET。

2．Thin 驱动

这种驱动程序占用的内存最小，全部是用 Java 编写的。该驱动不是通过 OCI 或 Net8 进行通信，而是通过 Java Sockets，因此不需要在使用 JDBC Thin 的客户端机器上安装 Orcale Database 客户端软件，所以有很好的移植性，通常用在 Web 应用开发中。Thin 驱动只支持 TCP/IP，并且要求服务器端启动和运行 Oracle Net。

3．服务器端内部驱动

服务器端内部驱动用于编写在数据库服务器端运行并且访问同一会话的代码，即这些代码运行时只访问单个会话的数据。该驱动支持任何在 Oracle 数据库服务器端运行的 Java 代码，如 Java 存储过程、EJB。但是，它只能访问本服务器，允许 JVM 和 SQL 引擎直接交互。

4．服务器端 Thin 驱动

该驱动程序功能上和 Thin 驱动类似，但它只用于编写服务器端运行并且需要访问本服务器或一个远程服务器上的另一个会话的代码。

18.1.3　导入 JDBC 包

只有将 JDBC 包导入 Java 程序，才能使用 JDBC 来访问 Oracle 数据库。导入 JDBC 包的语句如下：

```
import java.sql.*;
```

这样，就导入了所有的标准 JDBC 包。需要注意的是，JDBC 包有两套——Sun Microsystems 的标准 JDBC 包和 Oracle 公司的扩展包。如果要导入 Oracle JDBC 包，则要在上面的语句后再添加以下语句：

```
import oracle.sql.*;
import oracle.jdbc.*;
```

18.1.4　注册 Oracle JDBC 驱动程序

在 Java 程序中注册 Oracle JDBC 驱动程序后，才能打开数据库连接。注册 Oracle JDBC 驱动有两种方法：

- 调用 java.lang.Class 类中的 forName()方法；
- 调用 JDBC DriverManager 类中的 registerDriver()方法。

实现 Oracle JDBC 注册的语句如下：

```
Class.forName("oracle.jdbc.OracleDriver");
DriverManager.registerDriver(new oracle.jdbc.OracleDriver());
```

18.1.5　连接数据库

连接数据库的方法有两种：

- 使用 DriverManager 类中的 getConnection()方法；
- 使用 Oracle 数据源对象，先创建，再连接。

1．getConnection()方法

该方法返回一个 JDBC Connection 对象，可以将这个对象存储在程序中。其语法如下：

```
DriverManager. getConnection(URL, username, password);
```

其中：

- URL：指定要连接的数据库和要使用的 JDBC 驱动。其结构如下：

```
driver_name:@driver_information
```

这里，driver_name 指出程序中使用的 JDBC 驱动的名称，它可以是 jdbc:oracle:thin 或者 jdbc:oracle:oci。driver_information 指出连接数据库所需要的驱动程序信息，对于 Oracle JDBC Thin 驱动，其需要的启动程序信息格式是 host_name:port:database_SID。

- Username：连接数据库所需的用户名；
- password：用户的密码。

例如，建立与数据库 publish 的连接。

```
Connection myConn =
DriverManager.getConnection("jdbc:oracle:thin:@DBS:1521:PUBLISH","books_pub",
"books_pub");
```

该例中，所连接的数据库运行在标识为 DBS 的计算机上，Oracle 的 SID 为 PUBLISH，使用的是 Oracle JDBC Thin 驱动程序。连接使用的用户名是 books_pub，密码为 books_pub。getConnection()调用返回的 Connection 对象存储在 myConnection 中。数据库连接通过 Oracle Net 进行，所以必须启动并运行它。

2．Oracle 数据源

Oracle 数据源提供多种参数来连接数据库，并且使用 JNDI 注册，这样即使改变了数据库连接的详细信息，也可以仅通过修改 JNDI 对象就能连接数据库。使用 Oracle 数据源连接数据库要经过 3 个步骤。

（1）创建 Oracle 数据源对象

要创建 Oracle 数据源对象，首先应该先导入 OracleDataSource 类（如果前面导入 JDBC 包时没有导入 Oracle JDBC），然后调用方法 OracleDataSource()创建对象。代码如下：

```
import oracle.jdbc.pool.OracleDataSource;
...
```

```
OracleDataSource myOds = new OracleDataSource();
```
（2）设置 Oracle 数据源对象属性

创建了 OracleDataSource 对象之后，要用 set 方法设置对象 myOds 的属性。代码如下：
```
myOds.setServerName("DBS");
myOds.setDatabaseName("PUBLISH");
myOds.setPortNumber(1521);
myOds.setDriverType("thin");
myOds.setUser("books_pub");
myOds.setPassword("books_pub");
```
（3）连接数据库

调用 getConnection()方法完成数据库的连接，其代码如下：
```
Connection myConn = myOds.getConnection("books_pub", "books_pub");
```
该例中，getConnection()方法返回一个 Connection 对象，存储在 myConn 中。注意，如果此处提供的用户名和密码与上一步中设置的不一样，则会使用这里的用户名和密码覆盖前面的设置。

18.2　创建 JDBC PreparedStatement 对象

在与数据库建立连接后，就可以通过创建 JDBC PreparedStatement 对象，实现对数据库的查询、DML 和 DDL 操作了。创建 PreparedStatement 对象时会把 SQL 语句传递给数据库做预编译，以后每次执行这个 SQL 语句时，速度就可以提高。而且，PreparedStatement 对象的 SQL 语句还可以接收参数，这样在每一次执行时，可以将不同的参数传递给 SQL 语句，大大提高程序的效率与灵活性。

调用 Connection 对象的 preparedStatement()方法创建 PreparedStatement 对象 myStmt，其代码如下：
```
PreparedStatement myPStmt = myConn.preparedStatement("select booknum,
bookname, author, publish, bookprice from books where booknum = ?");
```
该例中，创建了包含一个 IN 参数占位符的 SQL 语句的 PreparedStatement 对象 myPStmt。其中，问号"?"就是 IN 参数的占位符，该参数值在 SQL 语句创建时没有被指定，需要使用 set 方法来进行变量的绑定。下面通过执行 SQL 语句来说明如何利用 PreparedStatement 对象操作数据库。

18.3　查询数据

使用 JDBC 执行查询操作，要通过 PreparedStatement 对象的 executeQuery()方法，该方法返回一个 ResultSet 类对象，其中存储查询返回的记录行。因此，利用 ResultSet 对象从数据库中读取数据，要经过 3 个步骤。

（1）调用 executeQuery()方法，创建 ResultSet 对象

为 myPStmt 对象的参数传递值，然后执行该对象，即调用 executeQuery()方法。代码如下：
```
myPStmt.setString(1,"DB1001");
ResultSet booksRs = myPStmt.executeQuery();
```

该例中，setString()方法用来为 myPStmt 对象的 book_id 列绑定值。其中，数字"1"对应问号在 preparedStatement()方法中的位置，即第 1 个问号处的参数被设置为"DB1001"。第 2 条语句执行完后，对象 booksRs 中包含了从 books 表中检索出来的数据行。

（2）用 get 方法从 ResultSet 对象中读取数据

要读取第 1 步中创建的 booksRs 对象中的数据，需要调用 get()方法。针对不同类型的数据使用不同的 get()方法。例如，读取的列值为 Java int 类型，则使用 getInt()；列值为 Java String 类型，则使用 getString()。从 booksRs 中读取数据，代码如下：

```java
while(booksRs.next()){
String bid = booksRs.getString("booknum");
String bname = booksRs.getString("bookname");
String bauthor = booksRs.getString("author");
String bpub = booksRs.getString("publish");
float bprc = booksRs.getFloat("bookprice");
System.out.println("图书编号是： " + bnum);
System.out.println("图书名称是： " + bname);
System.out.println("作者是： " + bauthor);
System.out.println("出版社是： " + bpub);
System.out.println("价格是： " + bprc);
}
```

该例中，get()方法接收一个 String 参数，该参数指定列的名称。get()方法还可以接收一个 int 参数——指示查询语句中列的位置，建议尽量使用 String 参数，这样可以增加代码的可读性。此外，该例中 while 循环条件调用了 booksRs 对象的 next()方法，当 booksRs 对象中没有数据行可以读取时，next()方法返回 FALSE，循环就终止了。

（3）关闭 ResultSet 对象

ResultSet 对象用过后，必须使用 close()方法进行关闭。关闭 booksRs 对象的代码如下：

```java
booksRs.close();
```

此外，如果 PreparedStatement 对象的操作也完成了，还需要关闭该对象：

```java
myPStmt.close();
```

18.4　添加数据行

使用 JDBC 执行插入操作，可以通过 PreparedStatement 对象的 executeUpdate()方法，并且在创建 PreparedStatement 对象时，用 INSERT 语句作为 preparedStatement()方法的参数。

例如，下面代码向表 books 插入新的图书信息。

```java
String inssql = "INSERT INTO books VALUES(books_seq.nextval,?,?,?,?,?,?,?)";
Sting bnum = "DB1001";
Sting bname = "数据库原理";
Sting bcategory = "COM-DB";
Sting bauthor = "高伟";
Sting bpub = "高等教育出版社";
float bprc = 40.8;

PreparedStatement insPStmt = myConn.preparedStatement(inssql);
insPStmt.setString(2, bnum);
```

```
insPStmt.setString(3, bname);
insPStmt.setString(4, bcategory);
insPStmt.setString(5, bauthor);
insPStmt.setString(6, bpub);
insPStmt.setFloat(7, bprc);
insPStmt.setString(8,"");
int i = insPStmt.executeUpdate();
if(i == 1){
  System.out.println("插入成功! ");
}
else{
  System.out.println("插入失败! ");
}

isnPStmt.close();
```

该例中，定义了一个 Java 变量 inssql，用来接收将要执行的 INSERT 语句，然后通过一些列
变量为 insPStmt 对象的各列绑定值，最后调用 executeUpdate()方法执行插入操作。执行完
executeUpdate()方法将返回一个整数，代表更新的数据库中记录的行数。执行完上面的例子，其
结果返回为 1。

18.5 删除数据行

利用 JDBC 执行 DELETE 语句的方法与 INSERT 类似，通过 PreparedStatement 对象的 executeU
pdate()方法，并且在创建 PreparedStatement 对象时，用 DELETE 语句作为 preparedStatement()方
法的参数。例如，修改前例，实现从 books 表中删除图书信息。

```
String delsql = "DELETE FROM books WHERE booknum = ?";
Sting bnum = "DB1001";

PreparedStatement delPStmt = myConn.preparedStatement(delsql);
delPStmt.setString(1, bnum);
int i = delPStmt.executeUpdate();

delPStmt.close();
```

18.6 更新数据行

利用 JDBC 执行 UPDATE 语句，也是通过 PreparedStatement 对象的 executeUpdate()方法，并
且在创建 PreparedStatement 对象时，用 UPDATE 语句作为 preparedStatement()方法的参数。例如，
修改前例，实现对 books 表执行更新图书信息的操作。

```
String updsql = "UPDATE books SET bookprice = ? WHERE booknum = ?";
Sting bnum = "DB1001";
float bprc = 34.6;

PreparedStatement updPStmt = myConn.preparedStatement(updsql);
updPStmt.setString(1, bnum);
updPStmt.setFloat (2, bprc);
```

```
updPStmt.executeUpdate();

updPStmt.close();
```

使用 JDBC 除了可以执行查询和 DML 语句外，还可以执行 DDL 语句。通过调用 Prepared Statement 类的 execute()方法，并且在创建 PreparedStatement 对象时，用 CREATE、ALTER、DROP、TRUNCATE 等语句作为 preparedStatement()方法的参数。例如，下面的代码创建表 orders：

```
String ddlsql = "CREATE TABLE orders （order_id NUMBER(6) PRIMARY KEY, order_date DATE
DEFAULT SYSDATE, qty INTEGER, payterms VARCHAR2(12),
    book_id VARCHAR2(6) CONSTRAINT O_FK REFERENCES books(bookid))";

PreparedStatement ddlPStmt = myConn.preparedStatement(ddlsql);
boolean b = ps.execute();
if(b == false)
{
  System.out.println("创建成功！");
}
else{
  System.out.println("创建失败！");
}

ddlPStmt.close();
```

前面已经介绍了如何使用 JDBC 操作数据库，下面以一个完整的程序说明 JDBC 的用法。

该例中，创建一个 Book 类，定义 book 属性，然后在 BookDao 类中使用 JDBC 对数据库中 books 表进行 SQL 语句操作。为了方便连接代码的复用，本例中将连接数据库的操作封装到一个 ConnectionFactory 类中。

```
package example;

public class Books {

    private String bookNum;
    private String bookName;
    private String bookCategory;
    private String author;
    private String publish;
    private float price;
    private String content;

    public String getBookNum() {
        return bookNum;
    }
    public void setBookNum(String bookNum) {
        this.bookNum = bookNum;
    }
    public String getBookName() {
        return bookName;
    }
    public void setBookName(String bookName) {
        this.bookName = bookName;
    }
    public String getBookCategory() {
        return bookCategory;
    }
```

```java
        public void setBookCategory(String bookCategory) {
            this.bookCategory = bookCategory;
        }
        public String getAuthor() {
            return author;
        }
        public void setAuthor(String author) {
            this.author = author;
        }
        public String getPublish() {
            return publish;
        }
        public void setPublish(String publish) {
            this.publish = publish;
        }
        public float getPrice() {
            return price;
        }
        public void setPrice(float price) {
            this.price = price;
        }
        public String getContent() {
            return content;
        }
        public void setContent(String content) {
            this.content = content;
        }

}

import java.sql.Connection;
import java.sql.DriverManager;
import org.apache.log4j.Logger;

public class ConnectionFactory {

 private Connection connection = null;
 private String url = "jdbc:oracle:thin:@DBS:1521:PUBLISH";

 /**
  * 创建连接
  * @return
  */
 public Connection createConnection(){
  try {
   Class.forName("oracle.jdbc.driver.OracleDriver");
   connection = DriverManager.getConnection(url, "books_pub", "books_pub.");
   return connection;
  } catch (ClassNotFoundException e) {
   Logger.getLogger(this.getClass()).error(e.getMessage());
   return null;
  } catch (SQLException e) {
   Logger.getLogger(this.getClass()).error(e.getMessage());
   return null;
  }
```

```
    }
/**
 * 释放连接
 */
public void releaseConnection(){
 if (connection!=null)
  try {
   connection.close();
  } catch (SQLException e) {
   Logger.getLogger(this.getClass()).error(e.getMessage());
  }
 }
}

import java.io.InputStream;
import java.sql.ResultSet;
import java.sql.Connection;
import java.sql.PreparedStatement;
import java.sql.SQLException;
import java.sql.Statement;

public class BookDao {

    public void save(Books book) throws SQLException {
        ConnectionFactory cFactory = new ConnectionFactory();
        Connection conn = cFactory.createConnection();
        String sql = "insert into books (bookname, category, author,
publish, bookprice, content) values (?,?,?,?,?,?)";
        PreparedStatement pstmt = conn.prepareStatement(sql);
        pstmt.setString(1, book.getBookName());
        pstmt.setString(2, book.getBookCategory());
        pstmt.setString(3, book.getAuthor());
        pstmt.setString(4, book.getPublish());
        pstmt.setFloat(5, book.getPrice());
        pstmt.setString(6, book.getContent());

        pstmt.execute();

        pstmt.close();
        cFactory.releaseConnection();
    }

    public void delete(String num) throws SQLException{
        ConnectionFactory cFactory = new ConnectionFactory();
        Connection conn = cFactory.createConnection();
        String sql = "delete from books where booknum=?";
        PreparedStatement pstmt = conn.prepareStatement(sql);
        pstmt.setString(1, num);

        pstmt.execute();

        pstmt.close();
        cFactory.releaseConnection();
    }
```

```
    public void update(Books book) throws SQLException {
        ConnectionFactory cFactory = new ConnectionFactory();
        Connection conn = cFactory.createConnection();
        String sql = "update books set bookname=?, category=?, author=?,
publish=?, bookprice=?,content=?) where booknum=?";
        PreparedStatement pstmt = conn.prepareStatement(sql);
        pstmt.setString(1, book.getBookName());
        pstmt.setString(2, book.getBookCategory());
        pstmt.setString(3, book.getAuthor());
        pstmt.setString(4, book.getPublish());
        pstmt.setFloat(5, book.getPrice());
        pstmt.setString(6, book.getContent());
        pstmt.setSting(7, book.getBookNum());

        pstmt.execute();

        pstmt.close();
        cFactory.releaseConnection();
    }

    public Books select(String num) throws SQLException{
        ConnectionFactory cFactory = new ConnectionFactory();
        Connection conn = cFactory.createConnection();
        String sql = "select * from books where booknum=?";
        PreparedStatement pstmt = conn.prepareStatement(sql);
        pstmt.setString(1, num);

        ResultSet rs = pstmt.executeQuery();

        Books book = new Books();

        book.setBookNum(rs.getString("booknum"));
        book.setBookName(rs.getString("bookname"));
        book.setBookCategory(rs.getString("category"));
        book.setAuthor(rs.getString("author"));
        book.setPublish(rs.getString("publish"));
        book.setPrice(rs.getFloat("bookprice"));
        book.setContent(rs.getString("content"));

        rs.close();
        pstmt.close();
        cFactory.releaseConnection();

        return book;
    }

    /**
     * @param args
     */
    public static void main(String[] args) {
    try {
        BookDao dao = new BookDao();
        Books book = new Books();
        book.setAuthor("author");
        book.setBookName("name");
        dao.save(book);
```

```
            dao.delete(1);
            dao.select(1);
            dao.update(book);
        } catch (SQLException e) {
            e.printStackTrace();
        }
    }
}
```

18.7　通过 Hibernate 操作 Oracle 数据库

Hibernate 是一种 Java 语言下的对象关系映射（Object Relation Mapping，ORM）框架，用来把对象模型表示的对象映射到基于 SQL 的关系模型结构中去，为面向对象的领域模型到传统的关系型数据库的映射，提供了一个使用方便的解决方案。

Hibernate 对 JDBC 进行了轻量级的对象封装，可以应用在任何使用 JDBC 的场合，它既可以在 Java 的客户端程序使用，也可以在 Servlet/JSP 的 Web 应用中使用。本节将简要介绍 Hibernate 操作 Oracle 数据库的方法。

18.7.1　配置

使用 Hibernate，必须先下载支持包。Hibernate 支持包的下载地址为：http://www.hibernate.org。Hibernate 的核心包为 hibernate3.jar，除了 hibernate.jar 文件，还需要其他辅助文件，如 dom4j-x.x.x.jar、commons-logging-x.x.jar、jta-x.x.jar 等。

要实现从关系型数据库向 Java 对象的映射，需要使用 Hibernate 的配置文件。可以在 Eclipse 中创建项目，并实现 Hibernate 的配置。配置步骤如下。

（1）创建新的 Java 项目，并将该项目命名为 "book"。

（2）将所需 jar 包 hibernate3.jar 和 hibernate-jpa-2.0-api-1.0.0.Final.jar 添加到项目的 Build Path 中，如图 18-7 所示。

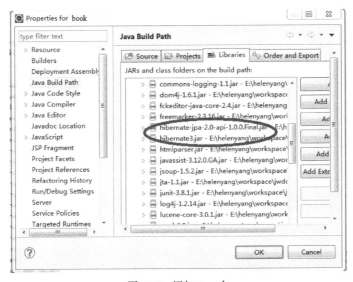

图 18-7　添加 Java 包

（3）在项目 book 的 src 目录中创建名为 hibernate.cfg.xml 的配置文件，该文件的内容如下：

```
<?xml version='1.0' encoding='UTF-8'?>
<!DOCTYPE hibernate-configuration PUBLIC
          "-//Hibernate/Hibernate Configuration DTD 3.0//EN"
"http://hibernate.sourceforge.net/hibernate-configuration-3.0.dtd">

<hibernate-configuration>
      <session-factory>
          <property name="dialect">
              org.hibernate.dialect.Oracle9Dialect
          </property>
          <property
name="connection.SetBigStringTryClob">true</property>
<!-- oracle clob -->
          <property name="hibernate.jdbc.use_scrollable_resultset">
              true
          </property>
          <property name="show_sql">true</property>
</session-factory>
</hibernate-configuration>
```

（4）在项目 book 的 src 目录下创建新的包 com.xxs.persistent.model，并在该包下创建名为 BoInformation 的 Java 类。

（5）在包 com.xxs.persistent.model 下创建名为 BoInformation.hbm.xml 的文件，这是一个映射文件，用来配置 Hibernate 到关系数据库的映射，其内容如下：

```
<?xml version="1.0" encoding="utf-8"?>
<!DOCTYPE hibernate-mapping PUBLIC "-//Hibernate/Hibernate Mapping DTD
3.0//EN"
"http://hibernate.sourceforge.net/hibernate-mapping-3.0.dtd">

<hibernate-mapping>
      <class name="com.xxs.persistent.model.BoInformation"
table="BOOKS" schema="BOOKS_PUB">
          <id name="id" type="java.lang.int">
              <column name="BOOKID" length="10" />
              <generator class="sequence">
 <param name="sequence"> seqbook</param>
</generator>
          </id>
          <property name="bookname" type="java.lang.String">
              <column name="BOOKNAME" length="60" not-null="true" />
          </property>
          <property name="category" type="java.lang.String">
              <column name="CATEGORY" length="10" not-null="true" />
          </property>
          <property name="author" type="java.lang.String">
              <column name="AUTHOR" length="30" />
          </property>
          <property name="publish" type="java.lang.String">
              <column name="PUBLISH" length="30" />
          </property>
          <property name="bookprice" type="java.lang.float">
              <column name="BOOKPRICE" length="32" />
          </property>
```

```
<property name="content" type="java.lang.String">
    <column name="CONTENT" />
</property>
    </class>
</hibernate-mapping>
```

（6）把 BoInformation.hbm.xml 配置文件导入 hibernate 的配置文件 hibernate.cfg.xml 中，即在之前的配置文件末尾添加如下代码：

```
<!-- <property name="xxx">...</property>    -->
<mapping
        resource="com/xxs/persistent/model/BoInformation.hbm.xml" />
<mapping resource="com/xxs/persistent/model/BoColumn.hbm.xml" />
...
```

Hibernate 配置完毕后，就可以通过创建类，以及调用 Hibernate 的 API 进行数据库的操作了。下面将介绍如何利用 Hibernate 操作数据库。

18.7.2　利用 Hibernate 查询数据

Hibernate 是通过 Session 与数据库进行会话的，因此，在对数据库进行操作前，应该先创建相应的 Session 会话对象，然后打开事务对象。我们将这些操作封装到一个 HibernateSessionFactory 类中：

```
package com.xxs.persistent.model;

import org.hibernate.HibernateException;
import org.hibernate.Session;
import org.hibernate.cfg.Configuration;

public class HibernateSessionFactory {
    private static String CONFIG_FILE_LOCATION = "/hibernate.cfg.xml";
        private static final ThreadLocal<Session> threadLocal =
new ThreadLocal<Session>();
    private  static Configuration configuration = new Configuration();
    private static org.hibernate.SessionFactory sessionFactory;
    private static String configFile = CONFIG_FILE_LOCATION;

    static {
    try {
            configuration.configure(configFile);
            sessionFactory = configuration.buildSessionFactory();
        } catch (Exception e) {
            System.err.println("%%%% Error Creating
SessionFactory %%%%");
            e.printStackTrace();
        }
    }
    private HibernateSessionFactory() {
    }

    public static Session getSession() throws HibernateException {
        Session session = (Session) threadLocal.get();

        if (session == null || !session.isOpen()) {
            if (sessionFactory == null) {
                rebuildSessionFactory();
```

```
            }
            session =(sessionFactory != null) ?
sessionFactory.openSession()
                       : null;
            threadLocal.set(session);
        }

    return session;
    }

    public static void rebuildSessionFactory() {
        try {
            configuration.configure(configFile);
            sessionFactory = configuration.buildSessionFactory();
        } catch (Exception e) {
            System.err.println("%%%% Error Creating
SessionFactory %%%%");
            e.printStackTrace();
        }
    }

     public static void closeSession() throws HibernateException {
        Session session = (Session) threadLocal.get();
        threadLocal.set(null);

        if (session != null) {
            session.close();
        }
    }

    public static org.hibernate.SessionFactory getSessionFactory() {
        return sessionFactory;
    }

    public static void setConfigFile(String configFile) {
        HibernateSessionFactory.configFile = configFile;
        sessionFactory = null;
    }

    public static Configuration getConfiguration() {
        return configuration;
    }

}
```

定义了 HibernateSessionFactory 类后，就可以将其导入相应操作类中。接下来就可以开始事务，对数据库执行查询操作了，Hibernate 使用 get()方法来查找对象。以下是对数据库表 books 进行查询操作的代码：

```
package com.xxs.persistent.dao;
import java.sql.SQLException;
import java.util.Collection;
import java.util.List;
import org.hibernate.Session;

public class BaseDAO extends HibernateDaoSupport {
```

```
/**
 * 根据 ID 查询对象
 *
 * @param className
 * @param id
 * @return 对象
 */
public Object getById(String className, String id) {
return getHibernateTemplate().get(className, id);
}

public List getAll(String className) {
return getHibernateTemplate().find("from " + className);
}

public List getAll(String className, String order) {
return getHibernateTemplate().find("from " + className + " order by "
+ order);
}

public int getAllCount(String className) {
int count = 0;
List list = getHibernateTemplate().find("select count(*) from " +
className);
if (list != null && list.size() > 0) {
count = ((Long) list.get(0)).intValue();
}
return count;
}

public List getAllPage(final String className, final String order,
            final int offset, final int limit) {
List resultList = (List) getHibernateTemplate().execute(
            new HibernateCallback<List>() {
                public List doInHibernate(Session session)
                        throws HibernateException, SQLException {
                    List tmp = session
                        .createQuery("from " + className + " order by " + order)
    .setFirstResult(offset).setMaxResults(limit).list();
                    return tmp;
                }
            });
    return resultList;
}

public List findByExamplePage(final Object record, final String[] sorts,
            final String[] orders, final int offset, final int limit) {
        DetachedCriteria criteria =
DetachedCriteria.forClass(record.getClass());
        if (sorts != null && orders != null) {
            for (int i = 0; i < orders.length; i++) {
                if ("desc".equals(orders[i])) {
                    criteria.addOrder(Order.desc(sorts[i]));
                } else if ("asc".equals(orders[i])) {
                    criteria.addOrder(Order.asc(sorts[i]));
```

```
                        }
                    }
                }
            Example example =
Example.create(record).excludeZeroes().ignoreCase()
                    .enableLike(MatchMode.ANYWHERE);
            criteria.add(example);
            return getHibernateTemplate().findByCriteria(criteria, offset, limit);
    }
}
```

以上代码中只给出了基本的查询操作，还可以增加查询条件，或者通过参数传递方式来查询。

18.7.3　利用 Hibernate 插入数据

利用 Hibernate 向数据库中插入数据时，要先创建对象，然后为该对象组装数据，最后利用 Hibernate 会话的 Save()方法来保存对象。以下是对数据库表 books 进行插入操作的部分代码：

```
/**
 * 保存或更新
 *
 * @param record
 */
public void save(Object record) {
    getHibernateTemplate().saveOrUpdate(record);
}

public void save(String className, Object record){
    getHibernateTemplate().saveOrUpdate(className, record);
}

/**
 * 批量保存或更新
 *
 * @param record
 */
public void save(List record) {
    getHibernateTemplate().saveOrUpdateAll(record);
}
```

18.7.4　利用 Hibernate 更新数据

使用 Hibernate 更新数据，首先获得要更新的对象，并修改对象的属性。在对象变更之后，再将对象的变更反映到数据库中。以下是对数据库表 books 进行更新操作的部分代码：

```
/**
 * 更新
 *
 * @param record
 */
public void update(Object record) {
    getHibernateTemplate().update(record);
}

public void updateContent(String contt, String id){
        String hql = "update books set content =? where id=?";
```

```
            Object[] values = {conntt, id};
            this.upateProperty(hql, values);
}
```

本章小结

本章介绍了用 Java 开发 Oracle 数据库应用系统的两种方式——JDBC 和 Hibernate。

JDBC 是一个开放的应用程序接口，通过它可访问各类关系数据库。JDBC 也是 Java 核心类库的一部分，相当于访问数据库的模板，它独立于具体的关系数据库。通常，Java 程序首先使用 JDBC API 来与 JDBC Driver Manager 交互。由 JDBC Driver Manager 载入指定的 JDBC 驱动，然后建立数据库连接，最后通过 JDBC API 来操作数据库。

Hibernate 是一种 Java 语言下的对象关系映射框架，对 JDBC 进行了轻量级的对象封装，可以应用在任何使用 JDBC 的场合。Hibernate 是通过 Session 与数据库进行会话的，因此，在对数据库进行操作前，应该先创建相应的 Session 会话对象，然后打开事务对象。通过 Session 的 get() 方法查找，save()方法保存，update()方法更新。

习　　题

一、简答题

1. 简述 JDBC 的作用。

2. 请比较 DriverManager 类中的 getConnection()方法连接数据库和使用 Oracle 数据源对象连接数据库的优缺点。

二、实训题

利用 Oracle 数据库与 Java 技术开发一个简单的图书出版管理系统，包括图书的管理（添加、删除、修改、查询和浏览）、订单管理等基本功能。